#응용력키우기
#서술형·문제해결력

응용
해결의 법칙

Chunjae
Makes
Chunjae

▼

[응용 해결의 법칙] 초등 수학 6-1

기획총괄	김안나
편집개발	이근우, 서진호
디자인총괄	김희정
표지디자인	윤순미
내지디자인	박희춘, 이혜미
제작	황성진, 조규영

발행일	2022년 8월 15일 3판 2023년 9월 1일 2쇄
발행인	(주)천재교육
주소	서울시 금천구 가산로9길 54
신고번호	제2001-000018호
고객센터	1577-0902

모든 응용을 다 푸는 해결의 법칙

수학

6·1

학습 관리

1 메타인지 개념학습

메타인지 학습을 통해 개념을 얼마나 알고 있는지 확인하고 개념을 다질 수 있어요.

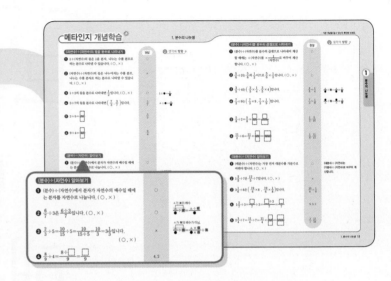

2 응용 개념 비법

응용 개념 비법에서 한 단계 더 나아간 심화 개념 설명을 익히고 교과서 개념으로 기본 개념을 확인할 수 있어요.

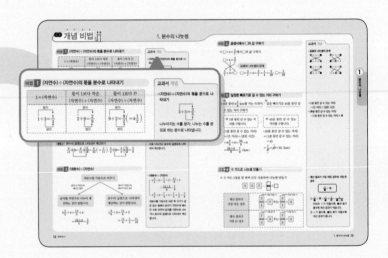

3 기본 유형 익히기

다양한 유형의 문제를 풀면서 개념을 완전히 내 것으로 만들어 보세요.

해결의 창 꼭 알아야 할 개념, 주의해야 할 내용 등을 아래에 '해결의 창'으로 정리했어요. '해결의 창'을 통해 문제 해결의 방법을 찾아보아요.

4 응용 유형 익히기

응용 유형 문제를 단계별로 푸는 연습을
통해 어려운 문제도 스스로 풀 수 있는
힘을 길러 줍니다.

▶ 동영상 강의 제공

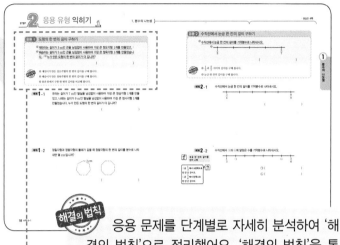

해결의 법칙 응용 문제를 단계별로 자세히 분석하여 '해
결의 법칙'으로 정리했어요. '해결의 법칙'을 통
해 한 단계 더 나아간 응용 문제를 풀어 보세요.

5 응용 유형 뛰어넘기

한 단계 더 나아간 심화 유형 문제를 풀
면서 수학 실력을 다져 보세요.

▶ 동영상 강의 제공

✦ 유사 문제 제공

유사 표시된 문제의 유사 문제가 제공됩니다.
동영상 표시된 문제의 동영상 특강을 볼 수 있어요.
QR 코드를 찍어 보세요.

6 실력평가

실력평가를 풀면서 앞에서 공부한 내용
을 정리해 보세요. 학교 시험에 잘 나오
는 유형과 좀 더 난이도가 높은 문제까
지 수록하여 확실하게 유형을 정복할 수
있어요.

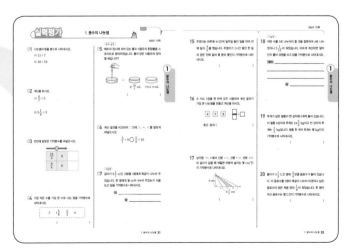

응용 **해결의 법칙**의 QR 활용법

▶ 동영상 강의

선생님의 더 자세한 설명을 듣고 싶거나 혼자 해결하기 어려운 문제는 교재 내 QR 코드를 통해 동영상 강의를 무료로 제공하고 있어요.

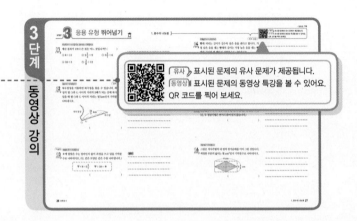

유사 문제

3단계에서 비슷한 유형의 문제를 더 풀어 보고 싶다면 QR 코드를 찍어 보세요. 추가로 제공되는 유사 문제를 풀면서 앞에서 공부한 내용을 정리할 수 있어요.

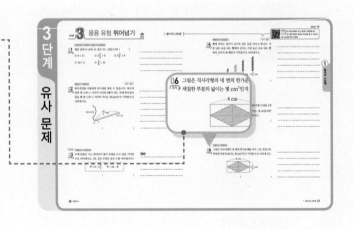

해결의 법칙

이럴 때 필요해요!

우리 아이에게
수학 개념을
탄탄하게 해 주고
싶을 때

교과서 개념, 한 권으로 끝낸다!

개념을 쉽게 설명한 교재로 개념 동영상을 확인하면서 차근차근 실력을 쌓을 수 있어요. 교과서 내용을 충실히 익히면서 자신감을 가질 수 있어요.

개념이 어느 정도
갖춰진 우리 아이에게
공부 습관을
키워 주고 싶을 때

기초부터 심화까지 몽땅 잡는다!

다양한 유형의 문제를 풀어 보도록 지도해 주세요. 이렇게 차근차근 유형을 익히며 수학 수준을 높일 수 있어요.

개념이 탄탄한
우리 아이에게
응용 문제로
수학 실력을 길러
주고 싶을 때

응용 문제는 내게 맡겨라!

수준 높고 다양한 유형의 문제를 풀어 보면서 성취감을 높일 수 있어요.

차례

1 분수의 나눗셈

고대 이집트 분수

이집트 사람들은 분수를 나타낼 때 분자가 1인 단위분수의 합으로 나타냈습니다.
'빵 2개를 3명이 똑같이 나누어 먹으려고 합니다. 한 명이 먹을 수 있는 빵의 양은 얼마입니까?'
이 문제를 이집트 사람들은 다음과 같은 방법으로 풀었습니다.

먼저 2개의 빵을 각각 2등분 하여 3명에게 $\frac{1}{2}$씩 나누어 주고 남은 $\frac{1}{2}$의 빵을 다시 3등분

하여 3명에게 $\frac{1}{6}$씩 나누어 주면 한 명이 먹을 수 있는 빵의 양은 $\frac{1}{2}+\frac{1}{6}$입니다.

▶ 호루스의 눈

이미 배운 내용	이번에 배울 내용	앞으로 배울 내용
[5-2 분수의 곱셈] • (분수)×(자연수) • (자연수)×(분수) • (분수)×(분수) • 세 분수의 곱셈	• (자연수)÷(자연수)의 몫을 분수로 나타내기 • (분수)÷(자연수) 알아보기 • (분수)÷(자연수)를 분수의 곱셈으로 나타내기 • (대분수)÷(자연수) 알아보기	[6-2 분수의 나눗셈] • (자연수)÷(단위분수) • 진분수의 나눗셈 • (자연수)÷(분수) • 대분수의 나눗셈

하지만 현재 우리들은 다음과 같은 방법으로 풉니다.

2개의 빵을 각각 3등분 하여 3명이 똑같이 나누어 가지면 한 명이 먹을 수 있는 빵의 양은 $\frac{2}{3}$입니다.

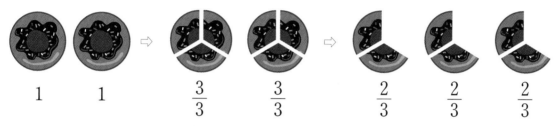

| 1 | 1 | $\frac{3}{3}$ | $\frac{3}{3}$ | $\frac{2}{3}$ | $\frac{2}{3}$ | $\frac{2}{3}$ |

$\frac{1}{2}+\frac{1}{6}=\frac{3}{6}+\frac{1}{6}=\frac{4}{6}=\frac{2}{3}$이므로 이집트 사람들의 방법대로 알아본 빵의 양과 우리들의 방법대로 알아본 빵의 양이 같음을 알 수 있습니다.

위와 같이 분수가 전체에 대한 부분을 나타냄을 이용하여 알아본 빵의 양을 좀 더 간단하게 알아볼 수도 있습니다.

$2÷3=\frac{2}{3}$와 같이 (자연수)÷(자연수)의 몫을 분수로 나타내면 말이죠.

이번 단원에서 배워 보도록 합시다.

| | 정답 | 생각의 방향 ↑ |

(자연수)÷(자연수)의 몫을 분수로 나타내기

❶ 1÷(자연수)의 몫은 1을 분자, 나누는 수를 분모로 하는 분수로 나타낼 수 있습니다. (○ , ×)

정답: ○

❷ (자연수)÷(자연수)의 몫은 나누어지는 수를 분모, 나누는 수를 분자로 하는 분수로 나타낼 수 있습니다. (○ , ×)

정답: ×

❸ 1÷2의 몫을 분수로 나타내면 $\frac{1}{2}$입니다. (○ , ×)

정답: ○

$1 \div \bullet = \dfrac{1}{\bullet}$

❹ 3÷7의 몫을 분수로 나타내면 $\left(\dfrac{7}{3} , \dfrac{3}{7} \right)$입니다.

정답: $\dfrac{3}{7}$

$\blacktriangle \div \bullet = \dfrac{\blacktriangle}{\bullet}$

❺ $2 \div 5 = \dfrac{\square}{\square}$

정답: $\dfrac{2}{5}$

❻ $9 \div 4 = \dfrac{\square}{\square}$

정답: $\dfrac{9}{4}$

(분수)÷(자연수) 알아보기

❶ (분수)÷(자연수)에서 분자가 자연수의 배수일 때에는 분자를 자연수로 나눕니다. (○ , ×)

정답: ○

❷ $\dfrac{6}{7} \div 3$은 $\dfrac{6 \div 3}{7}$입니다. (○ , ×)

정답: ○

❸ $\dfrac{2}{3} \div 5 = \dfrac{10}{15} \div 5 = \dfrac{10}{15 \div 5} = \dfrac{10}{3} = 3\dfrac{1}{3}$입니다.
(○ , ×)

정답: ×

❹ $\dfrac{8}{9} \div 4 = \dfrac{8 \div \square}{9} = \dfrac{\square}{9}$

정답: 4, 2

❺ $\dfrac{5}{8} \div 2 = \dfrac{\square}{16} \div 2 = \dfrac{\square \div 2}{16} = \dfrac{\square}{16}$

정답: 10, 10, 5

정답

💡 생각의 **방향** ↗

1 분수의 나눗셈

(분수)÷(자연수)를 분수의 곱셈으로 나타내기

❶ (분수)÷(자연수)를 분수의 곱셈으로 나타내어 계산할 때에는 ÷(자연수)를 $\times \dfrac{1}{(자연수)}$ 로 바꾸어 계산합니다. (○ , ×)

○

❷ $\dfrac{5}{6} \div 2$ 는 $\dfrac{5}{6}$ 의 $\dfrac{1}{2}$ 이므로 $\dfrac{5}{6} \times \dfrac{1}{2}$ 입니다. (○ , ×)

○

❸ $\dfrac{3}{5} \div 4$ 는 $\left(\dfrac{3}{5} \times \dfrac{1}{4} , \dfrac{3}{5} \times 4 \right)$ 입니다.

$\dfrac{3}{5} \times \dfrac{1}{4}$

$\dfrac{\blacktriangle}{\bullet} \div \blacksquare = \dfrac{\blacktriangle}{\bullet} \times \dfrac{1}{\blacksquare}$

❹ $\dfrac{7}{3} \div 9$ 는 $\left(\dfrac{7}{3} \times 9 , \dfrac{7}{3} \times \dfrac{1}{9} \right)$ 입니다.

$\dfrac{7}{3} \times \dfrac{1}{9}$

$\dfrac{\bullet}{\blacktriangle} \div \blacksquare = \dfrac{\bullet}{\blacktriangle} \times \dfrac{1}{\blacksquare}$

❺ $\dfrac{5}{8} \div 2 = \dfrac{5}{8} \times \dfrac{\square}{\square} = \dfrac{\square}{\square}$

$\dfrac{1}{2}$, $\dfrac{5}{16}$

❻ $\dfrac{11}{2} \div 6 = \dfrac{11}{2} \times \dfrac{\square}{\square} = \dfrac{\square}{\square}$

$\dfrac{1}{6}$, $\dfrac{11}{12}$

(대분수)÷(자연수) 알아보기

❶ (대분수)÷(자연수)는 가장 먼저 대분수를 가분수로 바꿔야 합니다. (○ , ×)

○

(대분수)÷(자연수)는 (가분수)÷(자연수)로 바꾸어 계산합니다.

❷ $1\dfrac{2}{5} \div 7$ 은 $\dfrac{12}{5} \div 7$ 입니다. (○ , ×)

×

❸ $3\dfrac{1}{6} \div 8$ 은 $\left(\dfrac{19}{6} \times 8 , \dfrac{19}{6} \times \dfrac{1}{8} \right)$ 입니다.

$\dfrac{19}{6} \times \dfrac{1}{8}$

❹ $1\dfrac{2}{7} \div 3 = \dfrac{\square}{7} \div 3 = \dfrac{\square \div 3}{7} = \dfrac{\square}{7}$

9, 9, 3

❺ $2\dfrac{3}{4} \div 7 = \dfrac{11}{4} \div 7 = \dfrac{11}{4} \times \dfrac{\square}{\square} = \dfrac{\square}{\square}$

$\dfrac{1}{7}$, $\dfrac{11}{28}$

비법 1 **(자연수)÷(자연수)의 몫을 분수로 나타내기**

$1÷$(자연수)	몫이 1보다 작은 (자연수)÷(자연수)	몫이 1보다 큰 (자연수)÷(자연수)
분자 $1÷3=\dfrac{1}{3}$ 분모	분자 $2÷9=\dfrac{2}{9}$ 분모	분자 $9÷2=\dfrac{9}{2}\left(=4\dfrac{1}{2}\right)$ 분모

비법 2 **(분수)÷(자연수)**

방법 1 분자가 자연수의 배수이면 분자를 자연수로 나누기

나누어떨어짐.
$$\dfrac{6}{11}÷3=\dfrac{6÷3}{11}=\dfrac{2}{11}$$

방법 2 분자가 자연수의 배수가 아니면 크기가 같은 분수 중에서 분자가 자연수의 배수인 수로 바꾸어 계산하기

나누어떨어지지 않음.　　　　　　　나누어떨어짐.
$$\dfrac{3}{4}÷2=\dfrac{3×2}{4×2}÷2=\dfrac{6}{8}÷2=\dfrac{6÷2}{8}=\dfrac{3}{8}$$

방법 3 분수의 곱셈으로 나타내어 계산하기

$$\dfrac{6}{11}÷3=\dfrac{6}{11}×\dfrac{1}{3}=\dfrac{6}{33}\left(=\dfrac{2}{11}\right),\ \dfrac{3}{4}÷2=\dfrac{3}{4}×\dfrac{1}{2}=\dfrac{3}{8}$$

비법 3 **(대분수)÷(자연수)**

대분수를 가분수로 바꾸기

분자가 자연수의 배수인 경우　　　　　　　　분자가 자연수의 배수가 아닌 경우

분자를 자연수로 나누어 계산하는 것이 편합니다.	분수의 곱셈으로 나타내어 계산하는 것이 편합니다.
$2\dfrac{2}{5}÷4=\dfrac{12}{5}÷4$ $=\dfrac{12÷4}{5}=\dfrac{3}{5}$	$1\dfrac{5}{6}÷3=\dfrac{11}{6}÷3$ $=\dfrac{11}{6}×\dfrac{1}{3}=\dfrac{11}{18}$

교과서 개념

• (자연수)÷(자연수)의 몫을 분수로 나타내기

$$3÷5=\dfrac{3}{5}$$

나누어지는 수를 분자, 나누는 수를 분모로 하는 분수로 나타냅니다.

• (분수)÷(자연수)

$$\dfrac{4}{7}÷3=\dfrac{4×3}{7×3}÷3=\dfrac{12}{21}÷3$$
$$=\dfrac{12÷3}{21}=\dfrac{4}{21}$$
$$\dfrac{4}{7}÷3=\dfrac{4}{7}×\dfrac{1}{3}=\dfrac{4}{21}$$

크기가 같은 분수 중에서 분자가 자연수의 배수인 수로 바꾸어 분자를 자연수로 나누거나 분수의 곱셈으로 나타내어 계산합니다.

• (대분수)÷(자연수)

$$1\dfrac{3}{4}÷2=\dfrac{7}{4}÷2=\dfrac{14}{8}÷2$$
$$=\dfrac{14÷2}{8}=\dfrac{7}{8}$$
$$1\dfrac{3}{4}÷2=\dfrac{7}{4}÷2=\dfrac{7}{4}×\dfrac{1}{2}=\dfrac{7}{8}$$

대분수를 가분수로 바꾼 후 크기가 같은 분수 중에서 분자가 자연수의 배수인 수로 바꾸어 분자를 자연수로 나누거나 분수의 곱셈으로 나타내어 계산합니다.

비법 4 곱셈식에서 □의 값 구하기

예) $\square \times 4 = \dfrac{3}{7}$ 에서 □의 값 구하기

$$\square \times 4 = \frac{3}{7}$$

곱셈과 나눗셈의 관계

$$\frac{3}{7} \div 4 = \square \Rightarrow \square = \frac{3}{7} \div 4 = \frac{3}{7} \times \frac{1}{4} = \frac{3}{28}, \ \square = \frac{3}{28}$$

비법 5 일정한 빠르기로 갈 수 있는 거리 구하기

예) ① 8분 동안 $6\dfrac{2}{9}$ km를 가는 트럭이 / ② 같은 빠르기로 45분 동안 갈 수 있는 거리 구하기

❶ 1분 동안 갈 수 있는 거리를 구합니다.	⇨	❷ 45분 동안 갈 수 있는 거리를 구합니다.

(1분 동안 갈 수 있는 거리)
$= ($간 거리$) \div ($걸린 시간$)$
$= 6\dfrac{2}{9} \div 8 = \dfrac{56}{9} \div 8$
$= \dfrac{56 \div 8}{9} = \dfrac{7}{9} \ (km)$

(45분 동안 갈 수 있는 거리)
$= ($1분 동안 갈 수 있는 거리$)$
$\quad \times 45$
$= \dfrac{7}{\overset{}{9}_{1}} \times \overset{5}{45} = 35 \ (km)$

비법 6 수 카드로 나눗셈 만들기

예) 수 카드 3장을 한 번씩 모두 사용하여 나눗셈 만들기

3 5 7 $\Rightarrow$ $\dfrac{\square}{\square} \div \square$

계산 결과가 가장 작은 경우	
계산 결과가 가장 큰 경우	

계산 결과가 가장 작은 경우:
$\dfrac{3}{5} \div 7$ 또는 $\dfrac{3}{7} \div 5$ (가장 작은 수)

계산 결과가 가장 큰 경우:
$\dfrac{7}{3} \div 5$ 또는 $\dfrac{7}{5} \div 3$ (가장 큰 수)

교과서 개념

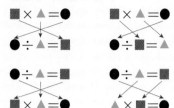

- 곱셈과 나눗셈의 관계

$\blacksquare \times \blacktriangle = \bullet$
$\bullet \div \blacktriangle = \blacksquare$
$\bullet \div \blacksquare = \blacktriangle$
$\blacksquare \times \blacktriangle = \bullet$
$\blacktriangle \times \blacksquare = \bullet$

- (1분 동안 갈 수 있는 거리)
$= ($간 거리$) \div ($걸린 시간$)$
- (■분 동안 갈 수 있는 거리)
$= ($1분 동안 갈 수 있는 거리$) \times \blacksquare$

- 계산 결과가 가장 작은 경우와 가장 큰 경우

$\dfrac{\blacktriangle}{\bullet} \div \blacksquare$

① $\dfrac{\blacktriangle}{\bullet} \div \blacksquare = \dfrac{\blacktriangle}{\bullet} \times \dfrac{1}{\blacksquare} = \dfrac{\blacktriangle}{\bullet \times \blacksquare}$
이므로 ▲가 작을수록, ●와 ■가 클수록 계산 결과가 작습니다.

② ▲가 클수록, ●와 ■가 작을수록 계산 결과가 큽니다.

1 (자연수)÷(자연수)의 몫을 분수로 나타내기(1)

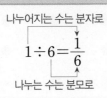

나누어지는 수는 분자로

$$1 \div 6 = \frac{1}{6}$$

나누는 수는 분모로

1-1 3÷4의 몫을 그림으로 나타내고, 분수로 나타내시오.

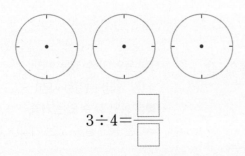

$$3 \div 4 = \frac{\square}{\square}$$

1-2 나눗셈의 몫을 분수로 나타내시오.

(1) $1 \div 8$ (2) $5 \div 12$

창의·융합

1-3 고무찰흙 1 kg을 7덩이로 똑같이 나누어 애벌레를 환조로 만들었습니다. 한 덩이는 몇 kg인지 분수로 나타내시오. 네 방향에서 볼 수 있게 입체적으로 만든 작품

(   )

1-4 물 1 L와 물 2 L를 모양과 크기가 같은 병에 똑같이 나누어 담으려고 합니다. 물 1 L를 병 2개에, 물 2 L를 병 3개에 똑같이 나누어 담을 때, 병 가와 병 나 중 어느 병에 물이 더 많겠습니까?

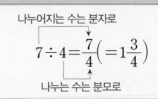

1 L   2 L

(   )

2 (자연수)÷(자연수)의 몫을 분수로 나타내기(2)

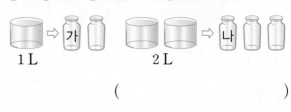

나누어지는 수는 분자로

$$7 \div 4 = \frac{7}{4}\left(= 1\frac{3}{4} \right)$$

나누는 수는 분모로

2-1 나눗셈의 몫을 분수로 나타내시오.

(1) $8 \div 5$ (2) $13 \div 2$

2-2 나눗셈의 몫을 찾아 선으로 이어 보시오.

$11 \div 3$	•	•	$\dfrac{17}{6}$
$20 \div 9$	•	•	$\dfrac{20}{9}$
$17 \div 6$	•	•	$\dfrac{11}{3}$

2-3 분수로 나타낸 몫을 비교하여 ○ 안에 >, =, < 를 알맞게 써넣으시오.

$$19 \div 5 \bigcirc 25 \div 8$$

2-4 한 병에 $\frac{9}{5}$ L씩 들어 있는 우유가 5병 있습니다. 이 우유를 7일 동안 똑같이 나누어 마시려면 하루에 마셔야 할 우유는 몇 L인지 분수로 나타내시오.

( )

③ (분수)÷(자연수) 알아보기

분자가 자연수의 배수일 때

· $\frac{4}{9} \div 2 = \frac{4 \div 2}{9} = \frac{2}{9}$

분자가 자연수의 배수가 아닐 때

· $\frac{2}{3} \div 7 = \frac{14}{21} \div 7 = \frac{14 \div 7}{21} = \frac{2}{21}$

크기가 같은 분수 중에서 분자가 자연수의 배수인 수로 바꿉니다.

3-1 계산을 하시오.

(1) $\frac{9}{10} \div 3$　　　(2) $\frac{5}{7} \div 6$

3-2 분수를 자연수로 나눈 몫을 빈칸에 써넣으시오.

5	$\frac{8}{13}$

서술형

3-3 혜미의 문자를 보고 답장을 쓰시오.

혜미: $\frac{7}{9} \div 3 = \frac{7}{9 \div 3} = \frac{7}{3}$ 이니까 답은 $2\frac{1}{3}$ 이지?

3-4 철사 $\frac{12}{25}$ m를 모두 사용하여 가장 큰 정사각형을 한 개 만들었습니다. 이 정사각형의 한 변의 길이는 몇 m인지 기약분수로 나타내시오.

( )

 해결의 창

(분수)÷(자연수)에서 분자가 자연수의 배수가 아니면 크기가 같은 분수 중에서 분자가 자연수의 배수인 수로 바꾸어 계산합니다.

5÷2는 나누어 떨어지지 않음.　　　　10÷2는 나누어떨어짐.

$$\frac{5}{6} \div 2 = \frac{5 \div 2}{6} = ? \Rightarrow \frac{5}{6} \div 2 = \frac{5 \times 2}{6 \times 2} \div 2 = \frac{10}{12} \div 2 = \frac{10 \div 2}{12} = \frac{5}{12}$$

4 (분수)÷(자연수)를 분수의 곱셈으로 나타내기

$$\frac{2}{5} \div 3 = \frac{2}{5} \times \frac{1}{3} = \frac{2}{15}$$

나눗셈을 곱셈으로 나타내기

4-1 관계있는 것끼리 선으로 이어 보시오.

$\dfrac{3}{4} \div 5$ • • $\dfrac{3}{5} \times \dfrac{1}{4}$

$\dfrac{3}{5} \div 4$ • • $\dfrac{3}{4} \times \dfrac{1}{5}$

$\dfrac{4}{3} \div 5$ • • $\dfrac{4}{3} \times \dfrac{1}{5}$

4-2 계산을 하시오.

(1) $\dfrac{1}{2} \div 9$ (2) $\dfrac{9}{4} \div 8$

4-3 빈칸에 알맞은 수를 써넣으시오.

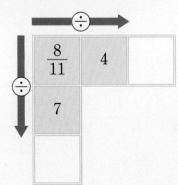

4-4 □ 안에 알맞은 수를 써넣으시오.

$$\boxed{} \times 2 = \frac{1}{3}$$

4-5 빈칸에 알맞은 수를 써넣으시오.

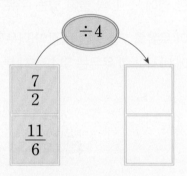

4-6 계산 결과가 나머지와 <u>다른</u> 하나에 ◯표 하시오.

$$\frac{5}{12} \div 5 \qquad \frac{1}{6} \div 2 \qquad \frac{1}{4} \div 4$$

서술형

4-7 무게가 같은 책 5권의 무게를 재었더니 $\dfrac{3}{8}$ kg이 었습니다. 책 한 권의 무게는 몇 kg인지 식을 쓰고 답을 구하시오.

식 _____

답 _____

5 (대분수)÷(자연수) 알아보기

방법1 $1\frac{4}{5} \div 7 = \frac{9}{5} \div 7 = \frac{63}{35} \div 7 = \frac{63 \div 7}{35} = \frac{9}{35}$

　대분수를 가분수로 바꾸기　　분자를 자연수로 나누기

방법2 $1\frac{4}{5} \div 7 = \frac{9}{5} \div 7 = \frac{9}{5} \times \frac{1}{7} = \frac{9}{35}$

　대분수를 가분수로　　나눗셈을 곱셈으로
　바꾸기　　　　　　　　나타내기

5-1 계산을 하시오.

(1) $2\frac{1}{6} \div 3$　　　　(2) $4\frac{2}{7} \div 6$

서술형

5-2 $3\frac{1}{3} \div 5$를 두 가지 방법으로 계산을 하시오.

방법1

방법2

5-3 잘못 계산한 곳을 찾아 바르게 계산을 하시오.

$$1\frac{8}{9} \div 4 = 1\frac{8 \div 4}{9} = 1\frac{2}{9}$$

5-4 계산 결과가 더 큰 것의 기호를 쓰시오.

㉠ $5\frac{1}{4} \div 7$　　㉡ $6\frac{2}{5} \div 8$

(　　　　　　)

5-5 □ 안에 들어갈 수 있는 자연수를 모두 쓰시오.

$$\frac{\square}{9} < 2\frac{1}{3} \div 3$$

(　　　　　　)

창의·융합

5-6 윤성이네 집의 평면도입니다. 직사각형 모양 화장실의 넓이가 $6\frac{2}{7}$ m²일 때 세로는 몇 m입니까?

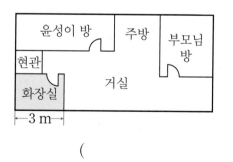

(　　　　　　)

해결의 창

(대분수)÷(자연수)는 (가분수)÷(자연수)로 바꾸어 계산합니다.

잘못된 계산 $2\frac{4}{5} \div 2 = 2\frac{4 \div 2}{5} = 2\frac{2}{5}$　　　　바른 계산 $2\frac{4}{5} \div 2 = \frac{14}{5} \div 2 = \frac{14 \div 2}{5} = \frac{7}{5} = 1\frac{2}{5}$

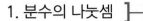
응용 1 도형의 한 변의 길이 구하기

❶ 재민이는 길이가 3 m인 끈을 남김없이 사용하여 가장 큰 정오각형 1개를 만들었고, /

❷ 혜승이는 길이가 5 m인 끈을 남김없이 사용하여 가장 큰 정육각형 1개를 만들었습니다. / ❸ 누가 만든 도형의 한 변의 길이가 더 깁니까?

( )

 ❶ 재민이가 만든 정오각형의 한 변의 길이를 구해 봅니다.

❷ 혜승이가 만든 정육각형의 한 변의 길이를 구해 봅니다.

❸ ❶과 ❷에서 구한 한 변의 길이를 비교해 봅니다.

예제 1-1 유라는 길이가 7 m인 털실을 남김없이 사용하여 가장 큰 정삼각형 1개를 만들었고, 나래는 길이가 9 m인 털실을 남김없이 사용하여 가장 큰 정사각형 1개를 만들었습니다. 누가 만든 도형의 한 변의 길이가 더 깁니까?

( )

예제 1-2 정칠각형과 정팔각형의 둘레가 같을 때 정팔각형의 한 변의 길이를 분수로 나타내면 몇 cm입니까?

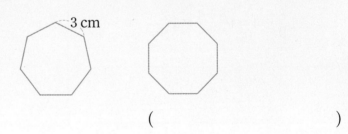

( )

응용 2 수직선에서 눈금 한 칸의 길이 구하기

② 수직선에서 눈금 한 칸의 길이를 기약분수로 나타내시오.

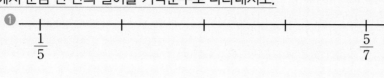

( )

해결의 법칙 ① $\frac{1}{5}$ 과 $\frac{5}{7}$ 사이의 길이를 구해 봅니다.

② 눈금 한 칸의 길이를 구해 봅니다.

예제 **2**-1 수직선에서 눈금 한 칸의 길이를 기약분수로 나타내시오.

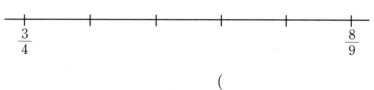

( )

예제 **2**-2 수직선에서 ㉠과 ㉡에 알맞은 수를 기약분수로 나타내시오.

 눈금 한 칸의 길이를 먼저 구해.

㉠은 $\frac{1}{3}$ 에서 오른쪽으로 한 칸 간 곳이고, ㉡은 $\frac{5}{6}$ 에서 왼쪽으로 한 칸 간 곳이야.

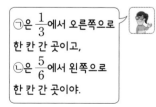

㉠ ( )

㉡ ( )

응용 3 바르게 계산한 값 구하기

① ②어떤 자연수를 7로 나누어야 할 것을 잘못하여 곱했더니 42가 되었습니다. / ③바르게 계산하면 얼마인지 몫을 분수로 나타내시오.

(   )

해결의 법칙
① 어떤 자연수를 ☐라 하고 잘못 계산한 식을 세워 봅니다.
② 곱셈과 나눗셈의 관계를 이용하여 ☐의 값을 구해 봅니다.
③ 바르게 계산한 몫을 분수로 나타내어 봅니다.

예제 3-1 어떤 자연수를 9로 나누어야 할 것을 잘못하여 곱했더니 36이 되었습니다. 바르게 계산하면 얼마인지 몫을 분수로 나타내시오.

(   )

예제 3-2 11을 어떤 자연수로 나누어야 할 것을 잘못하여 곱했더니 88이 되었습니다. 바르게 계산하면 얼마인지 몫을 분수로 나타내시오.

(   )

예제 3-3 어떤 자연수를 5로 나누어야 할 것을 잘못하여 2로 나누었더니 12가 되었습니다. 바르게 계산하면 얼마인지 몫을 분수로 나타내시오.

(   )

응용 4 색칠한 부분의 넓이 구하기

❶ 정삼각형을 4등분 해서 2칸에 색칠했습니다. 가장 큰 정삼각형의 넓이가 $8\frac{2}{5}$ cm²일 때 / ❷ 색칠한 부분의 넓이는 몇 cm²인지 기약분수로 나타내시오.

(   )

❶ 한 칸의 넓이를 구해 봅니다.

❷ 색칠한 부분의 넓이를 구해 봅니다.

예제 4-1 정육각형을 6등분 해서 3칸에 색칠했습니다. 정육각형의 넓이가 $10\frac{2}{7}$ cm²일 때 색칠한 부분의 넓이는 몇 cm²인지 기약분수로 나타내시오.

(   )

예제 4-2 직사각형을 12등분 해서 8칸에 색칠했습니다. 색칠한 부분의 넓이는 몇 cm²인지 기약분수로 나타내시오.

 직사각형의 넓이를 먼저 구해.

 그런 다음 한 칸의 넓이를 구한 후 색칠한 부분의 넓이를 구해야 해.

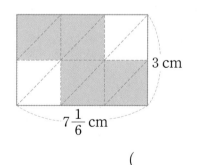

3 cm

$7\frac{1}{6}$ cm

(   )

분수의 나눗셈

1

응용 5 일정한 빠르기로 갈 수 있는 거리 구하기

❶진환이는 자전거로 7분 동안 $5\frac{1}{4}$ km를 갈 수 있습니다. / ❷같은 빠르기로 10분 동안에는 몇 km를 갈 수 있는지 기약분수로 나타내시오.

(   )

❶ 자전거로 1분 동안 갈 수 있는 거리를 구해 봅니다.

❷ 같은 빠르기로 10분 동안 갈 수 있는 거리를 구해 봅니다.

예제 5-1 5분 동안 $4\frac{2}{7}$ km를 달리는 자동차가 있습니다. 같은 빠르기로 1시간 동안 몇 km를 달릴 수 있는지 기약분수로 나타내시오.

(   )

예제 5-2 두 사람의 대화를 읽고 석기가 걸리는 시간은 몇 시간 몇 분인지 구하시오.

아빠는 한 시간에 $4\frac{3}{8}$ km 를 가는 빠르기로 2시간 을 걸었단다.

아빠가 간 거리를 저는 자전거를 타고 한 시간에 7 km를 가는 빠르기로 가 볼게요.

아빠

석기

(   )

응용6 색 테이프 한 장의 길이 구하기

❶길이가 같은 색 테이프 3장을 $\frac{4}{5}$ cm씩 겹치게 한 줄로 길게 이어 붙였더니 전체 길이

가 30 cm가 되었습니다. / ❷색 테이프 한 장의 길이는 몇 cm입니까?

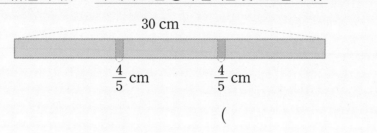

(   )

❶ 색 테이프 3장의 길이의 합을 구해 봅니다.
❷ 색 테이프 한 장의 길이를 구해 봅니다.

예제 6-1 길이가 같은 색 테이프 3장을 $\frac{5}{7}$ cm씩 겹치게 한 줄로 길게 이어 붙였더니 전체 길이가 41 cm가 되었습니다. 색 테이프 한 장의 길이는 몇 cm인지 기약분수로 나타내시오.

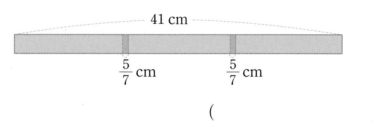

(   )

예제 6-2 길이가 $12\frac{3}{4}$ cm인 색 테이프 4장을 일정한 길이만큼 겹치게 한 줄로 길게 이어 붙였더니 전체 길이가 $48\frac{1}{2}$ cm가 되었습니다. 몇 cm씩 겹치게 이어 붙였는지 기약분수로 나타내시오.

(   )

1

분수의 나눗셈

응용 7 수 카드로 나눗셈 만들기

❶ 수 카드 3장을 한 번씩 모두 사용하여 / ❷ 계산 결과가 가장 작은 나눗셈을 만들고 계산을 하시오.

계산 결과 (   )

 ❶ 주어진 분수의 나눗셈을 분수의 곱셈으로 나타내어 봅니다.

❷ 계산 결과가 가장 작을 때 □ 안에 들어갈 수를 알아보고 계산합니다.

예제 7 - 1 수 카드 3장을 한 번씩 모두 사용하여 계산 결과가 가장 작은 나눗셈을 만들고 계산을 하시오.

$$\boxed{2}\ \boxed{5}\ \boxed{9} \Rightarrow \dfrac{\square}{\square} \div \square$$

계산 결과 (   )

예제 7 - 2 수 카드 3장을 한 번씩 모두 사용하여 계산 결과가 가장 큰 나눗셈을 만들고 계산을 하시오.

$$\boxed{5}\ \boxed{6}\ \boxed{8} \Rightarrow \dfrac{\square}{\square} \div \square$$

계산 결과 (   )

응용 8 물건 한 개의 무게 구하기

❷한 상자에 무게가 같은 인형이 3개씩 들어 있습니다. / ❶이 인형 6상자의 무게는 $19\frac{1}{4}$ kg이고 / ❷빈 상자의 무게는 $\frac{1}{4}$ kg입니다. / ❸인형 한 개의 무게는 몇 kg입니까?

(   )

❶ 인형 한 상자의 무게를 구해 봅니다.

❷ 인형 3개의 무게를 구해 봅니다.

❸ 인형 한 개의 무게를 구해 봅니다.

예제 8-1 한 상자에 무게가 같은 비누가 21개씩 들어 있습니다. 이 비누 4상자의 무게는 $5\frac{1}{6}$ kg이고 빈 상자의 무게는 $\frac{1}{8}$ kg입니다. 비누 한 개의 무게는 몇 kg인지 기약분수로 나타내시오.

(   )

예제 8-2 어느 과일 가게에 있는 사과 한 상자와 배 한 상자의 무게입니다. 빈 상자의 무게가 각각 $\frac{1}{2}$ kg일 때 사과 한 개와 배 한 개의 무게의 차는 몇 kg인지 기약분수로 나타내시오. (단, 사과와 배의 무게는 각각 같습니다.)

사과 12개, $3\frac{37}{50}$ kg

배 9개, $5\frac{9}{25}$ kg

(   )

(자연수)÷(자연수), (분수)÷(자연수)

01 계산 결과가 1보다 큰 것은 어느 것입니까? (　　　　)

유사

① $8 \div 11$　　　② $2\frac{2}{3} \div 9$　　　③ $3\frac{3}{7} \div 6$

④ $10 \div 3$　　　⑤ $\frac{3}{8} \div 12$

(분수)÷(자연수)　　　　　　　　　　　창의·융합

02 북두칠성을 이용하면 북극성을 찾을 수 있습니다. 북두칠

유사　성의 별 ㉠과 ㉡ 사이의 거리의 5배가 되는 곳에 북극성이
있을 때 별 ㉠과 ㉡ 사이의 거리는 몇 km인지 기약분수로
나타내시오.

북두칠성　　$\frac{54}{5}$ km　　북극성

㉠　㉡

(　　　　　　　　　　)

서술형　(대분수)÷(자연수)

03 ★에 알맞은 수는 얼마인지 풀이 과정을 쓰고 답을 기약분

유사　수로 나타내시오. (단, 같은 모양은 같은 수를 나타냅니다.)

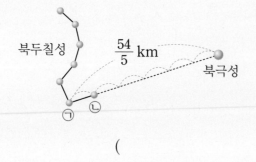

$$♥ \times 8 = 5\frac{5}{7} \qquad ♥ \div 10 = ★$$

(　　　　　　　　　　)

풀이

• 정답은 7쪽

유사 표시된 문제의 유사 문제가 제공됩니다.
동영상 표시된 문제의 동영상 특강을 볼 수 있어요.
QR 코드를 찍어 보세요.

(대분수)÷(자연수) 창의·융합

04 빨대 피리는 길이가 길수록 낮은 음을 낸다고 합니다. 가
유사 장 낮은 음을 내는 빨대의 길이는 가장 높은 음을 내는 빨
대의 길이의 몇 배인지 기약분수로 나타내시오.

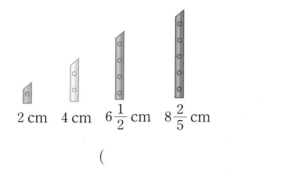

2 cm 4 cm $6\frac{1}{2}$ cm $8\frac{2}{5}$ cm

(   )

(분수)÷(자연수)

05 철사 $\dfrac{11}{7}$ m를 모두 사용하여 합동인 정삼각형 모양을 2개
유사
동영상 만들었습니다. 이 정삼각형의 한 변의 길이는 몇 m입니까?
(단, 두 정삼각형은 변끼리 붙어 있지 않습니다.)

(   )

(분수)÷(자연수)

06 그림은 직사각형의 네 변의 한가운데를 이어 그린 것입니다.
유사 색칠한 부분의 넓이는 몇 cm²인지 기약분수로 나타내시오.

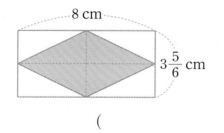

8 cm

$3\frac{5}{6}$ cm

(   )

(자연수)÷(자연수), (분수)÷(자연수)   창의·융합

07 태극기에서 태극 무늬의 지름은 태극기 세로의 반이고 괘
[유사] 의 길이는 태극 무늬 지름의 반입니다. 태극기의 세로가
27 cm일 때 괘의 길이는 몇 cm인지 분수로 나타내시오.

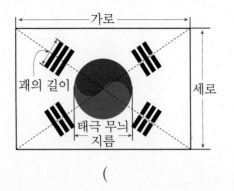

(   )

[서술형] (대분수)÷(자연수)

08 보라네 집에서 11월 한 달 동안 먹는 쌀은 몇 kg인지 풀이
[유사] 과정을 쓰고 답을 기약분수로 나타내시오.
[동영상]

> 우리 집에서는 매일 같은 양의
> 쌀을 먹어.
> 일주일 동안 $2\frac{2}{3}$ kg을 먹지.

보라

(   )

풀이

(분수)÷(자연수)

09 둘레가 $\frac{6}{11}$ m인 정사각형을 똑같은 크기의 정사각형 9개
[유사] 로 나누었습니다. 가장 작은 정사각형 한 개의 둘레는 몇
[동영상] m인지 기약분수로 나타내시오.

(   )

(대분수)÷(자연수)

10 삼각형 ㄱㄴㄷ에서 선분 ㄷㄹ의 길이는 몇 cm인지 기약
유사 분수로 나타내시오.
동영상

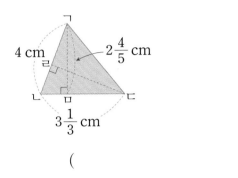

4 cm

$2\frac{4}{5}$ cm

$3\frac{1}{3}$ cm

( )

서술형 (분수)÷(자연수)

11 어떤 일을 하는 데 수애는 3일 동안 전체의 $\frac{1}{3}$을 하고 영
유사 채는 9일 동안 전체의 $\frac{1}{2}$을 합니다. 두 사람이 함께 일을
동영상 하면 일을 끝내는 데 며칠이 걸리는지 풀이 과정을 쓰고
답을 구하시오. (단, 두 사람이 하루에 하는 일의 양은 일
정합니다.)

( )

풀이

(분수)÷(자연수)

12 어떤 직사각형의 둘레는 21 cm이고 가로는 세로의 2배라
유사 고 합니다. 이 직사각형의 넓이는 몇 cm²인지 기약분수로
동영상 나타내시오.

( )

1

분수의 나눗셈

창의사고력

13 마주 보는 두 면의 눈의 수의 합이 7인 주사위 4개를 던졌더니 위에 보이는 면이 다음과 같았습니다. 주사위 4개의 밑에 놓인 면의 눈의 수를 한 번씩 모두 사용하여 (대분수) ÷(자연수)의 나눗셈을 만들려고 합니다. 계산 결과가 가장 클 때의 값을 기약분수로 나타내시오.

(   )

창의사고력

14 가 고무동력수레는 3초 동안 $4\frac{1}{5}$ cm를 가고 나 고무동력수레는 5초 동안 $6\frac{1}{4}$ cm를 갑니다. 두 고무동력수레가 같은 곳에서 출발하여 같은 방향으로 22초 동안 간다면 두 고무동력수레 사이의 거리는 몇 cm인지 기약분수로 나타내시오. (단, 두 고무동력수레는 22초 동안 각각 일정한 빠르기로 갑니다.)

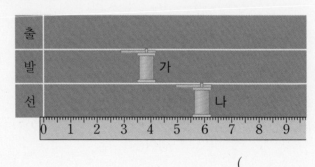

(   )

· 정답은 10쪽

01 나눗셈의 몫을 분수로 나타내시오.

(1) $11 \div 7$

(2) $18 \div 19$

02 계산을 하시오.

(1) $\dfrac{6}{7} \div 5$

(2) $5\dfrac{1}{6} \div 3$

03 빈칸에 알맞은 기약분수를 써넣으시오.

$\div$ →

$\dfrac{15}{2}$	9	
$\dfrac{9}{4}$	6	

04 가장 작은 수를 가장 큰 수로 나눈 몫을 기약분수로 나타내시오.

5	$1\dfrac{5}{6}$	$\dfrac{2}{3}$	6

( )

창의·융합

05 페트리 접시에 섞여 있는 물과 식용유의 혼합물을 스포이트로 분리하였습니다. 물의 양은 식용유의 양의 몇 배입니까?

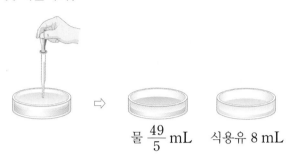

물 $\dfrac{49}{5}$ mL   식용유 8 mL

( )

06 계산 결과를 비교하여 ○ 안에 >, =, <를 알맞게 써넣으시오.

$$\dfrac{3}{7} \div 9 \;\bigcirc\; \dfrac{5}{9} \div 10$$

서술형

07 길이가 $5\dfrac{1}{7}$ m인 리본을 4명에게 똑같이 나누어 주었습니다. 한 명에게 몇 m씩 나누어 주었는지 식을 쓰고 답을 기약분수로 나타내시오.

식 _____

답 _____

08 빈칸에 알맞은 기약분수를 써넣으시오.

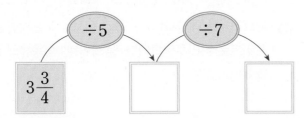

09 평행사변형의 높이는 몇 cm인지 기약분수로 나타내시오.

5 cm

넓이: $6\frac{2}{3}$ cm² 높이

( )

10 계산 결과가 큰 것부터 차례로 기호를 쓰시오.

ㄱ $\frac{5}{8} \div 3$ ㄴ $2\frac{1}{2} \div 4$ ㄷ $\frac{10}{7} \div 12$

( )

11 □ 안에 들어갈 수 있는 자연수는 모두 몇 개입니까?

$$4\frac{4}{9} \div 4 < □ < 13\frac{1}{3} \div 2$$

( )

12 □ 안에 알맞은 기약분수를 써넣으시오.

$$□ \times 6 = 4\frac{4}{5} \div 8$$

서술형

13 $\frac{3}{4}$ kg의 설탕이 들어 있는 봉지에 $\frac{5}{6}$ kg의 설탕을 더 넣었습니다. 이 봉지에 들어 있는 설탕을 4개의 작은 통에 똑같이 나누어 담으려고 합니다. 한 통에 설탕을 몇 kg씩 담아야 하는지 풀이 과정을 쓰고 답을 구하시오.

풀이 _____

_____

_____

답 _____

창의·융합

14 서윤이가 만든 직사각형 모양의 미니 병풍입니다. 병풍 전체의 가로가 $20\frac{2}{5}$ cm일 때 병풍 한 폭의 넓이는 몇 cm²인지 기약분수로 나타내시오. (단, 각 폭의 가로는 모두 같습니다.)

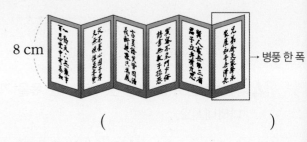

8 cm → 병풍 한 폭

( )

15 주영이는 하루에 4시간씩 일주일 동안 일을 하여 전체 일의 $\frac{4}{5}$를 했습니다. 주영이가 1시간 동안 한 일의 양은 전체 일의 몇 분의 몇인지 기약분수로 나타내시오.

(   )

16 수 카드 3장을 한 번씩 모두 사용하여 계산 결과가 가장 큰 나눗셈을 만들고 계산을 하시오.

$$\boxed{4} \quad \boxed{7} \quad \boxed{9} \Rightarrow \dfrac{\square}{\square} \div \square$$

계산 결과 (   )

17 삼각형 ㄱㄴㅁ에서 선분 ㄴㄷ, 선분 ㄷㄹ, 선분 ㄹㅁ의 길이가 같을 때 색칠한 부분의 넓이는 몇 cm²인지 기약분수로 나타내시오.

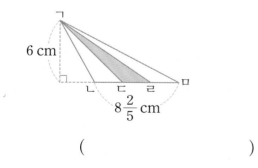

(   )

18 어떤 수를 5로 나누어야 할 것을 잘못하여 4로 나누었더니 $2\frac{1}{12}$이 되었습니다. 바르게 계산하면 얼마인지 풀이 과정을 쓰고 답을 기약분수로 나타내시오.

풀이 _____

_____

_____

답 _____

19 무게가 같은 필통이 한 상자에 5개씩 들어 있습니다. 이 필통 6상자의 무게는 $24\frac{2}{3}$ kg이고 빈 상자의 무게는 $\frac{1}{2}$ kg입니다. 필통 한 개의 무게는 몇 kg인지 기약분수로 나타내시오.

(   )

20 들이가 $3\frac{1}{3}$ L인 병에 $\frac{3}{4}$만큼 음료수가 들어 있습니다. 이 음료수를 3명이 똑같이 나누어 마셨더니 남은 음료수의 양은 처음 양의 $\frac{1}{6}$이 되었습니다. 한 명이 마신 음료수는 몇 L인지 기약분수로 나타내시오.

(   )

2 각기둥과 각뿔

벌집 모양을 알아보아요.

벌들은 소중한 꿀을 담기 위해 평면을 빈틈없이 채울 수 있는 정육각형 모양인 입구의 벌집을 만들었습니다. 평면을 빈틈없이 채울 수 있는 도형은 정육각형 말고 다른 도형도 있는데 왜 하필 정육각형을 선택했을까요?

평면을 빈틈없이 채울 수 있는 도형은 삼각형, 사각형, 육각형 등 다양합니다. 이 도형들의 넓이를 비교해 보도록 합시다.

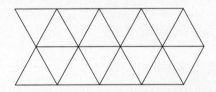 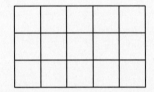 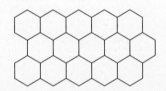

▲ 평면을 빈틈없이 채울 수 있는 정다각형

예를 들어 둘레가 12 cm인 여러 평면도형의 넓이를 비교해 보면 다음과 같습니다.

	정삼각형	직사각형(1)	직사각형(2)	정사각형	정육각형	정팔각형
변의 길이(cm)	4	1, 5	2, 4	3	2	1.5
넓이(cm^2)	약 6.9	5	8	9	약 10.4	약 10.9

위의 표를 보면 다각형의 변이 많아질수록 원에 가까워지면서 넓이가 점점 더 넓어짐을 알 수 있습니다. 그리고 직사각형보다 정사각형의 넓이가 더 넓다는 것도 알 수 있습니다. 즉, 변이 가장 많은 정다각형의 넓이가 가장 넓다는 뜻이지요.

그렇다면 둘레가 일정한 평면도형 중에서 가장 넓은 도형은 원이라고 추측할 수 있을 겁니다. 하지만 원을 여러 개 이어 붙이면 틈이 생겨서 공간의 낭비가 생기게 됩니다.

만약 벌집이 원 모양이라면 어땠을까요? 원과 원 사이로 적들이 파고 들 수도 있겠죠? 틈새를 메우려면 그만큼 재료와 노력이 들 것이구요.

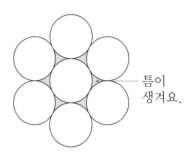
틈이 생겨요.

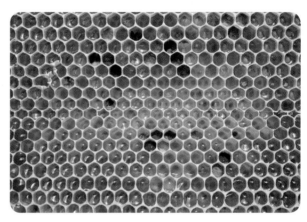

그래서 적은 재료로 넓은 공간을 만들기 위해 정육각형을 택한 것이에요. 정말 지혜롭지 않나요?

만약 벌들이 무리를 지어 생활하지 않고 혼자 살았다면 가장 이상적인 공간인 원 모양 벌집이 탄생했을 것입니다.

이번 단원에서는 벌집과 같은 입체도형에 대해 배워 볼까요?

각기둥 알아보기

❶  등과 같은 입체도형을 각기둥이라 고 합니다. (○ , ×)

정답: ○

생각의 방향: 서로 평행한 두 면이 합동인 다 각형으로 이루어진 입체도형을 각기둥이라고 합니다.

❷ 각기둥에서 서로 평행하고 합동인 두 면을 밑면이라 고 합니다. (○ , ×)

정답: ○

밑면 / 옆면 / 밑면

❸ 각기둥의 옆면은 모두 (직사각형 , 삼각형)입니다.

정답: 직사각형

❹ 각기둥의 밑면의 모양이 사각형이면 (삼각기둥 , 사각기둥)입니다.

정답: 사각기둥

각기둥의 이름은 밑면의 모양에 따라 정해집니다.

❺ 각기둥에서 면과 면이 만나는 선분을 모서리, 모서 리와 모서리가 만나는 점을 [   ], 두 밑면의 사이의 거리를 [   ]라고 합니다.

정답: 꼭짓점, 높이

높이 / 모서리 / 꼭짓점

❻ 각기둥에서 (모서리의 수)=(한 밑면의 변의 수)×[ ]

정답: 3

각기둥의 전개도 알아보기

❶ 각기둥의 모서리를 잘라서 평면 위에 펼쳐 놓은 그 림을 각기둥의 전개도라고 합니다. (○ , ×)

정답: ○

❷ 전개도를 접었을 때 만들어지는 각 기둥의 이름은 (삼각기둥 , 사각기둥)입니다.

정답: 삼각기둥

전개도를 접었을 때 만들어지는 각기둥의 이름은 밑면의 모양에 따라 정해집니다.

❸ 전개도를 접었을 때 선분 ㄹㅁ과 맞닿는 선분은 선분 [   ]입니다.

정답: ㅂㅁ

전개도를 접었을 때 맞닿는 선분 의 길이는 같습니다.

각기둥의 전개도 그리기

생각의 방향

정답

❶ 삼각기둥의 전개도를 그리려면 밑면을 2개, 옆면을 3개 그려야 합니다. (○ , ×)

○

각기둥의 전개도를 그릴 때는 밑면을 2개 그리고 옆면은 한 밑면의 변의 수와 같게 그립니다.

❷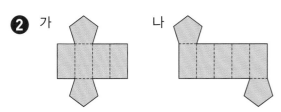

오각기둥의 전개도를 바르게 그린 것은 (가, 나)입니다.

나

❸ 육각기둥의 전개도를 완성하려면 옆면을 □개 더 그려야 합니다.

3

각기둥의 전개도를 그릴 때, 그려야 하는 옆면의 수는 한 밑면의 변의 수와 같습니다.

각뿔 알아보기

❶ , , 등과 같은 입체도형을 각뿔이라고 합니다. (○ , ×)

○

밑에 놓인 면이 다각형이고 옆으로 둘러싼 면이 모두 삼각형인 입체도형을 각뿔이라고 합니다.

❷ 각뿔에서 밑면은 2개입니다. (○ , ×)

×

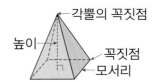

❸ 각뿔에서 옆면의 모양은 모두 (직사각형 , 삼각형)입니다.

삼각형

❹ 밑면의 모양이 오각형인 각뿔의 이름은 (오각뿔 , 육각뿔)입니다.

오각뿔

각뿔의 이름은 밑면의 모양에 따라 정해집니다.

❺ 각뿔에서 꼭짓점 중에서도 옆면이 모두 만나는 점을 □□□□□□□이라 하고, 각뿔의 꼭짓점에서 밑면에 수직인 선분의 길이를 □□라고 합니다.

각뿔의 꼭짓점, 높이

❻ 각뿔에서 (면의 수)＝(밑면의 변의 수)＋□

1

2

각기둥과 각뿔

비법 1 각기둥과 각뿔 비교하기

입체도형	각기둥	각뿔
밑면의 모양	다각형	다각형
옆면의 모양	직사각형	삼각형
밑면의 수(개)	2	1

다른 점 → 옆면의 모양, 밑면의 수(개)

비법 2 각기둥에서 꼭짓점의 수, 면의 수, 모서리의 수

각기둥	한 밑면의 변의 수(개)	꼭짓점의 수(개)	면의 수(개)	모서리의 수(개)
삼각기둥	3	6	5	9
사각기둥	4	8	6	12
⋮	⋮	⋮	⋮	⋮
●각기둥	●	●×2	●+2	●×3

- 각기둥에서 (꼭짓점의 수)=(한 밑면의 변의 수)×2
- 각기둥에서 (면의 수)=(한 밑면의 변의 수)+2
- 각기둥에서 (모서리의 수)=(한 밑면의 변의 수)×3

비법 3 각뿔에서 꼭짓점의 수, 면의 수, 모서리의 수

각뿔	밑면의 변의 수(개)	꼭짓점의 수(개)	면의 수(개)	모서리의 수(개)
삼각뿔	3	4	4	6
사각뿔	4	5	5	8
⋮	⋮	⋮	⋮	⋮
▲각뿔	▲	▲+1	▲+1	▲×2

- 각뿔에서 (꼭짓점의 수)=(밑면의 변의 수)+1
- 각뿔에서 (면의 수)=(밑면의 변의 수)+1 ┐ 각뿔에서 꼭짓점의 수와 면의 수는 같습니다.
- 각뿔에서 (모서리의 수)=(밑면의 변의 수)×2

- 각기둥: 서로 평행한 두 면이 합동인 다각형으로 이루어진 입체도형

① 평행 ② 합동 ③ 다각형

- 각뿔: 밑에 놓인 면이 다각형이고 옆으로 둘러싼 면이 모두 삼각형인 입체도형

삼각형 / 다각형

- 각기둥의 구성 요소

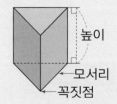
높이 / 모서리 / 꼭짓점

- 각뿔의 구성 요소

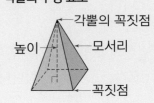
각뿔의 꼭짓점 / 높이 / 모서리 / 꼭짓점

예 면이 7개인 각기둥의 이름 알아보기

한 밑면의 변의 수 구하기		밑면의 모양 알아보기		각기둥의 이름 알아보기

한 밑면의 변의 수를 □개라 하면

□＋2＝7, □＝5

변이 5개인 도형은 오각형입니다.

밑면의 모양이 오각형인 각기둥은 오각기둥입니다.

예 꼭짓점이 6개인 각뿔의 이름 알아보기

밑면의 변의 수 구하기		밑면의 모양 알아보기		각뿔의 이름 알아보기

밑면의 변의 수를 □개라 하면

□＋1＝6, □＝5

변이 5개인 도형은 오각형입니다.

밑면의 모양이 오각형인 각뿔은 오각뿔입니다.

교과서 개념

• 각기둥의 이름은 밑면의 모양에 따라 정해집니다.

밑면의 모양	삼각형	사각형	오각형
이름	삼각기둥	사각기둥	오각기둥

• 각뿔의 이름은 밑면의 모양에 따라 정해집니다.

밑면의 모양	삼각형	사각형	오각형
이름	삼각뿔	사각뿔	오각뿔

2

각기둥과 각뿔

비법 **5** 각기둥의 전개도를 접었을 때 만나는 면, 선분, 점 알아보기

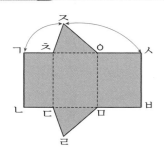

• 면 ㄷㄹㅁ과 만나는 면:
  면 ㄱㄴㄷㅊ, 면 ㅊㄷㅁㅇ, 면 ㅇㅁㅂㅅ
• 선분 ㄱㄴ과 맞닿는 선분: 선분 ㅅㅂ
• 점 ㄱ과 만나는 점: 점 ㅈ, 점 ㅅ

• **각기둥의 전개도**: 각기둥의 모서리를 잘라서 평면 위에 펼쳐 놓은 그림

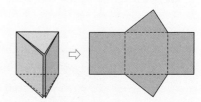

비법 **6** 각기둥의 전개도를 여러 가지 방법으로 그리기

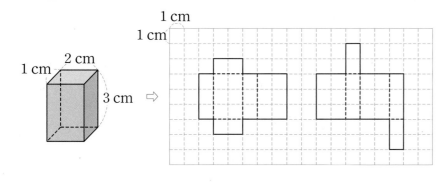

• 각기둥의 전개도는 어느 모서리를 자르는가에 따라 여러 가지 모양이 나올 수 있습니다.

① 각기둥 알아보기 (1)

• 각기둥: 서로 평행한 두 면이 합동인 다각형으로 이루어진 입체도형

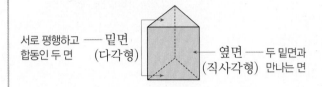

서로 평행하고 합동인 두 면 ─ 밑면 (다각형)

옆면 ─ 두 밑면과 (직사각형) 만나는 면

1-1 각기둥을 모두 고르시오. ⋯⋯⋯⋯(   )

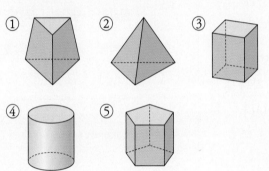

① ② ③ ④ ⑤

창의·융합

1-2 각기둥 모양인 장기짝을 보고 밑면을 모두 찾아 쓰시오.

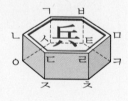

_____

1-3 각기둥의 겨냥도를 완성하시오.

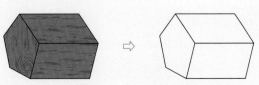

서술형

1-4 각기둥의 특징을 잘못 말한 것을 찾아 기호를 쓰고 바르게 고쳐 보시오.

> ㉠ 밑면은 2개입니다.
> ㉡ 옆면의 모양은 직사각형입니다.
> ㉢ 밑면과 옆면은 서로 평행합니다.

답 _____

바르게 고치기

_____

② 각기둥 알아보기 (2)

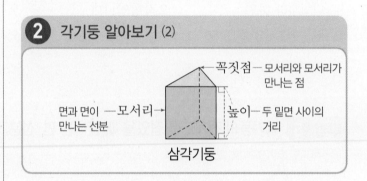

꼭짓점 ─ 모서리와 모서리가 만나는 점

면과 면이 만나는 선분 ─ 모서리

높이 ─ 두 밑면 사이의 거리

삼각기둥

2-1 각기둥을 보고 밑면의 모양과 각기둥의 이름을 쓰시오.

각기둥	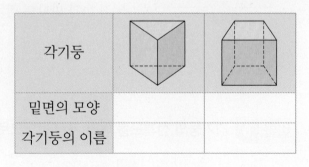	
밑면의 모양		
각기둥의 이름		

2-2 오른쪽 각기둥에서 높이를 나타내는 모서리는 몇 개입니까?

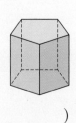

(   )

· 정답은 13쪽

2-3 밑면의 모양이 오른쪽과 같은 각기둥의 이름을 쓰시오.

(   )

2-4 오른쪽 각기둥을 보고 꼭짓점의 수, 면의 수, 모서리의 수를 각각 구하시오.

꼭짓점의 수 (   )

면의 수 (   )

모서리의 수 (   )

2-5 빈칸에 알맞은 수를 써넣으시오.

도형	오각기둥	팔각기둥
한 밑면의 변의 수(개)		
꼭짓점의 수(개)		
면의 수(개)		
모서리의 수(개)		

2-6 모서리가 27개인 각기둥이 있습니다. 이 각기둥의 이름을 쓰시오.

(   )

3 각기둥의 전개도

· 각기둥의 전개도: 각기둥의 모서리를 잘라서 평면 위에 펼쳐 놓은 그림

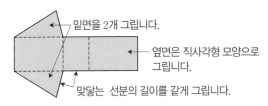

밑면을 2개 그립니다.

옆면은 직사각형 모양으로 그립니다.

맞닿는 선분의 길이를 같게 그립니다.

3-1 각기둥의 전개도가 <u>아닌</u> 것을 모두 찾아 기호를 쓰시오.

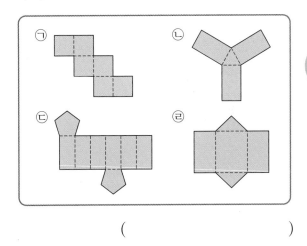

ㄱ   ㄴ   ㄷ   ㄹ

(   )

3-2 전개도를 접었을 때 만들어지는 각기둥의 이름을 쓰시오.

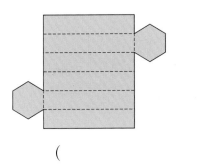

(   )

 각기둥에서 한 밑면의 변의 수를 ●개라 하면

(꼭짓점의 수)=(●×2)개   (면의 수)=(●+2)개   (모서리의 수)=(●×3)개

2

각기둥과 각뿔

3-3 전개도를 접어서 각기둥을 만들었습니다. □ 안에 알맞은 수를 써넣으시오.

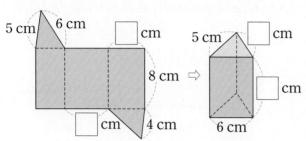

3-4 전개도를 접었을 때 선분 ㄱㄴ과 맞닿는 선분은 어느 것입니까?

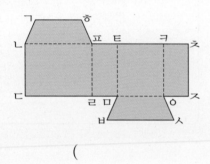

( )

3-5 다음 사각기둥의 전개도를 완성해 보시오.

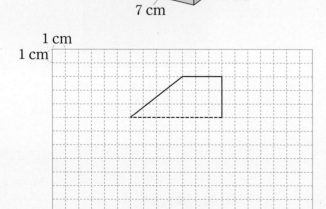

4 각뿔 알아보기 (1)

• 각뿔: 밑에 놓인 면이 다각형이고 옆으로 둘러싼 면이 모두 삼각형인 입체도형

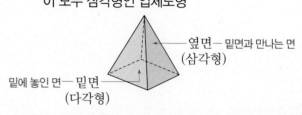

옆면─밑면과 만나는 면
(삼각형)

밑에 놓인 면─밑면
(다각형)

4-1 각뿔을 모두 찾아 기호를 쓰시오.

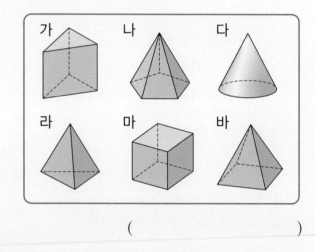

( )

4-2 오른쪽 입체도형이 각뿔이 아닌 이유를 쓰시오.

이유 _____

_____

4-3 오른쪽 각뿔의 옆면을 모두 찾아 쓰시오.

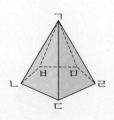

4-4 각뿔의 특징을 잘못 말한 사람의 이름을 쓰시오.

> 소영: 밑면은 다각형이야.
> 준규: 밑면의 수와 옆면의 수는 같아.
> 은하: 옆면은 모두 삼각형이야.

(   )

5-3 오른쪽 각뿔을 보고 꼭짓점의 수, 면의 수, 모서리의 수를 각각 구하시오.

꼭짓점의 수 (   )
면의 수 (   )
모서리의 수 (   )

---

5 각뿔 알아보기 (2)

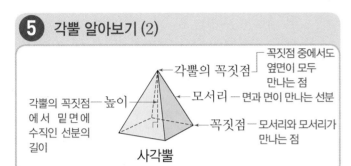

각뿔의 꼭짓점 — 꼭짓점 중에서도 옆면이 모두 만나는 점
각뿔의 꼭짓점에서 밑면에 수직인 선분의 길이 — 높이
모서리 — 면과 면이 만나는 선분
꼭짓점 — 모서리와 모서리가 만나는 점
사각뿔

〔창의·융합〕

5-1 오른쪽 인디언 텐트는 각뿔 모양입니다. 이 각뿔의 이름을 쓰시오.

(   )

5-4 빈칸에 알맞은 수를 써넣으시오.

도형	칠각뿔	구각뿔
밑면의 변의 수(개)		
꼭짓점의 수(개)		
면의 수(개)		
모서리의 수(개)		

〔서술형〕

5-5 꼭짓점이 12개인 각뿔이 있습니다. 이 각뿔의 이름은 무엇인지 풀이 과정을 쓰고 답을 구하시오.

풀이 _____

_____

_____

답 _____

5-2 오른쪽 각뿔의 높이는 몇 cm입니까?

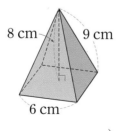

8 cm   9 cm
6 cm

(   )

각뿔에서 밑면의 변의 수를 ▲개라 하면

(꼭짓점의 수)=(▲+1)개   (면의 수)=(▲+1)개   (모서리의 수)=(▲×2)개

응용 1 입체도형의 이름 알아보기

① 밑면의 모양과 옆면의 모양이 다음과 같은 / ② 입체도형의 이름을 쓰시오.

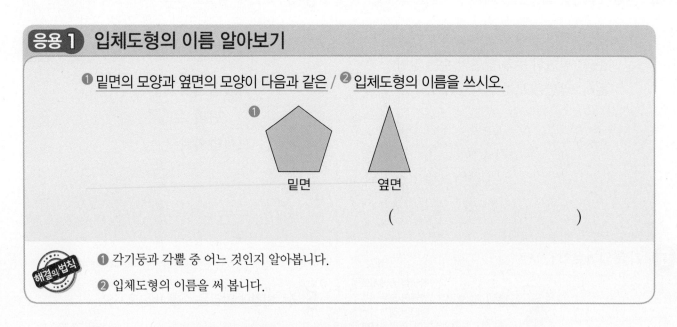

①

밑면   옆면

(   )

해결의 법칙 ① 각기둥과 각뿔 중 어느 것인지 알아봅니다.

② 입체도형의 이름을 써 봅니다.

예제 1-1 밑면의 모양과 옆면의 모양이 다음과 같은 입체도형의 이름을 쓰시오.

밑면   옆면

(   )

예제 1-2 다음에서 설명하는 입체도형의 이름을 쓰시오.

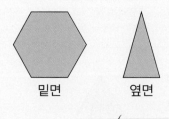

• 서로 평행한 두 면이 합동인 다각형입니다.
• 옆면은 직사각형입니다.
• 밑면의 수와 옆면의 수의 합은 11개입니다.

(   )

・정답은 15쪽

응용 2 각기둥의 구성 요소의 수 구하기

❶밑면의 모양이 오른쪽과 같은 각기둥이 있습니다. / ❷이 각기둥에서 꼭짓점의 수, 면의 수, 모서리의 수의 / ❸합은 몇 개입니까?

(   )

❶ 각기둥의 이름을 알아봅니다.

❷ 꼭짓점의 수, 면의 수, 모서리의 수를 각각 구해 봅니다.

❸ ❷에서 구한 세 수를 더해 봅니다.

예제 2-1 밑면의 모양이 오른쪽과 같은 각기둥이 있습니다. 이 각기둥에서 꼭짓점의 수, 면의 수, 모서리의 수의 합은 몇 개입니까?

(   )

예제 2-2 면이 10개인 각기둥이 있습니다. 이 각기둥에서 모서리는 몇 개입니까?

 각기둥에서 한 밑면의 변의 수를 먼저 구해.

(   )

그럼 각기둥의 이름을 알 수 있지.

예제 2-3 꼭짓점이 22개인 각기둥이 있습니다. 이 각기둥에서 면은 몇 개입니까?

(   )

2

각기둥과 각뿔

응용 **3** 각뿔의 구성 요소의 수 구하기

❶밑면의 모양이 오른쪽과 같은 각뿔이 있습니다. / ❷이 각뿔에서 꼭짓점의 수, 면의 수, 모서리의 수의 / ❸합은 몇 개입니까?

( )

❶ 각뿔의 이름을 알아봅니다.

❷ 꼭짓점의 수, 면의 수, 모서리의 수를 각각 구해 봅니다.

❸ ❷에서 구한 세 수를 더해 봅니다.

예제 **3**-1 밑면의 모양이 오른쪽과 같은 각뿔이 있습니다. 이 각뿔에서 꼭짓점의 수, 면의 수, 모서리의 수의 합은 몇 개입니까?

( )

예제 **3**-2 꼭짓점이 10개인 각뿔이 있습니다. 이 각뿔에서 모서리는 몇 개입니까?

( )

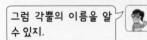
각뿔에서 밑면의 변의 수를 먼저 구해.

그럼 각뿔의 이름을 알 수 있지.

예제 **3**-3 모서리가 24개인 각뿔이 있습니다. 이 각뿔에서 면은 몇 개입니까?

( )

• 정답은 15쪽

응용 4 각기둥과 각뿔의 모든 모서리의 길이의 합 구하기

❶오른쪽 각기둥의 밑면이 정육각형일 때 / ❸모든 모서리의 길이의 합은 몇 cm입니까?

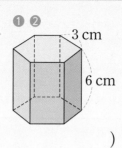

❶❷ 3 cm

6 cm

(   )

❶ 길이가 3 cm인 모서리의 길이의 합을 구해 봅니다.

❷ 길이가 6 cm인 모서리의 길이의 합을 구해 봅니다.

❸ ❶과 ❷를 더해 모든 모서리의 길이의 합을 구해 봅니다.

예제 4-1 오른쪽 각기둥의 밑면이 정오각형일 때 모든 모서리의 길이의 합은 몇 cm입니까?

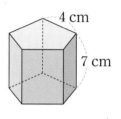

4 cm

7 cm

(   )

예제 4-2 오른쪽 각뿔은 밑면이 정사각형이고 옆면이 모두 서로 합동입니다. 이 각뿔의 모든 모서리의 길이의 합은 몇 cm입니까?

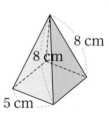

8 cm

8 cm

5 cm

(   )

예제 4-3 모서리의 길이가 모두 같은 오각뿔이 있습니다. 이 오각뿔의 모든 모서리의 길이의 합이 70 cm일 때 한 모서리의 길이는 몇 cm입니까?

(   )

응용 5 각기둥의 전개도에서 둘레 구하기

❶ 삼각기둥의 전개도를 그린 것입니다. / ❷ 전개도의 둘레는 몇 cm입니까?

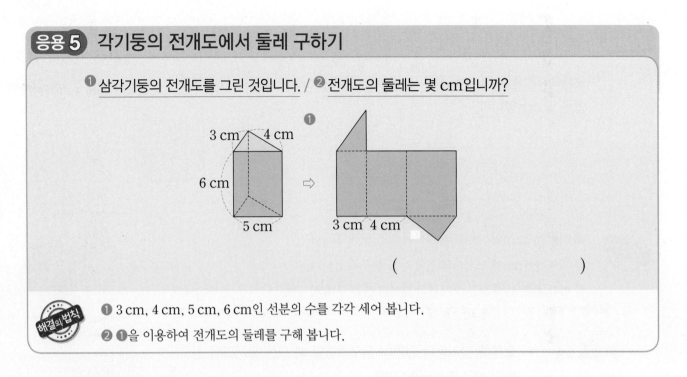

(   )

해결의 법칙

❶ 3 cm, 4 cm, 5 cm, 6 cm인 선분의 수를 각각 세어 봅니다.

❷ ❶을 이용하여 전개도의 둘레를 구해 봅니다.

예제 5-1   사각기둥의 전개도를 그린 것입니다. 전개도의 둘레는 몇 cm입니까?

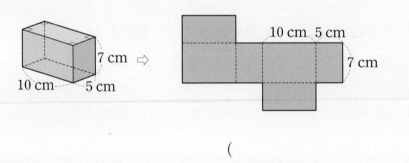

(   )

예제 5-2

 옆면이 모두 합동이므로 두 밑면은 정오각형이야.

전개도의 둘레에 길이가 같은 선분이 몇 개씩 있는지 알아봐.

오른쪽 각기둥의 전개도에서 옆면은 모두 합동입니다. 전개도의 둘레가 82 cm일 때 밑면의 한 변의 길이는 몇 cm입니까?

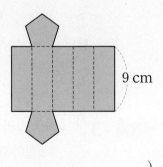

(   )

· 정답은 15쪽

응용 6 각기둥의 전개도에서 넓이 구하기

① 오른쪽은 밑면의 모양이 정삼각형인 각기둥의 전개도입니다. /
② 모든 옆면의 넓이의 합은 몇 cm^2입니까?

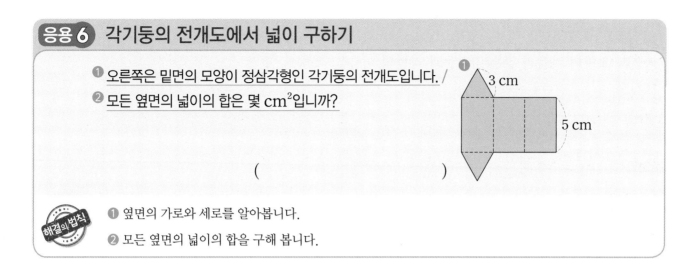

(   )

해결의 법칙

① 옆면의 가로와 세로를 알아봅니다.

② 모든 옆면의 넓이의 합을 구해 봅니다.

예제 6-1 밑면의 모양이 정육각형인 각기둥의 전개도입니다. 모든 옆면의 넓이의 합은 몇 cm^2입니까?

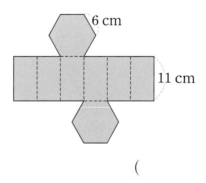

(   )

예제 6-2 밑면의 모양이 정오각형인 각기둥의 전개도를 그렸습니다. 모든 옆면의 넓이의 합이 200 cm^2일 때 각기둥의 높이는 몇 cm입니까? (단, 밑면의 한 변의 길이는 5 cm입니다.)

(   )

2

각기둥과 각뿔

STEP 3 응용 유형 뛰어넘기

각기둥과 각뿔 알아보기

01 밑면의 모양이 다음과 같은 각기둥과 각뿔의 이름을 각각
유사 쓰시오.

밑면의 모양			
각기둥의 이름			
각뿔의 이름			

각기둥과 각뿔 알아보기

02 칠각기둥과 칠각뿔의 구성 요소 중 같은 것을 모두 찾아
유사 기호를 쓰시오.

> ㉠ 밑면의 수　　㉡ 모서리의 수　　㉢ 밑면의 모양
> ㉣ 옆면의 수　　㉤ 옆면의 모양　　㉥ 꼭짓점의 수

(　　　　　　　　)

각기둥의 전개도 알아보기

03 어떤 각기둥의 옆면만 그린 전개도의 일부분입니다. 이 각
유사 기둥에서 모서리는 몇 개입니까?

(　　　　　　　　)

· 정답은 17쪽

서술형 각기둥 알아보기

04 육각기둥을 오른쪽 그림과 같이 2개의
유사 ▷ 각기둥으로 잘랐습니다. 두 각기둥에
서 꼭짓점의 수는 모두 몇 개인지 풀이
과정을 쓰고 답을 구하시오.

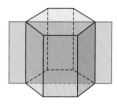

(   )

풀이

각기둥 알아보기

창의·융합

05 밑면의 모양이 오른쪽 씨름도에 그
유사 ▷ 린 도형과 같은 각기둥이 있습니다.
이 각기둥에서 꼭짓점의 수를 ㉠개,
면의 수를 ㉡개, 모서리의 수를 ㉢개
라고 할 때 ㉠+㉡-㉢의 값을 구
하시오.

(   )

▲ 김홍도의 씨름도
〈출처: 국립중앙박물관〉

각뿔 알아보기

06 모서리의 수와 꼭짓점의 수의 차가 7개인 각뿔이 있습니
유사 ▷ 다. 이 각뿔의 이름을 쓰시오.
동영상 ▌

(   )

2
각기둥과 각뿔

각기둥의 전개도 그리기

07 밑면은 오른쪽 그림과 같고 높이가
(유사) 3 cm인 삼각기둥의 전개도를 두
가지 그려 보시오.

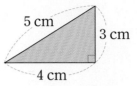

1 cm
1 cm

서술형   각뿔 알아보기

08 오른쪽과 같은 정삼각형 4개로 이루어진
(유사) 각뿔이 있습니다. 이 각뿔에서 모든 모서
(동영상) 리의 길이의 합은 몇 cm인지 풀이 과정
을 쓰고 답을 구하시오.

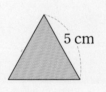

(   )

풀이

각기둥의 전개도 알아보기

09 사각기둥의 전개도를 그린 것입니다. 사각기둥의 겉면에
(유사) 그은 빨간색 선을 전개도에 알맞게 그어 보시오.
(동영상)

 ⇨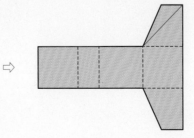

유사 표시된 문제의 유사 문제가 제공됩니다.
동영상 표시된 문제의 동영상 특강을 볼 수 있어요.
QR 코드를 찍어 보세요.

서술형 각기둥과 각뿔 알아보기

10 개수가 더 많은 것의 기호를 쓰려고 합니다. 풀이 과정을 쓰고 답을 구하시오.
유사
동영상

> ㉠ 면이 10개인 각기둥에서 꼭짓점의 수
> ㉡ 모서리가 28개인 각뿔에서 면의 수

( )

풀이
_____
_____
_____
_____
_____
_____

각기둥의 전개도 알아보기 　　　　　창의·융합

11 다음을 읽고 아크릴 상자의 전개도의 둘레를 구하시오.
유사　　　　(단, 아크릴 상자의 두께는 생각하지 않습니다.)
동영상

2

각기둥과 각뿔

사회

신기한 네모 사과!

사과가 커질 무렵 밑면이 정사각형인 사각기둥 모양의 투명 아크릴 상자 안에 넣어 재배하면 네모난 모양의 사과가 만들어집니다.

8 cm
8 cm
8 cm

( )

_____
_____
_____
_____
_____
_____
_____

각기둥의 전개도 알아보기

12 어떤 사각기둥의 밑면은 가로가 4 cm, 세로가 5 cm인 직
유사 사각형 모양입니다. 이 사각기둥의 전개도의 넓이가
동영상 166 cm²일 때 높이는 몇 cm입니까?

( )

_____
_____
_____
_____
_____

창의사고력

13 연정이는 고무찰흙은 꼭짓점으로, 막대는 모서리로 하여 입체도형을 한 개 만들려고 합니다. 주어진 재료를 모두 사용하여 만들 수 있는 각기둥의 이름을 쓰시오.

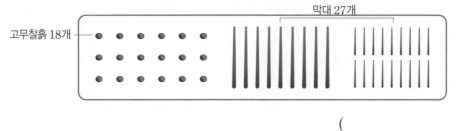

고무찰흙 18개

막대 27개

(   )

창의사고력

14 통일신라 시대에 만들어진 석등은 팔각기둥 모양의 돌의 네 면에 구멍을 뚫어 화창을 만든 화사석이 가장 큰 특징입니다. 한 밑면의 둘레가 80 cm이고 모든 모서리의 길이의 합이 296 cm인 팔각기둥 모양의 돌을 이용해 화사석을 만들려고 합니다. 이 팔각기둥 모양의 돌의 높이는 몇 cm입니까?

불을 밝히는 곳 ── 화사석

석등의 불을 켜 놓는 부분에 뚫은 창 ── 화창

▲ 개선사지 석등

▲ 화엄사 각황전 앞 석등

▲ 부석사 무량수전 앞 석등

(   )

2. 각기둥과 각뿔

· 정답은 19쪽

[01~03] 도형을 보고 물음에 답하시오.

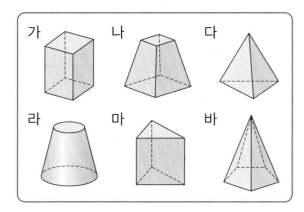

01 각기둥을 모두 찾아 기호를 쓰시오.

( )

02 각뿔을 모두 찾아 기호를 쓰시오.

( )

03 도형 바의 이름을 쓰시오.

( )

04 각기둥의 밑면을 모두 찾아 쓰시오.

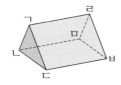

_____

05 각기둥에 대한 설명으로 잘못된 것은 어느 것입니까? ·· ( )

① 밑면은 서로 평행합니다.
② 밑면은 서로 합동입니다.
③ 밑면의 모양은 항상 직사각형입니다.
④ 옆면의 수는 한 밑면의 변의 수와 같습니다.
⑤ 밑면과 옆면은 서로 수직입니다.

서술형

06 다음 각기둥과 각뿔의 같은 점과 다른 점을 각각 1개씩 써 보시오.

같은 점	_____

_____

다른 점	_____

_____

창의·융합

07 오른쪽 삼각기둥 모양 프리즘에서 모서리와 모서리가 만나는 점은 몇 개입니까?

( )

08 전개도를 접어 오각기둥을 만들려고 합니다. 오각기둥을 만들 수 <u>없는</u> 사람은 누구인지 쓰시오.

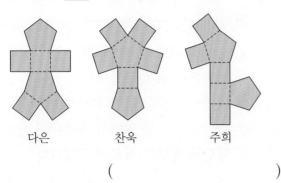

다은   찬욱   주희

(   )

창의·융합

09 사각기둥 모양의 투표함을 만들려고 합니다. 전개도를 접었을 때 투입구가 있는 면과 만나는 면을 모두 찾아 쓰시오.

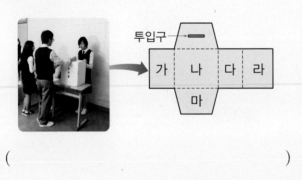

(   )

10 빈칸에 알맞은 수를 써넣으시오.

도형	꼭짓점의 수(개)	면의 수(개)	모서리의 수(개)
칠각기둥			
팔각뿔			

[11~12] 각기둥의 전개도를 보고 물음에 답하시오.

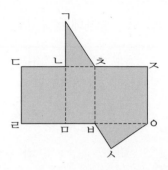

11 전개도를 접었을 때 만들어지는 각기둥의 이름을 쓰시오.

(   )

12 전개도를 접었을 때 선분 ㄹㅁ과 맞닿는 선분은 어느 것입니까?

(   )

13 다음 사각기둥의 전개도를 완성하시오.

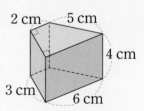

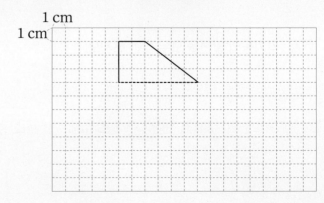

14 개수가 많은 것부터 차례로 기호를 쓰시오.

> ㉠ 사각기둥에서 모서리의 수
> ㉡ 팔각기둥에서 면의 수
> ㉢ 십각뿔에서 꼭짓점의 수
> ㉣ 구각뿔에서 모서리의 수

( )

15 밑면의 모양이 오른쪽과 같은 정팔각형인 각기둥이 있습니다. 이 각기둥의 높이가 5 cm일 때 모든 모서리의 길이의 합은 몇 cm인지 풀이 과정을 쓰고 답을 구하시오.

2 cm

풀이 _____

_____

_____

답 _____

16 각뿔에서 다음을 계산하면 몇 개입니까?

> (면의 수)+(꼭짓점의 수)−(모서리의 수)

( )

17 꼭짓점이 22개인 각기둥과 밑면의 모양이 같은 각뿔의 면은 몇 개입니까?

( )

18 전개도를 접었을 때 만들어지는 각기둥에서 모든 모서리의 길이의 합은 몇 cm입니까?

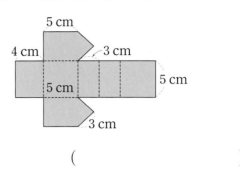
5 cm
4 cm
3 cm
5 cm
5 cm
3 cm

( )

19 옆면의 모양이 오른쪽과 같은 각기둥의 모든 모서리의 길이의 합은 252 cm입니다. 이 각기둥의 이름을 쓰시오. (단, 각기둥의 높이는 9 cm이고 옆면은 모두 합동입니다.)

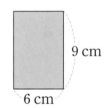
9 cm
6 cm

( )

20 꼭짓점의 수와 모서리의 수의 합이 40개인 각기둥의 이름은 무엇인지 풀이 과정을 쓰고 답을 구하시오.

풀이 _____

_____

_____

답 _____

2

각기둥과 각뿔

3 소수의 나눗셈

소수점의 다양한 표기법과 역사

사람들이 소수점을 사용하여 분수와 같은 값을 표현할 수 있다는 사실을 발견하게 된 것은 수를 표현하는 방법에 있어 대혁명이었습니다. 이러한 소수점의 다양한 표기법과 그 역사를 알아볼까요?

네덜란드의 수학자 스테빈(1548~1620)은 계산을 할 때 분수를 자연수처럼 계산할 수 있었으면 좋겠다고 생각했습니다. 그런 생각을 거듭하다가 결국 최초의 소수의 개념을 발표하게 되었습니다. 스테빈이 소수를 발표할 당시에는 다음과 같이 복잡하게 나타냈습니다.

수: 3.257
스테빈의 표기법: 3⓪2①5②7③

자리를 나타내기 위해 점을 이용하여 소수를 나타낸 사람은 스위스의 뷔르기(1552~1632)가 처음이었습니다. 그는 여러 개의 점을 사용하여 소수를 나타내려고 했어요.

지금과 같은 소수점 방식을 써서 소수를 나타낸 사람은 네이피어(1550~1612)입니다.
네이피어는 자신의 책에서 자연수 자리와 소수 자리를 구분할 때 마침표나 쉼표를 사용하자는 아이디어를 냈습니다.

이미 배운 내용	이번에 배울 내용	앞으로 배울 내용

[5-2 분수의 곱셈]
· (분수)×(자연수), (자연수)×(분수),
  (분수)×(분수)
 	
[5-2 소수의 곱셈]
· (소수)×(자연수), (소수)×(소수)
	· (소수)÷(자연수) 알아보기
	· (자연수)÷(자연수)의 몫을
	  소수로 나타내기
	· 몫을 어림하여 소수점 위치
	  확인하기
		[6-2 분수의 나눗셈]
		· (자연수)÷(분수), (분수)÷(분수)
		[6-2 소수의 나눗셈]
		· (자연수)÷(소수), (소수)÷(소수)

네이피어의 이런 방식은 전 세계에 널리 퍼져 오늘날 우리나라를 비롯한 거의 모든 나라가 마침표를 소수점으로 쓰고 있고, 유럽 몇몇 나라에서는 마침표가 아닌 쉼표를 쓰고 있습니다.
국제 표준은 다음과 같습니다.

소수점 표기 방법(국제 표준)
0.1과 같이 점을 사용하거나 0,1과 같이 쉼표를 사용합니다.

· 0.1과 같이 점을 사용하는 나라

대한민국   미국   중국

· 0,1과 같이 점을 사용하는 나라

독일   프랑스

$3,^{14}$와 같이 소수점 아래의 숫자들을 위에 작게 나타내는 나라도 있다고 해요. 신기하죠?

| | 정답 | 🔆 생각의 **방향** ↑ |

(소수)÷(자연수) (1)

❶ $24÷2=12$이므로 $2.4÷2=1.2$입니다. (○ , ×)

○

나누는 수가 같을 때 나누어지는 수가 $\frac{1}{10}$배, $\frac{1}{100}$배가 되면 몫도 $\frac{1}{10}$배, $\frac{1}{100}$배가 됩니다.

❷ $396÷3=132$이므로 $3.96÷3$의 몫은 (13.2, 1.32) 입니다.

1.32

❸ $7.8÷6$의 몫은 $78÷6$의 몫의 $\dfrac{1}{\boxed{}}$배입니다.

10

(소수)÷(자연수) (2)

❶ $8.4÷4=\dfrac{84}{10}÷4=\dfrac{84÷4}{10}=\dfrac{21}{10}=2.1$입니다.

(○ , ×)

○

소수 한 자리 수는 분모가 10인 분수로 고쳐서 계산합니다.

❷ $565÷5=113$이므로 $56.5÷5$의 몫은 1.13입니다.

(○ , ×)

×

❸ (소수)÷(자연수)에서 몫의 소수점은 (나누는 수, 나누어지는 수)의 소수점을 올려 찍습니다.

나누어지는 수

❹ $4.62÷2=\boxed{}$

2.31

(소수)÷(자연수) (3)

❶ $1.68÷7$은 몫이 1보다 큽니다. (○ , ×)

×

나누어지는 수가 나누는 수보다 작으면 몫은 1보다 작습니다.

❷ $342÷9=38$이므로 $3.42÷9$의 몫은 3.8입니다.

(○ , ×)

×

❸ (소수)÷(자연수)에서 나누어지는 수가 나누는 수보다 작으면 먼저 몫의 일의 자리에 (0, 1)을 쓰고 소수점을 찍은 다음 계산합니다.

0

❹ $2.56÷8=\boxed{}$

0.32

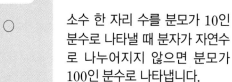

정답 / **생각의 방향** ↑

(소수)÷(자연수) (4)

❶ $3.5 \div 2 = \dfrac{350}{100} \div 2 = \dfrac{350 \div 2}{100} = \dfrac{175}{100} = 1.75$입니다.

(○ , ×)

소수 한 자리 수를 분모가 10인 분수로 나타낼 때 분자가 자연수로 나누어지지 않으면 분모가 100인 분수로 나타냅니다.

❷ $540 \div 4 = 135$이므로 $5.4 \div 4$의 몫은 13.5입니다.

(○ , ×)

❸ (소수)÷(자연수)에서 소수점 아래에서 나누어떨어지지 않는 경우 (0, 1)을 내려 계산합니다.

❹ $2.7 \div 6 = \boxed{}$

정답: ○ / × / 0 / 0.45

(소수)÷(자연수) (5)

❶ $6.12 \div 6 = \dfrac{612}{10} \div 6 = \dfrac{612 \div 6}{10} = \dfrac{102}{10} = 10.2$입니다. (○ , ×)

소수 두 자리 수는 분모가 100인 분수로 고쳐서 계산합니다.

❷ $749 \div 7 = 107$이므로 $7.49 \div 7$의 몫은 1.07입니다.

(○ , ×)

❸ (소수)÷(자연수)에서 세로로 계산 중 수를 하나 내렸음에도 나누어야 할 수가 나누는 수보다 작을 경우에는 몫에 (0, 1)을 쓴 다음 수를 하나 더 내려서 계산합니다.

❹ $4.36 \div 4 = \boxed{}$

정답: × / ○ / 0 / 1.09

(자연수)÷(자연수), 몫의 소수점 위치 확인하기

❶ $2 \div 5 = \dfrac{2}{5} = \dfrac{4}{10} = 0.4$입니다. (○ , ×)

$\blacktriangle \div \blacksquare = \dfrac{\blacktriangle}{\blacksquare}$

❷ $70 \div 2 = 35$이므로 $7 \div 2$의 몫은 3.5입니다.

(○ , ×)

❸ $19.6 \div 4$를 $20 \div 4$로 어림하면 몫은 약 (5, 6)입니다.

❹ $46.2 \div 3$을 $46 \div 3$으로 어림하면 몫은 약 15이므로 몫의 소수점 위치를 찾아 소수점을 찍으면 $1\square5\square4$입니다.

정답: ○ / ○ / 5 / $1\square5\square4$

어림한 몫을 생각하여 몫의 소수점 위치를 찾아봅니다.

3 소수의 나눗셈

비법 1 (소수)÷(자연수)를 여러 가지 방법으로 계산하기

방법 1 분수의 나눗셈으로 바꾸어 계산하기

$$21.78 \div 3 = \frac{2178}{100} \div 3 = \frac{2178 \div 3}{100} = \frac{726}{100} = 7.26$$

방법 2 자연수의 나눗셈을 이용하여 계산하기

$$2178 \div 3 = 726 \qquad 21.78 \div 3 = 7.26$$

$\frac{1}{100}$배

$\frac{1}{100}$배

방법 3 세로로 계산하기

```
       7 . 2 6
   3 ) 2 1 . 7 8
       2 1
           7
           6
           1 8
           1 8
               0
```

몫의 소수점은 나누어지는 수의 소수점을 올려 찍습니다.

비법 2 계산이 잘못된 곳을 찾아 옳게 계산하기

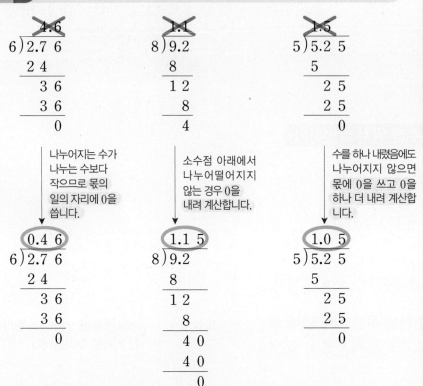

나누어지는 수가 나누는 수보다 작으므로 몫의 일의 자리에 0을 씁니다.

소수점 아래에서 나누어떨어지지 않는 경우 0을 내려 계산합니다.

수를 하나 내렸음에도 나누어지지 않으면 몫에 0을 쓰고 0을 하나 더 내려 계산합니다.

교과서 개념

• (소수)÷(자연수) (1)

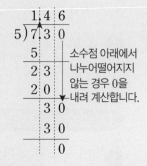

$$286 \div 2 = 143$$
$$28.6 \div 2 = 14.3$$
$$2.86 \div 2 = 1.43$$

• (소수)÷(자연수) (2)

```
       1 . 6 2
   4 ) 6 . 4 8
       4
       2 4
       2 4
           8
           8
           0
```

• (소수)÷(자연수) (3)

6>1이므로 몫의 일의 자리에 0을 씁니다.

```
       0 . 3 2
   6 ) 1 . 9 2
       1 8
         1 2
         1 2
           0
```

• (소수)÷(자연수) (4)

```
       1 . 4 6
   5 ) 7 . 3 0
       5
       2 3
       2 0
         3 0
         3 0
           0
```

소수점 아래에서 나누어떨어지지 않는 경우 0을 내려 계산합니다.

• (소수)÷(자연수) (5)

```
       3 . 0 5
   3 ) 9 . 1 5
       9
         1 5
         1 5
           0
```

1÷3을 계산할 수 없으므로 소수 첫째 자리에 0을 씁니다.

사용한 페인트의 양 구하기

예 ❶ 가로 3 m, 세로 7 m인 직사각형 모양의 벽을 ❷ 페인트 48.3 L 를 사용하여 칠했을 때 1 m²의 벽을 칠하는 데 사용한 페인트의 양 구하기

❶ 직사각형 모양 벽의 넓이 구하기	❷ 1 m²의 벽을 칠하는 데 사용한 페인트의 양 구하기
$3 \times 7 = 21 (\text{m}^2)$	$48.3 \div 21 = 2.3 (\text{L})$

비법 4 **바르게 계산한 값 구하기**

예 ❶❷ 어떤 수를 8로 나누어야 할 것을 잘못하여 곱했더니 80이 되었을 때 ❸ 바르게 계산한 값 구하기

❶ 어떤 수를 □라 하여 잘못 계산한 식 세우기	❷ 곱셈과 나눗셈의 관계를 이용하여 □의 값 구하기	❸ 바르게 계산한 값 구하기
$\square \times 8 = 80$	$80 \div 8 = \square$, $\square = 10$	$10 \div 8 = 1.25$

비법 5 **수 카드로 나눗셈식 만들기**

예 카드에 적힌 수의 크기가 $\boxed{5} > \boxed{4} > \boxed{3} > \boxed{2}$ 일 때 수 카드를 한 번씩 모두 사용하여 나눗셈식 만들기

(소수 한 자리 수)÷(자연수)	(소수 두 자리 수)÷(자연수)
• 몫이 가장 큰 경우 $\boxed{5}\,\boxed{4}\,.\,\boxed{3} \div \boxed{2}$	• 몫이 가장 큰 경우 ─가장 작은 수 $\boxed{5}\,.\,\boxed{4}\,\boxed{3} \div \boxed{2}$ 남은 수 중 큰 수부터
• 몫이 가장 작은 경우 $\boxed{2}\,.\,\boxed{3} \div \boxed{5}\,\boxed{4}$	• 몫이 가장 작은 경우 ─가장 큰 수 $\boxed{2}\,.\,\boxed{3}\,\boxed{4} \div \boxed{5}$ 남은 수 중 작은 수부터

교과서 개념

• (자연수)÷(자연수)

```
        0 . 7 5
  4 ) 3 . 0   0
      2 8
      ─────
        2 0
        2 0
        ─────
            0
```

• 몫을 어림하기

$$16.8 \div 5$$

어림 $17 \div 5 \Rightarrow$ 약 3 ─ 어림한 몫에 맞추어 몫의 소수점을 찍습니다.

몫 3.36 ◄

• 곱셈과 나눗셈의 관계

$$\blacksquare \times \blacktriangle = \bullet \left\langle \begin{array}{l} \bullet \div \blacksquare = \blacktriangle \\ \bullet \div \blacktriangle = \blacksquare \end{array} \right.$$

$$\bullet \div \blacksquare = \blacktriangle \left\langle \begin{array}{l} \blacksquare \times \blacktriangle = \bullet \\ \blacktriangle \times \blacksquare = \bullet \end{array} \right.$$

• 수 카드 $\boxed{2}$, $\boxed{3}$, $\boxed{4}$를 한 번씩만 사용하여 (소수 한 자리 수)÷(자연수)의 나눗셈식 만들기

① 몫이 가장 큰 경우

$$4.3 \div 2 = 2.15$$
└가장 작은 수

② 몫이 가장 작은 경우

$$2.3 \div 4 = 0.575$$
└가장 큰 수

●÷■에서 ●가 크고 ■가 작을수록 몫이 크고, ●가 작고 ■가 클수록 몫이 작아.

3

소수의 나눗셈

1 (소수)÷(자연수) (1)

$$699 \div 3 = 233$$
$$69.9 \div 3 = 23.3$$
$$6.99 \div 3 = 2.33$$

$\frac{1}{10}$배, $\frac{1}{100}$배

나누는 수가 같을 때 나누어지는 수가 $\frac{1}{10}$배, $\frac{1}{100}$배가 되면 몫도 $\frac{1}{10}$배, $\frac{1}{100}$배가 됩니다.

1-1 자연수의 나눗셈을 이용하여 소수의 나눗셈을 하시오.

$$576 \div 4 = 144$$
$$57.6 \div 4 = \boxed{}$$
$$5.76 \div 4 = \boxed{}$$

1-2 자연수의 나눗셈을 이용하여 바르게 계산한 것의 기호를 쓰시오.

㉠ $482 \div 2 = 241 \Rightarrow 48.2 \div 2 = 2.41$
㉡ $833 \div 7 = 119 \Rightarrow 8.33 \div 7 = 1.19$

(   )

서술형

1-3 □ 안에 알맞은 수를 써넣고 그 이유를 쓰시오.

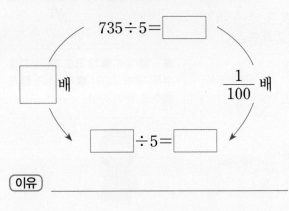

$735 \div 5 = \boxed{}$

□ 배 $\frac{1}{100}$ 배

$\boxed{} \div 5 = \boxed{}$

이유 _____

_____

2 (소수)÷(자연수) (2) ─ 각 자리에서 나누어떨어지지 않는 경우

$$\begin{array}{r} 8.2 \\ 4\overline{)32.8} \\ 32 \\ \hline 8 \\ 8 \\ \hline 0 \end{array}$$

→ 자연수의 나눗셈과 같은 방법으로 구한 뒤, 나누어지는 수의 소수점 위치에 맞춰 몫의 소수점을 찍어 줍니다.

2-1 ▌보기▐와 같이 소수의 나눗셈을 분수의 나눗셈으로 바꾸어 계산을 하시오.

▌보기▐

$$19.5 \div 5 = \frac{195}{10} \div 5 = \frac{195 \div 5}{10} = \frac{39}{10} = 3.9$$

$23.8 \div 7$

2-2 계산을 하시오.

(1) $3\overline{)5.01}$ (2) $6\overline{)12.84}$

2-3 나눗셈의 몫을 찾아 선으로 이어 보시오.

$11.07 \div 9$ •	• 1.23
	• 1.83
$30.72 \div 12$ •	
	• 2.56

창의·융합

2-4 화성암은 화산과 마그마 활동으로 만들어진 암석으로 현무암과 화강암이 대표적입니다. 화강암의 무게는 현무암의 무게의 몇 배입니까?

사진		
이름	현무암	화강암
무게(g)	38	79.8

( )

3-3 계산 결과가 큰 것부터 차례로 ○ 안에 번호를 써 넣으시오.

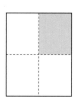

$8\overline{)2.96}$　　$3\overline{)1.47}$　　$26\overline{)15.08}$

서술형

3-4 오른쪽과 같이 넓이가 $3.68\ m^2$인 직사각형 모양의 화단을 4칸으로 똑같이 나누었습니다. 색칠된 부분의 넓이를 두 가지 방법으로 구하시오.

방법 1

방법 2

( )

---

③ (소수)÷(자연수) (3) – 몫이 1보다 작은 소수인 경우

$$
\begin{array}{r}
0.6\,2 \\
7\overline{)4.3\,4} \\
4\,2 \\
\hline
1\,4 \\
1\,4 \\
\hline
0
\end{array}
$$

→ 세로로 계산 한 후 소수점을 올려 찍고 자연수 부분에 0을 씁니다.

3-1 빈 곳에 알맞은 수를 써넣으시오.

1.74 → ÷6 →

3-5 다음을 보고 어떤 수를 구하시오.

어떤 수에 7을 곱하면 1.75가 됩니다.

3-2 가장 작은 수를 9로 나눈 몫을 구하시오.

5.31	4.95	6.03

( )

( )

해결의창

· (나누어지는 수)<(나누는 수)이면 몫은 1보다 작습니다.

· ■.▲=■.▲0=■.▲00과 같으므로 나누어떨어지지 않는 경우 0을 내려 계산합니다.

4 (소수)÷(자연수) (4) — 소수점 아래 0을 내려 계산해야 하는 경우

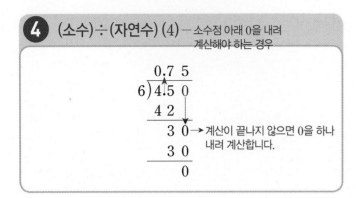

→ 계산이 끝나지 않으면 0을 하나 내려 계산합니다.

4-1 나머지가 0이 될 때까지 계산을 하시오.

(1) $5\overline{)5.6}$

(2) $8\overline{)10.8}$

4-2 빈칸에 알맞은 수를 써넣으시오.

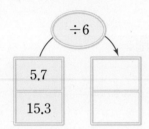

÷6

5.7	
15.3	

4-3 계산 결과를 비교하여 ○ 안에 >, =, <를 알맞게 써넣으시오.

$69.6 \div 16 \bigcirc 95.7 \div 22$

서술형

4-4 둘레가 8.3 m인 정오각형이 있습니다. 정오각형의 한 변의 길이는 몇 m입니까?

식 _____

답 _____

5 (소수)÷(자연수) (5) — 몫의 소수 첫째 자리에 0이 있는 경우

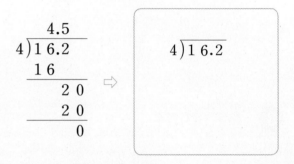

4는 5로 나눌 수 없으므로 → 몫에 0을 쓰고 0을 하나 더 내려 계산합니다.

5-1 계산이 잘못된 곳을 찾아 바르게 계산을 하시오.

```
    4.5
4)16.2
  16
   2 0
   2 0
     0
```
⇨
```
4)16.2
```

5-2 빈칸에 알맞은 수를 써넣으시오.

÷

1.08	12	
72.4	8	

창의·융합

5-3 양성평등 사회를 만들기 위해 윤아네 집에서 실천하기로 한 내용입니다. 가족 구성원 한 명이 청소해야 하는 넓이는 몇 m²입니까?

이번 주말에는 가족 4명이
32.16 m²를 똑같이 나누어
청소하도록 해요.

( )

6 (자연수)÷(자연수)의 몫을 소수로 나타내기

몫의 소수점은 자연수 바로 뒤에서 올려서 찍습니다.

$$
\begin{array}{r}
0.2\,5 \\
8\,)\overline{2.0\,0} \\
1\,6 \\
\hline
4\,0 \\
4\,0 \\
\hline
0
\end{array}
$$

→ 소수점 아래에서 받아내릴 수 없는 경우 0을 받아내려 계산합니다.

6-1 □ 안에 알맞은 수를 써넣으시오.

$$300 \div 12 = 25$$

(1) $30 \div 12 = \boxed{}$

(2) $3 \div 12 = \boxed{}$

6-2 빈칸에 알맞은 수를 써넣으시오.

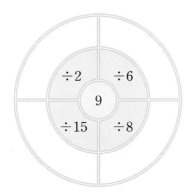

6-3 무게가 같은 배가 한 봉지에 5개씩 있습니다. 8봉지의 무게가 38 kg일 때 배 한 개의 무게는 몇 kg입니까? (단, 봉지의 무게는 생각하지 않습니다.)

(   )

7 몫의 소수점 위치 확인하기

$$28.6 \div 4$$

[어림] $29 \div 4 \Rightarrow$ 약 7

어림한 몫이 약 7이므로 몫은 7에 가까워야 합니다.

[몫] 7.15

7-1 어림셈하여 몫의 소수점의 위치를 찾아 표시해 보시오.

(1) $7.9 \div 2$

[어림] $\boxed{} \div \boxed{} \Rightarrow$ 약 $\boxed{}$

[몫] $3\square9\square5$

(2) $38.1 \div 5$

[어림] $\boxed{} \div \boxed{} \Rightarrow$ 약 $\boxed{}$

[몫] $7\square6\square2$

7-2 몫을 어림해 보고 알맞은 식을 찾아 ○표 하시오.

$$4.98 \div 6 = 830$$
$$4.98 \div 6 = 83$$
$$4.98 \div 6 = 8.3$$
$$4.98 \div 6 = 0.83$$

7-3 몫이 가장 큰 나눗셈을 찾아 ○표 하시오.

$$54 \div 3 \qquad 5.4 \div 3 \qquad 0.54 \div 3$$

3
소수의 나눗셈

· 수를 하나 내렸음에도 나누어지지 않으면 몫에 0을 쓰고 수를 하나 더 내려 계산합니다.
· ■＝■.0＝■.00과 같으므로 나누어떨어지지 않는 경우 0을 내려 계산합니다.

응용 **1** 모르는 수 구하기

같은 모양은 같은 수를 나타낼 때 ▲의 값을 구하시오.

❶ $4 \times \bullet = 63.2$

❷ $\bullet \div 8 = \blacktriangle$

(   )

해결의 법칙 ❶ 곱셈과 나눗셈의 관계를 이용하여 ●의 값을 구해 봅니다.

❷ 위 ❶을 이용하여 ▲의 값을 구해 봅니다.

예제 1 -1 같은 모양은 같은 수를 나타낼 때 ★의 값을 구하시오.

$7 \times \heartsuit = 58.8$

$\heartsuit \div 5 = \bigstar$

(   )

예제 1 -2 같은 모양은 같은 수를 나타낼 때 ♠의 값을 구하시오.

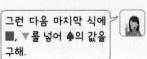 ■, ▼의 값을 차례로 구해.

그런 다음 마지막 식에 ■, ▼를 넣어 ♠의 값을 구해.

$3 \times \blacksquare = 93.6$

$\blacktriangledown \times 9 = 54$

$\blacksquare \div \blacktriangledown = \spadesuit$

(   )

• 정답은 22쪽

응용 2 간격의 길이 구하기

① 길이가 10.35 m인 길의 한쪽에 같은 간격으로 나무 10그루를 심으려고 합니다. /
② 나무 사이의 간격을 몇 m로 해야 합니까? (단, 나무의 두께는 생각하지 않습니다.)

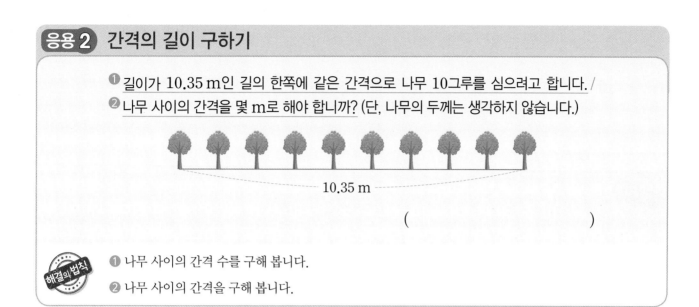

10.35 m

(   )

해결의 법칙
① 나무 사이의 간격 수를 구해 봅니다.
② 나무 사이의 간격을 구해 봅니다.

예제 2-1 길이가 78.6 m인 길의 한쪽에 같은 간격으로 가로등 16개를 세우려고 합니다.
가로등 사이의 간격을 몇 m로 해야 합니까? (단, 가로등의 두께는 생각하지 않
습니다.)

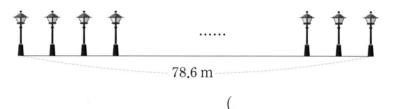

······

78.6 m

(   )

예제 2-2 길이가 124.8 m인 도로의 양쪽에 같은 간격으로 깃발 28개를 꽂으려고 합니
다. 도로의 처음부터 끝까지 깃발을 꽂으려면 깃발 사이의 간격을 몇 m로 해야
합니까? (단, 깃발의 두께는 생각하지 않습니다.)

(   )

3

소수의 나눗셈

응용 **3** 한 개에 담은 양 구하기

❶한 병에 1.6 L씩 들어 있는 음료수가 4병 있습니다. / ❷이 음료수를 컵 10개에 똑같이 나누어 담았다면 컵 한 개에 담은 음료수는 몇 L입니까?

(   )

❶ 곱셈을 이용하여 전체 음료수의 양을 구해 봅니다.

❷ 나눗셈을 이용하여 컵 한 개에 담은 음료수의 양을 구해 봅니다.

예제 3-1 한 봉지에 3.12 kg씩 들어 있는 소금이 3봉지 있습니다. 이 소금을 12개의 통에 똑같이 나누어 담았다면 한 통에 담은 소금은 몇 kg입니까?

(   )

예제 3-2 뜨거운 물 5.8 L와 차가운 물 4.96 L를 섞었습니다. 섞은 물을 물병 4개에 똑같이 나누어 담았다면 물병 한 개에 담은 물은 몇 L입니까?

(   )

예제 3-3 새우젓 76.32 kg을 24개의 봉지에 똑같이 나누어 담았습니다. 그중 5봉지를 팔았다면 팔고 남은 새우젓은 몇 kg입니까?

(   )

응용 4 사용한 페인트의 양 구하기

❶가로 4 m, 세로 2 m인 직사각형 모양의 벽을 / ❷페인트 24.8 L를 사용하여 칠했습니다. 1 m²의 벽을 칠하는 데 사용한 페인트는 몇 L입니까?

(   )

 해결의 법칙

❶ 직사각형 모양 벽의 넓이를 구해 봅니다.

❷ 1 m²의 벽을 칠하는 데 사용한 페인트의 양을 구해 봅니다.

예제 4-1 가로 8 m, 세로 7 m인 직사각형 모양의 벽을 페인트 159.6 L를 사용하여 칠했습니다. 1 m²의 벽을 칠하는 데 사용한 페인트는 몇 L입니까?

(   )

예제 4-2 한 변의 길이가 6 m인 정사각형 모양의 벽을 페인트 87.84 L를 사용하여 칠했습니다. 1 m²의 벽을 칠하는 데 사용한 페인트는 몇 L입니까?

(   )

예제 4-3 그림과 같이 직사각형 모양의 벽을 6칸으로 똑같이 나누었습니다. 페인트 169.2 L를 사용하여 벽을 모두 칠했다면 1 m²의 벽을 칠하는 데 사용한 페인트는 몇 L입니까?

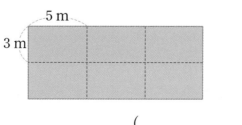

(   )

3 소수의 나눗셈

응용 5 넓이가 같은 두 도형에서 변의 길이 구하기

❶ 평행사변형 가와 직사각형 나의 넓이는 같습니다. / ❷ 직사각형 나의 가로는 몇 cm 입니까?

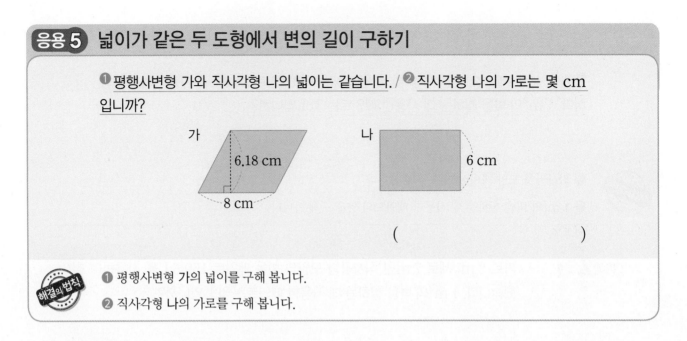

❶ 평행사변형 가의 넓이를 구해 봅니다.

❷ 직사각형 나의 가로를 구해 봅니다.

예제 **5**-1 정사각형 가와 평행사변형 나의 넓이는 같습니다. 평행사변형 나의 높이는 몇 cm입니까?

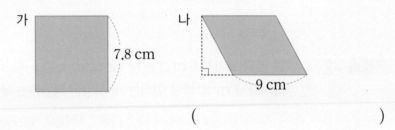

(   )

예제 **5**-2 삼각형 가와 마름모 나의 넓이는 같습니다. 마름모 나의 다른 대각선의 길이는 몇 cm입니까?

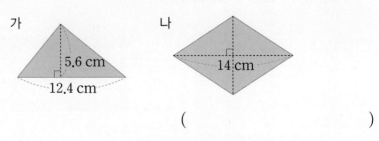

(   )

응용 6 바르게 계산한 값 구하기

①②어떤 수를 6으로 나누어야 할 것을 잘못하여 곱했더니 52.2가 되었습니다. /③바르게 계산하면 얼마입니까?

( )

해결의 법칙
❶ 어떤 수를 □라 하여 잘못 계산한 식을 세워 봅니다.

❷ 곱셈과 나눗셈의 관계를 이용하여 어떤 수를 구해 봅니다.

❸ 바르게 계산한 값을 구해 봅니다.

예제 6-1 어떤 수를 4로 나누어야 할 것을 잘못하여 곱했더니 33.44가 되었습니다. 바르게 계산하면 얼마입니까?

( )

예제 6-2 어떤 수를 8로 나누어야 할 것을 잘못하여 3으로 나누었더니 4가 되었습니다. 바르게 계산하면 얼마입니까?

( )

예제 6-3 어떤 수를 5로 나누어야 할 것을 잘못하여 2로 나누었더니 15.7이 되었습니다. 바르게 계산한 몫과 잘못 계산한 몫의 차를 구하시오.

( )

3

소수의 나눗셈

응용 **7** 일정한 빠르기로 갈 수 있는 거리 구하기

❶ 일정한 빠르기로 7분 동안 40.6 m를 가는 거북이 있습니다. / ❷❸ 이 거북이 같은 빠르기로 1시간 동안 갈 수 있는 거리는 몇 m입니까?

(   )

❶ 거북이 1분 동안 갈 수 있는 거리를 구해 봅니다.

❷ 1시간은 몇 분인지 알아봅니다.

❸ 거북이 1시간 동안 갈 수 있는 거리를 구해 봅니다.

예제 7 - 1 일정한 빠르기로 8분 동안 76 m를 가는 개미가 있습니다. 이 개미가 같은 빠르기로 1시간 동안 갈 수 있는 거리는 몇 m입니까?

(   )

예제 7 - 2 어느 달리기 선수가 42.6 km의 거리를 2시간 30분의 기록으로 달렸습니다. 이 선수가 일정한 빠르기로 달렸다면 10분 동안 달린 거리는 몇 km입니까?

(   )

예제 7 - 3

1분 동안 어느 것이 몇 km 더 멀리 가는지 구해.

그런 다음 25분 후에는 어느 것이 몇 km 더 멀리 가는지 구해.

자동차는 일정한 빠르기로 13분 동안 18.85 km를 가고 기차는 일정한 빠르기로 4분 동안 7.48 km를 갑니다. 자동차와 기차가 같은 곳에서 같은 방향으로 동시에 출발한다면 25분 후에는 어느 것이 몇 km 더 멀리 갑니까?

(   ), (   )

• 정답은 23쪽

응용8 수 카드로 나눗셈식 만들기

❶3장의 수 카드 ⎡4⎤, ⎡6⎤, ⎡8⎤을 모두 사용하여 (소수 한 자리 수)÷(자연수)의 나눗셈식을 만들려고 합니다. / ❷몫이 가장 크게 되는 나눗셈식을 만들고 몫을 구하시오.

$$\boxed{}.\boxed{}\div\boxed{}$$

(   )

해결의법칙

❶ 몫이 가장 크게 될 때의 나누어지는 수와 나누는 수를 각각 구해 봅니다.

❷ 몫이 가장 크게 되는 나눗셈식을 만들고 몫을 구해 봅니다.

예제 8-1

3장의 수 카드 ⎡7⎤, ⎡5⎤, ⎡9⎤를 모두 사용하여 (소수 한 자리 수)÷(자연수)의 나눗셈식을 만들려고 합니다. 몫이 가장 크게 되는 나눗셈식을 만들고 몫을 구하시오.

$$\boxed{}.\boxed{}\div\boxed{}$$

(   )

예제 8-2

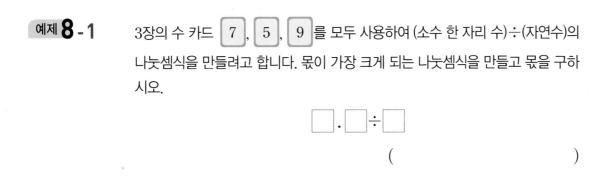

가장 작은 몫은 어떻게 구해?

나누어지는 수가 작을수록, 나누는 수가 클수록 몫이 작아.

4장의 수 카드 ⎡3⎤, ⎡9⎤, ⎡2⎤, ⎡4⎤를 모두 사용하여 (소수 두 자리 수)÷(자연수)의 나눗셈식을 만들려고 합니다. 몫이 가장 크게 될 때와 가장 작게 될 때의 나눗셈식을 각각 만들고 몫을 구하시오.

가장 큰 몫: $\boxed{}.\boxed{}\boxed{}\div\boxed{}$ ⇨ (   )

가장 작은 몫: $\boxed{}.\boxed{}\boxed{}\div\boxed{}$ ⇨ (   )

3

소수의 나눗셈

(소수)÷(자연수)

01
[유사]
사다리를 타고 내려가 도착한 빈 곳에 몫을 써넣으시오.

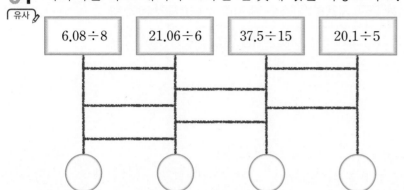

| 6.08÷8 | 21.06÷6 | 37.5÷15 | 20.1÷5 |

(자연수)÷(자연수)

창의·융합

02
[유사]
[동영상]
서울 지하철 3호선 노선도의 일부분입니다. 지혜가 대화 역에서 원흥역까지 가는 데 20분이 걸렸습니다. 각 역 사 이를 지나는 데 걸리는 시간이 같을 때 역과 역 사이를 지 나는 데 걸린 시간은 몇 분입니까? (단, 각 역에서 머무르 는 시간은 생각하지 않습니다.)

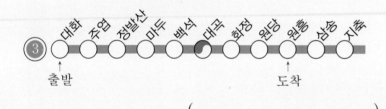

(   )

(소수)÷(자연수)

03
[유사]
□ 안에 들어갈 수 있는 자연수는 모두 몇 개입니까?

$$26.4÷3<□<71.5÷5$$

(   )

유사 표시된 문제의 유사 문제가 제공됩니다.
동영상 표시된 문제의 동영상 특강을 볼 수 있어요.
QR 코드를 찍어 보세요.

(소수)÷(자연수)

04 승연이네 과수원에서 귤을 57.75 kg 땄습니다. 이 중에서
유사 15 kg은 할머니 댁에 보내고 남은 귤은 30개의 봉지에 똑
같이 나누어 담으려고 합니다. 봉지 한 개에 담아야 하는
귤은 몇 kg입니까?

( )

서술형 (자연수)÷(자연수)

05 ㉮▲㉯=㉮÷㉯, ㉮●㉯=㉯÷㉮라고 합니다. ㉠과 ㉡의
유사 차는 얼마인지 풀이 과정을 쓰고 답을 구하시오.
동영상

$$10▲8=㉠, 5●4=㉡$$

( )

풀이

(소수)÷(자연수)

06 바티칸 시국은 이탈리아 로마 안에 있는
유사 도시 국가로 세계에서 가장 작은 나라입니
다. 영민이가 오른쪽 그림과 같이 둘레가
54.4 cm인 정사각형 모양의 바티칸 시국
국기를 그렸습니다. 국기의 넓이는 몇 cm²
입니까?

창의·융합

( )

3

소수의 나눗셈

(소수)÷(자연수)

07 세 자동차 회사에서 적은 연료로도 먼 거리를 갈 수 있는
[유사] 자동차를 내놓았습니다. 같은 연료로 가장 먼 거리를 가는
자동차는 어느 것입니까?

자동차	연료의 양	갈 수 있는 거리
천재 자동차	6 L	129.6 km
반짝 자동차	9 L	187.2 km
멋진 자동차	5 L	111.5 km

( )

[서술형] (소수)÷(자연수)

08 4장의 수 카드 4 , 7 , 9 , 6 을 모두 사용하여 (소수
[유사] 한 자리 수)÷(자연수)의 나눗셈식을 만들려고 합니다. 가
[동영상] 장 큰 몫은 얼마인지 풀이 과정을 쓰고 답을 구하시오.

( )

풀이

(소수)÷(자연수)

09 길이가 2.7 m인 색 테이프 5장을 0.3 m씩 겹치게 이어 붙
[유사] 였습니다. 이어 붙인 색 테이프 전체를 똑같이 6도막으로
[동영상] 나누면 한 도막의 길이는 몇 m입니까?

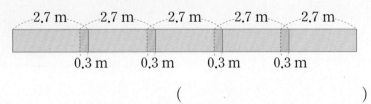

( )

유사 표시된 문제의 유사 문제가 제공됩니다.
동영상 표시된 문제의 동영상 특강을 볼 수 있어요.
QR 코드를 찍어 보세요.

(소수)÷(자연수)   창의·융합

10 채영이의 일기를 읽고 초에 불을 붙이고 나서 14분 후 남은
유사 초의 길이는 몇 cm인지 구하시오.

> ○월 ○일 날씨: 맑음
>
> 에너지를 절약하기 위해 지구촌 불 끄기 행사가 열렸다.
> 우리 집에서도 오늘 저녁에 한 시간 동안 전등을 껐다.
> 전등 대신에 잠시 동안 길이가 25 cm인 초에 불을 붙
> 이고 생활했는데 이 초는 일정한 빠르기로 4분 동안
> 2.2 cm가 탔다.

(   )

서술형 (소수)÷(자연수)

11 무게가 각각 같은 로봇 9개와 팽이 7개의 무게를 재어 보
유사 니 10.98 kg이었습니다. 로봇 1개의 무게가 0.8 kg일 때
동영상 팽이 한 개의 무게는 몇 kg인지 풀이 과정을 쓰고 답을 구
하시오.

(   )

풀이

3
소수의 나눗셈

(소수)÷(자연수)

12 정사각형 모양의 잔디밭을 넓이가 같은 직사각형 모양의
유사 잔디밭으로 바꾸려고 합니다. 잔디밭의 가로를 0.6 m 늘
동영상 이면 세로는 몇 m 줄여야 합니까?

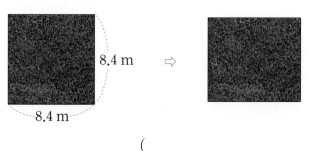
8.4 m
8.4 m

(   )

창의사고력

13 ▮조건▮을 모두 만족하는 ◆를 구하시오.

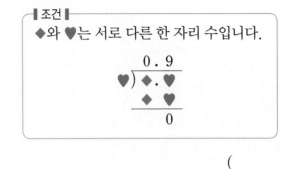

(   )

창의사고력

14 둘레가 481.2 m인 원 모양의 공원이 있습니다. 이 공원 둘레를 은하와 성우가 일정한 빠르기로 같은 곳에서 동시에 출발하여 반대 방향으로 걷는다고 합니다. 은하는 8분 동안 98.8 m, 성우는 12분 동안 139.8 m를 걷는다면 두 사람은 출발한 지 몇 분 몇 초 후에 처음으로 만나겠습니까?

(   )

3. 소수의 나눗셈

· 정답은 27쪽

01 ▮보기▮와 같이 소수의 나눗셈을 분수의 나눗셈으로 바꾸어 계산을 하시오.

▮보기▮
$$17.1 \div 3 = \frac{171}{10} \div 3 = \frac{171 \div 3}{10} = \frac{57}{10} = 5.7$$

$63.5 \div 5$

02 계산을 하시오.

(1) $4\,\overline{\smash{)}\,2\,5.3\,6}$ (2) $8\,\overline{\smash{)}\,7.8\,4}$

03 나눗셈의 몫을 찾아 선으로 이어 보시오.

$40.3 \div 13$ ·

$53.9 \div 22$ ·

· 2.9

· 3.1

· 2.45

04 빈칸에 알맞은 수를 써넣으시오.

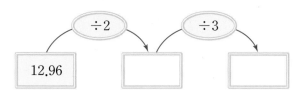

12.96 → ÷2 → ⬜ → ÷3 → ⬜

서술형

05 계산이 잘못된 곳을 찾아 이유를 쓰고 옳게 계산을 하시오.

$3\,\overline{\smash{)}\,9.1\,5}$ (3.5)
 9
 1 5
 1 5
 0

⇒ $3\,\overline{\smash{)}\,9.1\,5}$

이유 _____

_____

_____

06 계산 결과를 비교하여 ○ 안에 >, =, <를 알맞게 써넣으시오.

$24.6 \div 12$ ○ $21.6 \div 9$

3

소수의 나눗셈

창의·융합

07 지진 모형 실험을 하기 위해 두께가 같은 우드록 4장을 그림과 같이 쌓았습니다. 우드록을 쌓은 높이가 1.8 cm일 때 우드록 한 장의 두께는 몇 cm입니까?

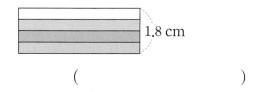

1.8 cm

(   )

08 몫을 어림하여 몫이 1보다 큰 나눗셈을 모두 찾아 ○
표 하시오.

| 4.43÷5 | 3.21÷3 | 8.54÷7 |

(   ) (   ) (   )

09 몫이 큰 것부터 차례로 기호를 쓰시오.

| ㉠ 9.54÷6 | ㉡ 7÷4 |
| ㉢ 10.72÷8 | ㉣ 4.62÷2 |

(   )

10 평행사변형의 넓이가 31.5 cm²일 때 높이는 몇 cm
입니까?

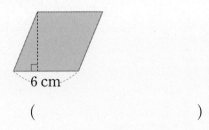

6 cm

(   )

11 통나무를 같은 간격으로 7번 잘랐습니다. 잘린 한 도
막의 길이는 몇 cm입니까?

96.4 cm

(   )

12 어느 제과점에서 2주일 동안 사용한 밀가루의 양은
72.38 kg입니다. 매일 같은 양을 사용했다면 하루
에 사용한 밀가루의 양은 몇 kg인지 풀이 과정을 쓰
고 답을 구하시오.

풀이 _____

_____

_____

답 _____

13 똑같은 책 8권을 담은 상자의 무게는 11 kg입니다.
빈 상자의 무게가 0.4 kg일 때 책 한 권의 무게는 몇
kg입니까?

(   )

14 정사각형과 정삼각형의 둘레가 같을 때 정삼각형의
한 변의 길이는 몇 cm입니까?

3.6 cm

(   )

15 □ 안에 알맞은 수를 써넣으시오.

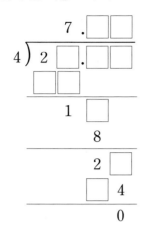

16 삼각형에서 변 ㄱㄴ의 길이는 몇 cm입니까?

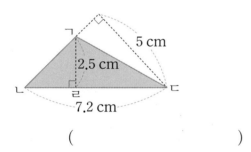

(   )

17 태희와 친구들은 합동 작품을 만들려고 합니다. 직사각형 모양의 도화지에 그림을 그린 후 똑같이 9부분으로 나눈 것 중의 2부분을 색칠하였습니다. 색칠한 부분의 넓이는 몇 m²입니까?

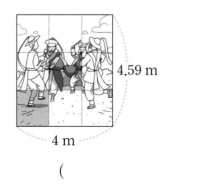

(   )

18 어떤 수를 4로 나누어야 할 것을 잘못하여 곱했더니 195.2가 되었습니다. 바르게 계산하면 얼마인지 풀이 과정을 쓰고 답을 구하시오.

풀이 _____

_____

_____

답 _____

19 크기가 같은 정사각형 모양의 타일 15개를 겹치는 부분 없이 이어 붙인 것입니다. 전체 타일의 둘레가 50 cm일 때 타일 전체의 넓이는 몇 cm²입니까?

(   )

20 휘발유 1 L의 값은 1750원입니다. 자동차로 135 km를 가는 데 9 L의 휘발유가 필요하다면 216 km를 가는 데 필요한 휘발유의 값은 모두 얼마입니까?

(   )

3

소수의 나눗셈

4 비와 비율

음계를 알아낸 수학자, 피타고라스

고대 그리스의 대표적인 수학자 피타고라스(기원전 약 582~기원전 약 497)는 모든 자연 세계를 수학적으로 설명할 수 있다고 하면서 무엇이든지 자연수 또는 두 자연수의 비로 나타낼 수 있다고 생각했습니다. 심지어 악기의 소리까지도 자연수의 비로 나타내었는데, 이것이 바로 유명한 "피타고라스 음계"입니다.

피타고라스는 대장간에서 들려오는 망치 소리를 듣고 음계가 일정한 규칙으로 변하는 것을 알아냈습니다. 즉, 음의 높낮이가 현악기의 줄의 길이와 관계가 있다고 생각하고, 이것을 비로 어떻게 나타낼 수 있을까 고민했지요.

피타고라스는 여러 실험을 통해 "도ー레ー미ー파ー솔ー라ー시"의 음계를 두 자연수의 비로 나타낼 수 있다는 것을 알아냈습니다.
현악기의 줄에 브리지를 놓고 음의 높낮이를 비교했더니 브리지를 놓은 줄의 길이가 일정한 비율로 늘거나 줄어들면 소리의 높낮이도 조화롭게 들리는 것을 발견한 것입니다.

예를 들어 '도' 소리가 나는 줄의 길이를 $\frac{1}{2}$로 줄이면 한 옥타브 높은 '도' 소리가 납니다.

(브리지를 놓은 곳까지의 줄의 길이) : (전체 줄의 길이) = 1 : 2

▲ 피타고라스

이미 배운 내용	이번에 배울 내용	앞으로 배울 내용
[5-1 규칙과 대응] • 대응 관계를 식으로 나타내기 [5-1 약분과 통분] • 분수와 소수의 크기 비교	• 두 수 비교하기 • 비의 개념 알아보기 • 비율을 분수와 소수로 나타내기 • 비율이 사용되는 경우 알아보기 • 비율을 백분율로 나타내기 • 백분율이 사용되는 경우 알아보기	[6-1 여러 가지 그래프] • 주어진 자료를 비율 그래프로 나타내기 [6-2 비례식과 비례배분] • 비례식의 성질 이용하여 비례식 풀기 • 주어진 양을 비례배분하기

이런 방법으로 줄의 길이를 조절하면 '레'는 8 : 9, '미'는 64 : 81, '파'는 3 : 4, '솔'은 2 : 3, '라'는 16 : 27, '시'는 128 : 243, '도'는 1 : 2로 나타낼 수 있습니다.

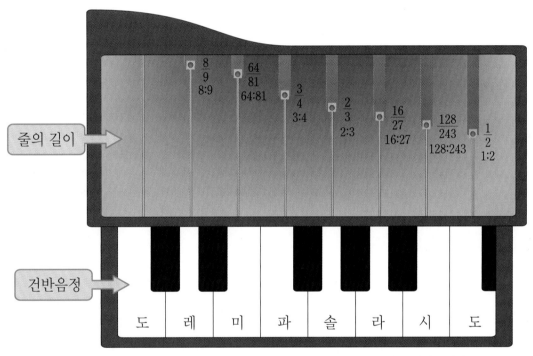

▲ 당시 그리스에서 사용하고 있던 음계를 비로 나타낸 것입니다.

그런데 피타고라스가 살던 시대에는 ':'라는 기호를 쓰지 않았습니다.
그렇다면 비를 나타내는 기호 ':'는 언제, 누가 쓰기 시작했을까요?

현재 우리가 쓰는 비의 기호 ':'가 쓰이기 전에는 '•'를 썼는데 이 기호는 영국의 수학자 윌리엄 오트레드가 만들었답니다. 그 이후 18세기에 수학자 크리스틴 월프가 현재 사용하는 비의 기호 ':'를 처음 사용한 것이랍니다.

두 수 비교하기

남학생 수(명)	여학생 수(명)
28	14

❶ 28−14＝14이므로 남학생이 여학생보다 14명 더 (많습니다 , 적습니다).

❷ 28÷14＝2이므로 남학생 수는 여학생 수의 (2 , $\frac{1}{2}$)배입니다.

비 알아보기

❶ 두 수를 나눗셈으로 비교하기 위해 기호 ☐ 을/를 사용하여 나타낸 것을 비라고 합니다.

❷ 두 수 9와 4를 비교할 때 4 : 9라 쓰고 4 대 9라고 읽습니다. (○ , ×)

❸ 비 4 : 3에서 기준이 되는 수는 3입니다.

❹ 5에 대한 9의 비 ⇨ ☐ : ☐

비율 알아보기

❶ 비 3 : 7에서 기호 : 의 오른쪽에 있는 7은 (기준량 , 비교하는 양)이고, 왼쪽에 있는 3은 (기준량 , 비교하는 양)입니다.

❷ 기준량에 대한 비교하는 양의 크기를 (비 , 비율) (이)라고 합니다.

❸ 비 10 : 20을 비율로 나타내면 $\frac{10}{20}$ 또는 0.5입니다.

(○ , ×)

정답

많습니다

2

:

×

○

9, 5

기준량,
비교하는 양

비율

○

💡 생각의 방향 ↑

두 양을 비교하는 방법에는 뺄셈과 나눗셈을 이용하는 두 가지 방법이 있습니다.

두 수와 ■와 ▲를 비교할 때 ■ : ▲라 쓰고 ■ 대 ▲라고 읽습니다.

기호 : 의 오른쪽에 있는 수가 기준입니다.

비 ■ : ▲에서 기호 : 의 오른쪽에 있는 ▲는 기준량, 왼쪽에 있는 ■는 비교하는 양입니다.

■ : ▲
비교하는 양 ◀┘ └▶ 기준량

(비율)＝(비교하는 양)÷(기준량)
＝$\frac{(비교하는 양)}{(기준량)}$

비율이 사용되는 경우 알아보기

❶

간 거리(km)	160
걸린 시간(시간)	3

⇨ 걸린 시간에 대한 간 거리의 비율은

($\dfrac{160}{3}$, $\dfrac{3}{160}$)입니다.

❷

인구(명)	6500
마을 넓이(km²)	5

⇨ 마을 넓이에 대한 인구의 비율은

($\dfrac{6500}{5}$, $\dfrac{5}{6500}$)입니다.

백분율 알아보기

❶ 기준량을 (10 , 100)으로 할 때의 비율을 백분율이라고 합니다.

❷ 비율 $\dfrac{75}{100}$ 를 75 %라 쓰고 75 퍼센트라고 읽습니다.

(○ , ×)

백분율이 사용되는 경우 알아보기

❶

전체 투표 수(표)	100
득표 수(표)	25

⇨ 득표율은 $\dfrac{\boxed{}}{100} \times 100 = \boxed{}$ (%)입니다.

❷

소금물 양(g)	500
소금 양(g)	100

⇨ 소금물의 진하기는

$\dfrac{\boxed{}}{500} \times 100 = \boxed{}$ (%)입니다.

정답

$\dfrac{160}{3}$

$\dfrac{6500}{5}$

100

○

25, 25

100, 20

생각의 방향

기준량은 걸린 시간이고, 비교하는 양은 간 거리입니다.

기준량은 마을 넓이이고, 비교하는 양은 인구입니다.

백분율은 기호 %를 사용하여 나타냅니다.

투표에서 득표율은 전체 투표 수에 대한 득표 수의 비율입니다.
⇨ (득표율)

$= \dfrac{(\text{득표 수})}{(\text{전체 투표 수})} \times 100 \, (\%)$

소금물의 진하기는 소금물 양에 대한 소금 양의 비율입니다.
⇨ (소금물의 진하기)

$= \dfrac{(\text{소금 양})}{(\text{소금물 양})} \times 100 \, (\%)$

4

비와 비율

응용 개념 비법

비법 1 변하는 두 양의 관계 알아보기

예 한 모둠(4명)에 피자를 한 판(8조각)씩 나누어 줄 때 모둠원 수와 피자 조각 수 비교하기

모둠 수	1	2	3	4	5
모둠원 수(명)	4	8	12	16	20
피자 조각 수(조각)	8	16	24	32	40

· 모둠 수에 따라 피자 조각 수는 모둠원 수보다 4, 8, 12, 16, 20 더 많습니다. — 뺄셈을 이용

· 피자 조각 수는 모둠원 수의 2배입니다. — 나눗셈을 이용

⇨ 뺄셈으로 비교한 경우에는 모둠원 수와 피자 조각 수의 관계가 변하지만, 나눗셈으로 비교한 경우에는 모둠 수에 따른 피자 조각 수와 모둠원 수의 관계가 변하지 않습니다.

비법 2 비교하는 양, 기준량을 찾아 비율 구하기

비율은 분수 또는 소수로 나타낼 수 있습니다.

비	비교하는 양	기준량	비율
$13 : 17$	13	17	$\dfrac{13}{17}$
8과 25의 비 — 8 : 25	8	25	$\dfrac{8}{25}(=0.32)$
9에 대한 36의 비 — 36 : 9	36	9	$\dfrac{36}{9}(=4)$
20의 19에 대한 비 — 20 : 19	20	19	$\dfrac{20}{19}\left(=1\dfrac{1}{19}\right)$

비법 3 걸린 시간에 대한 간 거리의 비율 구하기

버스를 타고 2시간 동안 190 km를 갔을 때 걸린 시간에 대한 간 거리의 비율 ┌→걸린 시간 ┌→간 거리
　　　　　　　　　　　　　　　　　(기준량) 　(비교하는 양)

⇨ $\dfrac{(비교하는\ 양)}{(기준량)} = \dfrac{(간\ 거리)}{(걸린\ 시간)} = \dfrac{190}{2}(=95)$

교과서 개념

· **두 수를 비교하는 방법**
① 뺄셈을 이용하여 비교하기
② 나눗셈을 이용하여 비교하기

· 비 ■ : ● 읽기
```
┌─ ■ 대 ●
├─ ■와 ●의 비
⇨ ├─ ■의 ●에 대한 비
└─ ●에 대한 ■의 비
```

· 비율 알아보기
기준량 ⇨ 비에서 기호 :의 오른쪽에 있는 수
비교하는 양 ⇨ 비에서 기호 :의 왼쪽에 있는 수
비율 ⇨ 기준량에 대한 비교하는 양의 크기

> (비율)=(비교하는 양)÷(기준량)
> 　　　=$\dfrac{(비교하는\ 양)}{(기준량)}$

· 비율이 사용되는 경우
① 걸린 시간에 대한 간 거리의 비율
② 전체 타수에 대한 안타 수의 비율 (타율)
③ 실제 거리에 대한 지도에서의 거리의 비율(축척)
④ 넓이에 대한 인구의 비율

비율을 백분율로 나타내기

예 비율 $\dfrac{17}{25}$ 을 백분율로 나타내기

방법1 기준량이 100인 비율로 나타내어 백분율로 나타내기

$$\dfrac{17}{25}=\dfrac{68}{100}=68\,\%$$

방법2 비율에 100을 곱해서 나온 값에 % 기호 붙이기

$$\dfrac{17}{25}\times100=68 \Rightarrow 68\,\%$$

• **백분율 알아보기**

백분율: 기준량을 100으로 할 때의
비율

비율 $\dfrac{68}{100}$ 을 백분율로 나타내기

쓰기 68 %

읽기 68퍼센트

(백분율)=(비율)×100

4

비와 비율

비법 **5** **물건의 할인율 구하기**

원래 가격이 3000원인 양말을 2400원에 팔 때의 할인율
→ 기준량
→ 할인 금액: 3000−2400=600(원)
비교하는 양

① 할인 금액을 구합니다.

$\Rightarrow 3000-2400=600$(원)

② 원래 가격에 대한 할인 금액의 비율을 구합니다.

$$\Rightarrow (\text{할인율})=\dfrac{(\text{할인 금액})}{(\text{원래 가격})}\times100=\dfrac{600}{3000}\times100=20\,(\%)$$

• **백분율이 사용되는 경우**

① 할인율: 원래 가격에 대한 할인 금액
의 비율

② 득표율: 전체 투표 수에 대한 득표
수의 비율

③ 소금물의 진하기: 소금물 양에 대한
소금 양의 비율

비법 **6** **용액의 진하기 비교하기**

가: 소금 60 g을 녹여 만든
소금물 240 g →비교하는 양
→ 기준량

나: 소금 75 g을 녹여 만든
소금물 300 g →비교하는 양
→ 기준량

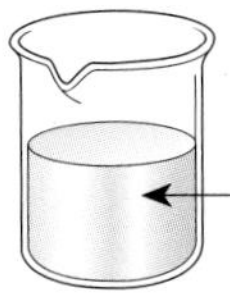

소금물 240 g
(소금 60 g)

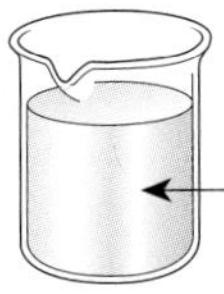

소금물 300 g
(소금 75 g)

가 소금물의 진하기
→소금물 양에 대한 소금 양의 비율
$\Rightarrow \dfrac{60}{240}\times100=\underline{25}\,(\%)$

나 소금물의 진하기
$\Rightarrow \dfrac{75}{300}\times100=\underline{25}\,(\%)$

소금 양과 소금물 양은
다르지만 진하기는 같습니다.

• 소금물의 진하기는 소금물 양에 대한
소금 양의 비율입니다.

• 두 소금물의 진하기를 비교할 때에는
백분율로 나타내어 비교할 수 있습
니다.

① 두 수 비교하기

- 두 수를 뺄셈이나 나눗셈으로 비교할 수 있습니다.
- 변하는 두 수를 나눗셈으로 비교할 수 있습니다.

1-1 도서관에 있는 어른 수는 18명, 어린이 수는 9명입니다. 물음에 답하시오.

(1) 어른 수와 어린이 수를 **뺄셈**으로 비교해 보시오.

> 어른은 어린이보다 ☐ 명 더 많습니다.

(2) 어른 수와 어린이 수를 나눗셈으로 비교해 보시오.

> 어른 수는 어린이 수의 ☐ 배입니다.

1-2 남학생 2명, 여학생 1명으로 한 모둠을 구성하려고 합니다. 물음에 답하시오.

(1) 표를 완성해 보시오.

모둠 수	1	2	3	4	5
남학생 수(명)	2	4			
여학생 수(명)	1	2			

(2) 모둠 수에 따른 남학생 수와 여학생 수를 나눗셈으로 비교하여 ☐ 안에 알맞은 수를 써넣으시오.

> (남학생 수)÷(여학생 수)=☐

② 비 알아보기

- 두 수를 나눗셈으로 비교하기 위해 기호 :을 사용하여 나타낸 것을 비라고 합니다.
- ⑩ 두 수 4와 5를 비교할 때

$$4 : 5 \Rightarrow \begin{cases} 4 \text{ 대 } 5 \\ 4\text{와 }5\text{의 비} \\ 4\text{의 }5\text{에 대한 비} \\ 5\text{에 대한 }4\text{의 비} \end{cases}$$

2-1 ☐ 안에 알맞은 수를 써넣으시오.

(1) 2 대 7 ⇨ ☐ : ☐

(2) 5에 대한 6의 비 ⇨ ☐ : ☐

(3) 8의 7에 대한 비 ⇨ ☐ : ☐

(4) 4와 9의 비 ⇨ ☐ : ☐

2-2 그림을 보고 전체에 대한 색칠한 부분의 비를 쓰시오.

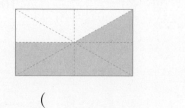

( )

2-3 주차장에 승용차 15대, 오토바이 7대가 주차되어 있습니다. 물음에 답하시오.

(1) 오토바이 수에 대한 승용차 수의 비는 얼마입니까?

( )

(2) 승용차 수에 대한 오토바이 수의 비는 얼마입니까?

( )

4

비와 비율

창의·융합

2-4 다음을 읽고 훈민정음의 자음 수에 대한 모음 수의 비를 쓰시오.

> **[훈민정음의 창제 원리]**
> 입, 혀, 입안, 목구멍과 하늘, 땅, 사람의 모양을 본떠 자음 17자와 모음 11자로 총 28자를 만들었습니다.

( )

2-5 명주실 6줄로 되어 있는 거문고는 술대를 이용하여 소리를 내고, 명주실 12줄로 되어 있는 가야금은 손가락으로 줄을 뜯어서 소리를 냅니다. 가야금 줄 수에 대한 거문고 줄 수의 비를 쓰시오.

( )

③ 비율 알아보기

- 비율: 기준량에 대한 비교하는 양의 크기
  (비율)＝(비교하는 양)÷(기준량)
  $$=\frac{(비교하는\ 양)}{(기준량)}$$

3-1 ( ) 안에 기준량은 '기', 비교하는 양은 '비'라고 써넣으시오.

(1) 초콜릿 수와 사탕 수의 비
　　( )　　( )

(2) 사과 수에 대한 귤 수의 비
　　( )　　( )

(3) 남학생 수의 여학생 수에 대한 비
　　( )　　　( )

3-2 비율이 더 큰 것에 ◯표 하시오.

27 : 40	18 : 24
( )	( )

3-3 선우는 25개의 수학 문제 중에서 18개를 맞혔습니다. 전체 문제 수에 대한 맞힌 문제 수의 비율을 소수로 나타내시오.

( )

서술형

3-4 서희네 모둠 학생은 모두 9명입니다. 그중에서 여학생이 2명입니다. 서희네 모둠 전체 학생 수에 대한 남학생 수의 비율을 분수로 나타내는 풀이 과정을 쓰고 답을 구하시오.

> **풀이**
>
> _____
>
> _____
>
> **답** _____

해결의 창

- ■에 대한 ▲의 비 ⇨ (비율)＝$\dfrac{(비교하는\ 양)}{(기준량)}$
  　　기준량　비교하는 양

4 비율이 사용되는 경우 알아보기

- 실생활에서 비율이 사용되는 경우
  ① 걸린 시간에 대한 간 거리의 비율
  ② 넓이에 대한 인구의 비율
  ③ 흰색 물감 양에 대한 검은색 물감 양의 비율
  ④ 실제 거리에 대한 지도에서의 거리의 비율

4-1 경상남도와 강원도의 인구와 넓이를 조사한 표입니다. 물음에 답하시오. (단, 비율은 반올림하여 자연수로 나타냅니다.)

지역	경상남도	강원도
인구(명)	3200000	1500000
넓이(km²)	10500	16900

(1) 경상남도의 넓이에 대한 인구의 비율은 약 얼마입니까?

약 (   )

(2) 강원도의 넓이에 대한 인구의 비율은 약 얼마입니까?

약 (   )

(3) 두 지역 중 인구가 더 밀집한 곳은 어디입니까?

(   )

4-2 흰색 물감 200 mL에 검은색 물감 28 mL를 섞어 회색을 만들었습니다. 흰색 물감 양에 대한 검은색 물감 양의 비율을 구하시오.

(   )

4-3 종민이는 학교 대표 수영 선수입니다. 종민이의 100 m 자유형 기록은 50초입니다. 종민이가 100 m를 자유형으로 간 걸린 시간에 대한 간 거리의 비율을 구하시오.

(   )

5 백분율 알아보기

- 백분율: 기준량을 100으로 할 때의 비율
- 백분율은 기호 %를 사용하여 나타냅니다.
- 비율 $\dfrac{65}{100}$ 를 65 %라 쓰고 65 퍼센트라고 읽습니다.

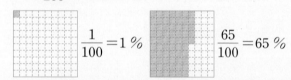

$$\frac{1}{100}=1\,\% \qquad \frac{65}{100}=65\,\%$$

5-1 비율을 백분율로 나타내면 몇 %입니까?

(1) 0.4 ⇨ (   )

(2) $\dfrac{33}{20}$ ⇨ (   )

5-2 그림을 보고 전체에 대한 색칠한 부분의 비율은 몇 %입니까?

(   )

5-3 빈칸에 알맞은 수를 써넣으시오.

분수	소수	백분율(%)
$\dfrac{37}{100}$	0.37	
	0.09	

5-4 넓이가 400 m^2인 강당에 넓이가 36 m^2인 무대를 만들려고 합니다. 강당 넓이에 대한 무대 넓이의 비율은 몇 %입니까?

( )

---

6 백분율이 사용되는 경우 알아보기

• 실생활에서 백분율이 사용되는 경우
① 할인율: 원래 가격에 대한 할인 금액의 비율
② 득표율: 전체 투표 수에 대한 득표 수의 비율
③ 소금물의 진하기: 소금물 양에 대한 소금 양의 비율

6-1 성호는 소금 76 g을 물에 녹여 소금물 400 g을 만들었습니다. 소금물 양에 대한 소금 양의 비율은 몇 %입니까?

( )

서술형

6-2 자유투 시합을 한 결과 진환이는 16번을 던져 12번 성공하였고 민철이는 25번을 던져 18번 성공하였습니다. 자유투 성공률이 더 높은 사람은 누구인지 풀이 과정을 쓰고 답을 구하시오.

풀이 _____

_____

_____

답 _____

창의·융합

6-3 고려가 송나라와 일본에 판 인삼의 원래 가격과 할인된 판매 가격이 다음과 같습니다. 어느 나라에 판매한 인삼의 할인율이 더 높습니까?

▲ 고려의 무역 활동

나라	원래 가격	할인된 판매 가격
송나라	25000통보	20000통보
일본	20000통보	17000통보

└ 고려의 화폐

( )

 해결의 창

• 비율을 백분율로 나타내는 방법
방법 1 소수나 분수로 나타낸 비율에 100을 곱해서 나온 값에 % 기호를 붙입니다.
방법 2 기준량이 100인 비율로 나타내어 백분율로 나타냅니다.

STEP 2 응용 유형 익히기

응용 1 모르는 한 수를 구하여 두 수의 비 구하기

❶ 태범이네 반 학생은 모두 37명입니다. 그중에서 여학생이 16명이라면 / ❷ 여학생 수의 남학생 수에 대한 비는 얼마입니까?

(　　　　　　　　　　)

해결의 법칙

❶ 전체 학생 수에서 여학생 수를 빼어 남학생 수를 구해 봅니다.

❷ ❶에서 구한 남학생 수를 이용하여 여학생 수의 남학생 수에 대한 비를 구해 봅니다.

예제 1 - 1 성호네 모둠 학생은 모두 41명입니다. 그중에서 18명이 안경을 꼈다면 안경을 낀 학생 수의 안경을 끼지 않은 학생 수에 대한 비는 얼마입니까?

(　　　　　　　　　　)

예제 1 - 2 은지네 반의 남학생은 19명, 여학생은 15명입니다. 은지네 반 전체 학생 수에 대한 여학생 수를 비로 나타내시오.

(　　　　　　　　　　)

• 정답은 31쪽

응용 2 직사각형의 가로, 세로의 비율 구하기

①② 두 직사각형의 가로에 대한 세로의 비율을 각각 구하여 / ③ 비교해 보시오.

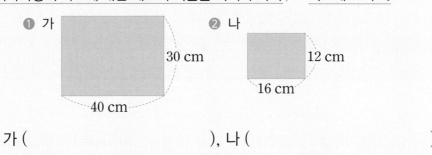

가 (   ), 나 (   )

⇨ 가, 나 두 직사각형의 가로에 대한 세로의 비율은 (같습니다 , 다릅니다).

① 가 직사각형의 가로에 대한 세로의 비율을 구해 봅니다.

② 나 직사각형의 가로에 대한 세로의 비율을 구해 봅니다.

③ 두 직사각형의 가로에 대한 세로의 비율을 비교해 봅니다.

예제 2-1 용화와 준희가 미술 시간에 그린 태극기입니다. 두 태극기의 가로에 대한 세로의 비율을 각각 구하여 비교해 보시오.

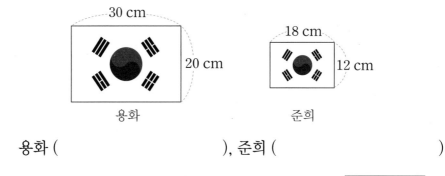

용화 (   ), 준희 (   )

⇨ 두 사람이 그린 태극기의 가로에 대한 세로의 비율은 [   ].

예제 2-2 직사각형의 넓이가 $90 \, cm^2$일 때, 세로에 대한 가로의 비율을 소수로 나타내시오.

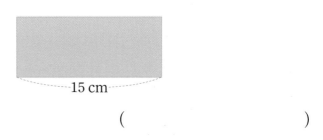

(   )

응용 **3** 더 빠른 것 구하기

①미소가 탄 기차는 248 km를 가는 데 2시간이 걸렸고 / ②지수가 탄 기차는 396 km를 가는 데 3시간이 걸렸습니다. / ③두 기차의 걸린 시간에 대한 간 거리의 비율을 각각 구하고, 누가 탄 기차가 더 빠른지 구하시오.

미소 (   ), 지수 (   )

(   )

① 미소가 탄 기차의 걸린 시간에 대한 달린 거리의 비율을 구해 봅니다.

② 지수가 탄 기차의 걸린 시간에 대한 간 거리의 비율을 구해 봅니다.

③ ①, ②의두 비율을 비교하여 누가 탄 기차가 더 빠른지 구해 봅니다.

예제 **3**-1 버스는 180 km를 가는 데 90분이 걸렸고, 기차는 350 km를 가는 데 125분 걸렸습니다. 버스와 기차의 걸린 시간에 대한 간 거리의 비율을 각각 구하고 어느 것이 더 빠른지 구하시오.

버스 (   ), 기차 (   )

(   )

예제 **3**-2 가와 나 중 더 빠른 것은 어느 것입니까?

┌─── 가 ───┐
60 km를 가는 데 50분
걸린 고속버스

┌─── 나 ───┐
1500 m를 달리는 데
3분 걸린 자전거

(   )

응용 4 비율 비교하기

A, B 두 도시에서 건강 걷기대회가 열렸습니다. ❶ A 도시에서는 3500명이 참가하여 2450명이 완주하였고, / ❷ B 도시에서는 2000명이 참가하여 1500명이 완주하였습니다. / ❸ 참가한 사람 수에 대한 완주한 사람 수의 비율은 어느 도시가 더 높은지 알아보시오.

(   )

❶ A 도시의 참가한 사람 수에 대한 완주한 사람 수의 비율을 구해 봅니다.

❷ B 도시의 참가한 사람 수에 대한 완주한 사람 수의 비율을 구해 봅니다.

❸ ❶과 ❷를 비교하여 어느 도시의 비율이 더 높은지 구합니다.

예제 4-1   서영이네 학교에서 독서 골든벨이 열렸습니다. 남학생 140명, 여학생 120명이 참가하여 예선을 통과한 학생은 남학생 100명, 여학생 90명이었습니다. 남학생과 여학생 중에서 참가한 학생 수에 대한 예선을 통과한 학생 수의 비율이 더 높은 쪽은 어느 쪽입니까?

(   )

예제 4-2   연비는 자동차의 단위 연료(1 L)에 대한 주행 거리(km)의 비율입니다. H 회사와 B 회사 중 어느 회사 자동차의 연비가 더 높습니까?

	H 회사	B 회사
연료(L)	40	15
주행 거리(km)	680	270

(   )

응용 5 야구 선수의 타율 구하기

타율은 전체 타수에 대한 안타 수의 비율입니다. ❶야구 경기에서 가 선수는 250타수 중에서 안타를 45개 쳤고 / ❷나 선수는 300타수 중에서 안타를 60개 쳤습니다. / ❸어느 선수의 타율이 더 높은지 구하시오.

(   )

❶ 가 선수의 전체 타수에 대한 안타 수의 비율을 구해 봅니다.

❷ 나 선수의 전체 타수에 대한 안타 수의 비율을 구해 봅니다.

❸ ❶과 ❷를 비교하여 어느 선수의 타율이 더 높은지 구해 봅니다.

예제 5 - 1   타율은 전체 타수에 대한 안타 수의 비율입니다. 두 야구 팀의 성적을 나타낸 표를 보고 어느 팀의 타율이 더 높은지 구하시오.

	가 팀	나 팀
전체 타수(타수)	300	400
안타 수(개)	138	204

(   )

예제 5 - 2   타율은 전체 타수에 대한 안타 수의 비율입니다. 어느 야구 선수의 타율은 0.35 입니다. 이 선수는 300타수 중에서 안타를 몇 개 친 것인지 구하시오.

(   )

응용 6 물건 가격의 상승률 알아보기

❷ 공책 1권이 가격이 작년에는 600원이었는데 / ❶ 올해는 5권에 3240원입니다. / ❸ 올해의 공책 가격은 작년에 비해 몇 % 올랐는지 구하시오. (단, 올해 공책 한 권의 가격은 일정합니다.)

(   )

❶ 올해의 공책 1권의 가격을 구해 봅니다.

❷ 작년과 올해의 공책 1권의 가격 차를 구해 봅니다.

❸ 오르기 전 가격에 대한 오른 금액의 백분율을 구해 봅니다.

예제 6-1   1 kg짜리 밀가루가 1봉지에 작년에는 1200원이었는데, 올해는 3 kg짜리 밀가루가 2봉지에 9000원입니다. 밀가루 가격은 작년에 비해 몇 % 올랐습니까? (단, 올해 밀가루 1 kg의 가격은 일정합니다.)

(   )

예제 6-2   어떤 가게에서 파는 물건의 원래 가격과 할인된 판매 가격을 알아보았습니다. 할인율이 가장 높은 물건은 무엇입니까?

초콜릿	아이스크림	과자

원래 가격 5000원	원래 가격 1200원	원래 가격 1000원
할인된 판매 가격 3750원	할인된 판매 가격 840원	할인된 판매 가격 800원

(   )

응용 7 이자율 알아보기

이자율은 예금한 돈에 대한 이자의 비율입니다. ❶❷다음은 희망 은행과 든든 은행에 예금한 돈과 예금한 기간, 이자를 나타낸 표입니다. / ❸각 은행의 1개월의 이자율은 어느 은행이 더 높은지 구하시오.

❶❷

은행	예금한 돈	예금한 기간	이자
희망 은행	30000원	3개월	810원
든든 은행	100000원	10개월	11000원

(   )

❶ 희망 은행의 1개월의 이자율을 구해 봅니다.

❷ 든든 은행의 1개월의 이자율을 구해 봅니다.

❸ 1개월의 이자율이 더 높은 은행을 찾아 봅니다.

예제 **7-1** 다음은 믿음 은행과 소망 은행에 예금한 돈과 예금한 기간, 이자를 나타낸 표입니다. 각 은행의 1개월의 이자율은 어느 은행이 더 높습니까?

은행	예금한 돈	예금한 기간	이자
믿음 은행	80000원	1년	5760원
소망 은행	50000원	5개월	2000원

(   )

예제 **7-2** 은행에서 돈을 빌리면 빌린 돈과 함께 이자를 내야 합니다. 다음은 ㉮와 ㉯ 은행에서 빌린 돈과 빌린 기간, 이자를 나타낸 표입니다. 각 은행의 1개월의 이자율은 어느 은행이 더 낮습니까?

은행	빌린 돈	빌린 기간	이자
㉮	60000원	8개월	6480원
㉯	40000원	6개월	6000원

(   )

응용 8 용액의 진하기 알아보기

소금물의 진하기는 소금물 양에 대한 소금 양의 비율입니다. ❶ 진하기가 10 %인 소금물 400 g에 / ❷ 소금 50 g을 더 넣어 녹였습니다. / ❸ 새로 만든 소금물의 진하기는 몇 %인지 구하시오.

(   )

❶ 처음 소금물에 들어 있던 소금 양을 구해 봅니다.

❷ 소금 50 g을 더 넣었을 때의 소금 양과 소금물의 양을 구해 봅니다.

❸ 새로 만든 소금물의 진하기를 구해 봅니다.

예제 8-1 진하기가 12 %인 설탕물 250 g에 물 50 g을 더 넣었습니다. 새로 만든 설탕물의 진하기는 몇 %입니까?

(   )

예제 8-2 진하기가 18 %인 소금물 250 g에 다른 소금물을 섞어 진하기가 21 %인 소금물 500 g을 만들었습니다. 섞은 소금물의 진하기는 몇 %입니까?

(   )

비율 알아보기

01 비율이 같은 것끼리 알맞게 선으로 이으시오.
(유사)

15 대 20	•
16과 40의 비	•
12에 대한 3의 비	•

• $\frac{2}{5}$ •

• $\frac{3}{4}$ •

• $\frac{1}{4}$ •

• 0.75

• 0.25

• 0.4

(서술형) 비 알아보기

02 선홍이네 반 학생은 모두 32명입니다. 그중에서 남학생이
(유사) 14명이라면 선홍이네 반 여학생 수의 반 전체 학생 수에
(동영상) 대한 비를 나타내는 풀이 과정을 쓰고 답을 구하시오.

( )

풀이

축척 알아보기

(창의·융합)

03 옛날과 오늘날의 강화도 지도를 보면 간척을 하여 육지로
(유사) 바뀐 모습을 알 수 있습니다. 축척은 실제 거리에 대한 지
도에서의 거리의 비율입니다. 이 지도의 지도 상의 거리
1 cm는 실제 거리 5 km를 나타낼 때 지도에 쓰인 축척
을 분수로 나타내시오.

▲ 옛날의 강화도 지도

▲ 오늘날의 강화도 지도

( )

• 정답은 34쪽

4 비와 비율

비율 이용하여 넓이 구하기

04 가로에 대한 세로의 비율이 0.875인 직사각형이 있습니다. 이 직사각형의 가로가 24 cm일 때 직사각형의 넓이는 몇 cm²입니까?

유사
동영상

(   )

연비 알아보기

창의·융합

05 연비는 자동차의 단위 연료(1 L)에 대한 주행 거리(km)의 비율을 말합니다. 민국이네 자동차는 휘발유 34 L로 493 km를 달릴 수 있습니다. 다음을 보고 민국이네 자동차의 에너지 소비효율 등급은 몇 등급인지 구하시오.

유사
동영상

에너지 소비 효율 등급	① 에너지소비효율등급 연비 16.2 km/L, CO2 145 g/km KC	② 에너지소비효율등급 연비 14.4 km/L, CO2 162 g/km KC	③ 에너지소비효율등급 연비 12.3 km/L, CO2 191 g/km KC	④ 에너지소비효율등급 연비 10.7 km/L, CO2 219 g/km KC	⑤ 에너지소비효율등급 연비 8.5 km/L, CO2 274 g/km KC
연비	16.0 이상	13.8 이상 16.0 미만	11.6 이상 13.8 미만	9.4 이상 11.6 미만	9.4 미만

(   )

비율 알아보기

06 오른쪽 삼각형의 넓이가 180 cm² 일 때, 밑변의 길이에 대한 높이의 비율을 소수로 나타내시오.

유사

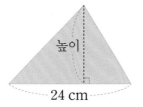

(   )

서술형
할인율 알아보기

07 어느 서점에서는 14000원짜리 소설책을 25 % 할인하여
유사
동영상 판매합니다. 이 소설책의 할인된 판매 가격은 얼마인지 풀
이 과정을 쓰고 답을 구하시오.

(   )

풀이

백분율 알아보기

창의·융합

08 다음 그래프는 임진왜란 전과 병자호란 후 조선의 인구 변
유사 화를 나타내고 있습니다. 병자호란 후 인구는 임진왜란 전
인구보다 몇 % 줄었습니까?

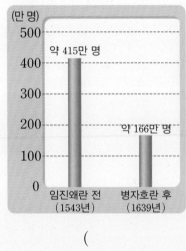

(만 명)
500
400   약 415만 명
300
200   약 166만 명
100
0   임진왜란 전   병자호란 후
   (1543년)   (1639년)

(   )

정답률 알아보기

09 미선이는 수학 시험과 영어 시험을 보았습니다. 수학은 20
유사 문제 중에서 3문제를 틀렸고, 영어는 25문제 중에서 4문
동영상 제를 틀렸습니다. 어느 과목의 정답률이 더 높습니까?

(   )

풀이

· 정답은 34쪽

유사 표시된 문제의 유사 문제가 제공됩니다.
동영상 표시된 문제의 동영상 특강을 볼 수 있어요.
QR 코드를 찍어 보세요.

서술형 **물건의 상승률 알아보기**

10
유사

귤이 작년에는 8개에 3200원이었는데 올해에는 10개에 5500원입니다. 귤의 가격은 작년에 비해 몇 % 올랐는지 풀이 과정을 쓰고 답을 구하시오. (단, 같은 해에 귤 한 개의 가격은 일정합니다.)

(   )

풀이

버스 인원 수에 대한 탑승자 수의 비율 알아보기

11
유사

민주네 가족과 친척들이 20인승과 25인승 버스에 각각 나누어 타고 여행을 떠났습니다. 20인승 버스에는 17명이 탔고 25인승 버스에는 22명이 탔습니다. 어느 버스에 탄 사람들이 더 넓게 느끼겠습니까?

(   )

필요한 물의 양 구하기

12
유사
동영상

소금 200 g으로 진하기가 25 %인 소금물을 만들려고 합니다. 필요한 물 양은 몇 g입니까?

(   )

4

비와 비율

창의사고력

13 다음과 같이 만든 설탕물로 탑을 쌓았습니다. 각 설탕물을 찾아 ☐ 안에 알맞은 기호를 써넣으시오. (단, 진하기가 진한 용액일수록 무게가 무거우므로 가라앉게 됩니다.)

㉠ 물 70 g에 설탕 30 g을 넣어 녹인 설탕물

㉡ 물 100 g에 설탕 25 g을 넣어 녹인 설탕물

㉢ 물 90 g에 설탕 30 g을 넣어 녹인 설탕물

창의사고력

14 직사각형 모양의 가 화단과 평행사변형 모양의 나 화단의 넓이는 같습니다. 가 화단의 가로에 대한 나 화단의 밑변의 길이의 비율을 소수로 나타내시오.

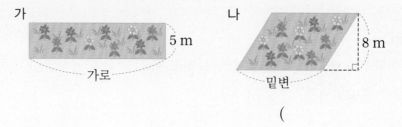

(   )

01 그림을 보고 □ 안에 알맞은 수를 써넣으시오.

㉮

㉯

(1) ㉯에 대한 ㉮의 비 ⇨ □ : □

(2) ㉯의 ㉮에 대한 비 ⇨ □ : □

[02~03] 모둠 수에 따른 남학생 수와 여학생 수를 비교하려고 합니다. □ 안에 알맞은 수를 써넣으시오.

모둠 수	1	2	3	4
남학생 수(명)	4	8	12	16
여학생 수(명)	2	4	6	8

02 모둠 수에 따라 남학생 수는 여학생 수보다 각각 2명, □명, □명, □명이 더 많습니다.

03 남학생 수는 여학생 수의 □배입니다.

04 빈칸에 알맞게 써넣으시오.

비 ＼ 비율	분수	소수	백분율(%)
1 : 4			

05 두 비 5 : 3과 3 : 5는 다릅니다. 그 이유를 설명해 보시오.

이유 _____

_____

_____

06 주어진 비율만큼 색칠하시오.

75 %

07 다음은 조선 후기 풍속화를 대표하는 화가 김홍도의 작품 [씨름]입니다. 그림에서 갓을 쓴 사람은 2명, 갓을 쓰지 않은 사람은 20명입니다. 갓을 쓴 사람 수와 갓을 쓰지 않은 사람 수의 비를 구하시오.

( )

08 기준량이 비교하는 양보다 작은 비율을 모두 찾아 기호를 쓰시오.

┌─────────────────────────────────────┐
│ ㉠ 1.6   ㉡ 85 %   ㉢ $\frac{6}{7}$ │
│   │
│ ㉣ 0.75   ㉤ 150 %   ㉥ $\frac{3}{8}$ │
└─────────────────────────────────────┘

( )

09 걸린 시간에 대한 간 거리의 비율을 구하시오.

간 거리(km)	220
걸린 시간(시간)	5

( )

10 영진이네 반 학생 수는 여학생이 24명, 남학생이 16명입니다. 여학생 수의 반 전체 학생 수에 대한 비를 구하시오.

( )

11 성은이는 화단에 봉선화 18포기, 과꽃 24포기, 채송화 30포기를 심었습니다. 전체 심은 꽃의 수에 대한 봉선화 수의 비율을 분수로 나타내시오.

( )

12 어느 문구점에서 물건을 5000원어치 샀는데 250원을 할인 받았습니다. 이 문구점의 할인율은 몇 %입니까?

( )

13 고은이는 사회 시간에 마을 지도를 그렸습니다. 고은이네 집에서부터 학교까지 실제 거리는 900 m인데 지도에는 3 cm로 그렸습니다. 고은이네 집에서부터 학교까지 실제 거리(cm)에 대한 지도에서의 거리(cm)의 비율을 분수로 나타내시오.

( )

14 마라톤 대회에 참가한 사람은 8000명입니다. 그중에서 5880명이 결승점에 도착했습니다. 결승점에 도착한 사람은 마라톤 대회에 참가한 사람의 몇 %인지 구하시오.

( )

15 행복 은행에서 400000원을 1년 동안 예금하였더니 모두 428000원이 되었습니다. 1년 동안의 이자율은 몇 %인지 구하시오.

( )

서술형

16 승수와 현준이는 학교 야구 경기에 나갔습니다. 승수는 15타수 중에서 안타를 9개 쳤고, 현준이는 20타수 중에서 안타를 11개 쳤습니다. 누구의 타율이 더 높은지 풀이 과정을 쓰고 답을 구하시오.

풀이 _____

_____

_____

답 _____

17 다음은 한국, 중국, 인도의 넓이와 인구를 나타낸 표입니다. 넓이에 대한 인구의 비율이 가장 작은 나라는 어디입니까?

나라	넓이(km^2)	인구(명)
한국	약 100000	약 50000000
중국	약 9598000	약 1355000000
인도	약 3287000	약 1169000000

(   )

18 전구를 만드는 회사 A, B, C가 있습니다. A 회사는 200개 중 1개, B 회사는 1000개 중 3개, C 회사는 1500개 중 12개의 불량품이 있습니다. 전체 전구 수에 대한 불량품 수의 비율이 작은 회사부터 차례로 쓰시오.

(   )

창의·융합

19 엥겔지수란, 전체 소비지출액에 대한 식료품비의 비율을 말합니다. 갑, 을, 병 중에서 엥겔지수가 가장 낮은 사람은 누구입니까?

보통 엥겔지수가 0.5 이상이면 후진국, 0.3과 0.5 사이이면 개발도상국, 0.3 이하이면 선진국이라고 합니다.

	전체 소비 지출액	식료품비
갑	150만 원	50만 원
을	100만 원	20만 원
병	120만 원	30만 원

(   )

서술형

20 같은 시각에 여러 가지 물체의 길이와 그림자의 길이의 비율은 일정합니다. 다음을 보고 철봉의 그림자의 길이는 몇 cm인지 풀이 과정을 쓰고 답을 구하시오.

물체 길이	그네	미끄럼틀	철봉
물체의 길이(cm)	150	240	180
그림자의 길이(cm)	200	320	

풀이 _____

_____

_____

_____

답 _____

5 여러 가지 그래프

다음은 학교폭력의 양은 줄어들고 있지만 형태는 다양해지고 있다는 내용과 함께 제시한 설문 조사 결과를 나타낸 그래프입니다.

청소년폭력 예방재단 설문조사 결과

단위: %

학교폭력 피해 유형

욕설이나 모욕적인 말	26.5
괴롭힘	15.8
따돌림	14.8
폭행	13.5
협박이나 위협	11.0
기타	18.4

학교폭력에 따른 고통 정도

고통스러웠다	36.3
보통이다	33.5
매우 고통스러웠다	13.7
전혀 고통스럽지 않았다	8.5
기타	8.0

학교폭력 피해 이후

가만히 있었다	38.5
부모님께 알렸다	23.8
학교 선생님께 알렸다	20.0
친구들에게 알렸다	10.5
기타	7.2

학교폭력 목격 후 행동

모르는 척 했다	46.9
학교 선생님께 알렸다	19.1
직접 말렸다	18.8
피해 학생에게 잘 해줬다	8.1
부모님께 알렸다	4.4
기타	2.7

학교폭력 모르는 척한 이유

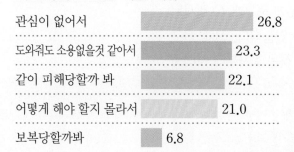

관심이 없어서	26.8
도와줘도 소용없을것 같아서	23.3
같이 피해당할까 봐	22.1
어떻게 해야 할지 몰라서	21.0
보복당할까봐	6.8

[자료: 청소년폭력 예방재단]

이미 배운 내용	이번에 **배울 내용**	앞으로 배울 내용
[4-1 막대그래프] • 막대그래프 [4-2 꺾은선그래프] • 꺾은선그래프	• 그림그래프로 나타내기 • 띠그래프 알아보고 나타내기 • 원그래프 알아보고 나타내기 • 여러 가지 그래프 해석하기	[중학교] • 도수분포표 • 히스토그램

만약 그래프 없이 내용을 글과 숫자로만 제시했다면 어땠을까요? 너무 지루하고 복잡해서 내용을 쉽게 이해하기 어려웠을 거예요. 이렇듯 그래프로 나타내면 글로만 나타낼 때보다 내용을 더 쉽게 이해할 수 있답니다.

다음은 지구촌 전반의 상황을 알기 쉽게 전달하기 위해 세계 인구를 100명으로 축소해 여러 가지 상황을 그림으로 나타낸 것입니다.

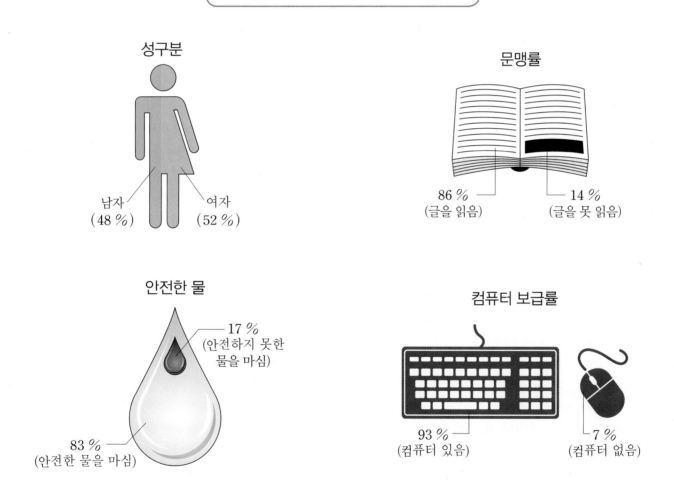

세계 인구가 100명이라면?

성구분
남자 (48 %)   여자 (52 %)

문맹률
86 % (글을 읽음)   14 % (글을 못 읽음)

안전한 물
17 % (안전하지 못한 물을 마심)
83 % (안전한 물을 마심)

컴퓨터 보급률
93 % (컴퓨터 있음)   7 % (컴퓨터 없음)

이와 같이 100명의 인구를 비율로 나타낸 것을 보니 내용이 쏙쏙 들어오지요?
우리 생활에는 여러 통계 자료를 이처럼 100을 기준으로 한 백분율이 표시된 그래프로 많이 나타냅니다.
이러한 그래프를 띠 모양에 나타내면 띠그래프, 원 모양에 나타내면 원그래프라고 하는데, 이번 단원에서는
여러 가지 그래프에 대해서 좀 더 자세히 배워 보기로 해요.

그림그래프로 나타내기

지역별 초등학생 수

지역	학생 수(명)
가	2300
나	3100
다	4000
라	1400

지역별 초등학생 수

지역	학생 수
가	☺ ☺ ☺ ☺ ☺
나	☺ ☺ ☺ ☺
다	☺ ☺ ☺ ☺
라	☺ ☺ ☺ ☺

☺ 1000명 ☺ 100명

정답	생각의 방향

❶ 큰 그림은 1000명, 작은 그림은 100명을 나타냅니다. (○ , ×)

○ — 그림그래프는 그림의 크기로 수량의 많고 적음을 알 수 있습니다.

❷ 지역별 초등학생 수가 가장 많은 곳은 나 지역입니다. (○ , ×)

× — 큰 그림의 수가 많을수록 수량이 많습니다.

띠그래프 알아보기

❶ 전체에 대한 각 부분의 비율을 (띠 , 원) 모양에 나타낸 그래프를 띠그래프라고 합니다.

띠

❷

좋아하는 운동별 학생 수

0 10 20 30 40 50 60 70 80 90 100(%)

| 축구 (40 %) | 야구 (25 %) | 농구 (20 %) | 수영 (15 %) |

띠그래프에서 작은 눈금 한 칸은 (1 , 5)%를 나타냅니다.

5 — 띠그래프에는 10단위마다 숫자가 쓰여 있습니다.

띠그래프로 나타내기

❶ 띠그래프로 나타내려면 자료를 보고 각 항목의 (백분율 , 개수)을/를 구해야 합니다.

백분율 — 전체에 대한 각 부분의 비율을 띠 모양에 나타낸 그래프를 띠그래프라고 합니다.

❷ 각 항목의 백분율의 합계가 (10 , 100)%가 되는지 확인하여 백분율의 크기만큼 선을 그어 (띠 , 원)을/를 나누고 나눈 부분에 각 항목의 내용과 백분율을 써넣어 띠그래프를 완성합니다.

100, 띠

·기본 개념을 알고 있는지 확인해 보세요.

🔆 생각의 방향 ↑

❶ 전체에 대한 각 부분의 비율을 (띠 , 원) 모양에 나
타낸 그래프를 원그래프라고 합니다.

원

❷ 호랑이를 좋아하는 학생의 비
율은 전체의 20 %입니다.
(○ , ×)

좋아하는 동물별 학생 수

○

원그래프로 나타내기

❶ 원그래프로 나타내려면 자료를 보고 각 항목의
(백분율 , 개수)을/를 구해야 합니다.

백분율

원그래프로 나타낼 때에는 각 항
목별로 구한 백분율의 크기만큼
나타냅니다.

❷ 각 항목의 백분율의 합계가 (10 , 100)%가 되는지
확인하여 백분율의 크기만큼 선을 그어 (띠 , 원)을/를
나누고 나눈 부분에 각 항목의 내용과 백분율을 써
넣어 원그래프를 완성합니다.

100, 원

그래프 해석하기

취미별 학생 수

혈액형별 학생 수

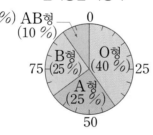

❶ 띠그래프에서 취미가 영화 감상인 학생의 비율은
취미가 그림인 학생의 비율의 2배입니다. (○ , ×)

○

❷ 원그래프에서 가장 많은 학생들의 혈액형은 O형입
니다. (○ , ×)

○

여러 가지 그래프 비교하기

❶ 도별 쌀 생산량을 나타내기에 가장 적당한 그래프는
꺾은선그래프입니다. (○ , ×)

×

꺾은선그래프는 수량의 변화하는
모습을 쉽게 알 수 있습니다.

❷ 우리 반 친구들이 좋아하는 문화재를 나타내기에 적
당한 그래프는 원그래프입니다. (○ , ×)

○

원그래프는 전체에 대한 각 항목
의 비율을 쉽게 알 수 있습니다.

5

여러 가지 그래프

5. 여러 가지 그래프 113

비법 1 띠그래프, 원그래프에서 백분율 구하기

- 띠그래프와 원그래프에서 백분율의 합계는 100 %입니다.
  ⇨ 백분율이 주어지지 않은 항목의 비율은 100 %에서 나머지 항목의 비율을 빼어 구할 수 있습니다.

  예 의사가 차지하는 백분율 구하기

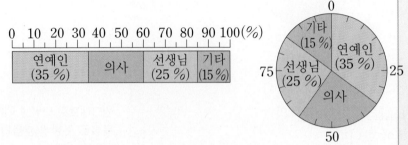

장래 희망별 학생 수

장래 희망별 학생 수

⇨ (의사)=100−(35+25+15)=25 (%)

비법 2 띠그래프, 원그래프 그리기

- 자료를 조사하여 각 항목을 백분율로 나타낸 뒤 띠그래프나 원그래프로 나타낼 수 있습니다.

  예 토지 이용도별 넓이

토지 이용도별 넓이

토지	임야	주거지	농경지	기타	합계
넓이(km²)	120	90	75	15	300
백분율(%)	40	30	25	5	100

① 각 항목의 백분율 구하기   ② 백분율의 합계가 100 %인지 확인하기

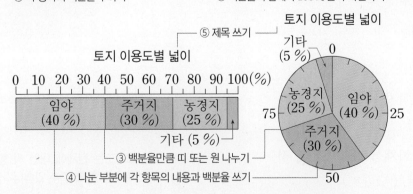

⑤ 제목 쓰기

토지 이용도별 넓이

토지 이용도별 넓이

③ 백분율만큼 띠 또는 원 나누기

④ 나눈 부분에 각 항목의 내용과 백분율 쓰기

- 띠그래프 그리는 방법
  ① 자료를 보고 각 항목의 백분율을 구합니다.
  ② 각 항목의 백분율의 합계가 100 %가 되는지 확인합니다.
  ③ 각 항목들이 차지하는 백분율의 크기만큼 선을 그어 띠를 나눕니다.
  ④ 나눈 부분에 각 항목의 내용과 백분율을 씁니다.
  ⑤ 띠그래프의 제목을 씁니다.

- 원그래프 그리는 방법
  ① 자료를 보고 각 항목의 백분율을 구합니다.
  ② 각 항목의 백분율의 합계가 100 %가 되는지 확인합니다.
  ③ 각 항목들이 차지하는 백분율의 크기만큼 선을 그어 원을 나눕니다.
  ④ 나눈 부분에 각 항목의 내용과 백분율을 씁니다.
  ⑤ 원그래프의 제목을 씁니다.

- 띠그래프나 원그래프에 있는 백분율을 비교하여 비율이 가장 높은 항목, 가장 낮은 항목, 한 항목이 다른 항목의 몇 배인지 등을 알 수 있습니다.

- 띠그래프
⇨ 띠그래프에서 띠의 길이가 가장 긴 부분이 비율이 가장 높은 항목입니다.
- 원그래프
⇨ 원그래프에서 넓이가 가장 넓은 부분이 비율이 가장 높은 항목입니다.

예

배우고 싶은 운동별 학생 수

0 10 20 30 40 50 60 70 80 90 100(%)

수영 (30 %)	축구 (20 %)	농구 (15 %)	요가 (15 %)	줄넘기 (10%)	기타 (10%)

⇨ 가장 많은 학생이 배우고 싶은 운동은 수영입니다.
수영을 배우고 싶은 학생의 비율은 농구를 배우고 싶은 학생의 비율의 2배입니다.

비법 **4** 전체 자료의 수를 이용하여 항목의 수 구하기

- 띠그래프나 원그래프에서 전체 자료의 수가 주어지면 항목의 비율을 이용해 항목의 수를 구할 수 있습니다.

예 6학년 학생들 중에서 영어를 좋아하는 학생 수 구하기

- (항목별 자료의 수)
= (전체 자료의 수) × (항목별 비율)

좋아하는 과목별 학생 수

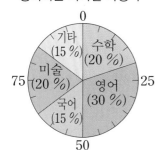

6학년 전체 학생 수가 300명일 때
⇨ (영어를 좋아하는 학생 수)
$= 300 \times \dfrac{30}{100} = 90(명)$

비법 **5** 항목의 수를 이용하여 전체 자료의 수 구하기

- 띠그래프나 원그래프에서 각 항목의 수를 알면 전체 자료의 수를 구할 수 있습니다.

예 조사한 전체 학생 수 구하기

- 띠그래프와 원그래프에서 각 항목의 수를 알 때 전체 자료의 수는 크기가 같은 분수를 이용하여 구할 수 있습니다.

여행을 가고 싶은 장소별 학생 수

0 10 20 30 40 50 60 70 80 90 100 (%)

산 (15 %)	바다 (25 %)	계곡 (20 %)	유적지 (20 %)	기타 (20 %)

계곡에 가고 싶은 학생이 100명이고 20 %일 때

전체 학생 수를 □명이라 하면 $\dfrac{100}{□} = \dfrac{20}{100}$입니다.

$\dfrac{20 \times 5}{100 \times 5} = \dfrac{100}{500}$이므로 □=500입니다.

1 그림그래프로 나타내기

• 자료를 그림그래프로 나타내면 좋은 점
① 그림의 크기로 수량의 많고 적음을 알 수 있습니다.
② 복잡한 자료를 간단하게 보여줍니다.

[1-1~1-3] 권역별 고구마 생산량을 나타낸 그림그래프입니다. 물음에 답하시오.

권역별 고구마 생산량

🍠 100만 t
🍠 10만 t

1-1 경상 권역의 고구마 생산량은 몇만 t입니까?

(   )

1-2 고구마 생산량이 가장 많은 권역은 어디입니까?

(   )

1-3 고구마 생산량이 가장 많은 권역과 가장 적은 권역의 생산량의 차는 몇 만 톤입니까?

(   )

2 띠그래프 알아보기

• 띠그래프: 전체에 대한 각 부분의 비율을 띠 모양에 나타낸 그래프

[2-1~2-4] 미호네 반 학생들이 여름방학 동안에 다녀온 곳을 조사하여 나타낸 그래프입니다. 물음에 답하시오.

장소별 학생 수

0 10 20 30 40 50 60 70 80 90 100(%)

바닷가	계곡	산	기타

2-1 위와 같이 전체에 대한 각 부분의 비율을 띠 모양에 나타낸 그래프를 무엇이라고 합니까?

(   )

2-2 작은 눈금 한 칸은 몇 %를 나타냅니까?

(   )

2-3 바닷가에 다녀온 학생의 비율은 전체의 몇 %입니까?

(   )

2-4 계곡과 비율이 같은 곳은 어디입니까?

(   )

③ 띠그래프로 나타내기

좋아하는 색깔별 학생 수

색깔	파랑	초록	분홍	검정	합계
학생 수(명)	96	72	60	12	240
백분율(%)	40	30	25	5	100

좋아하는 색깔별 학생 수

0 10 20 30 40 50 60 70 80 90 100(%)

파랑 (40 %)	초록 (30 %)	분홍 (25 %)

검정(5 %)

➡ 각 항목이 차지하는 백분율의 크기만큼 선을 그어 띠를 나누어 띠그래프를 그립니다.

창의·융합

[3-1~3-2] 다음 자료를 보고 물음에 답하시오.

 산이네 학교 학생 160명을 대상으로 좋아하는 사물놀이 악기를 조사했더니 꽹과리 56명, 장구 40명, 북 32명이었고 나머지 학생은 모두 징을 좋아했습니다.

3-1 위 자료를 보고 표를 완성하시오.

좋아하는 악기별 학생 수

악기	꽹과리	장구	북	징	합계
학생 수(명)	56	40	32		160
백분율(%)					

3-2 띠그래프로 나타내어 보시오.

좋아하는 악기별 학생 수

0 10 20 30 40 50 60 70 80 90 100(%)

④ 원그래프 알아보기

• 원그래프: 전체에 대한 각 부분의 비율을 원 모양에 나타낸 그래프

[4-1~4-4] 오른쪽은 민희네 반 학생들이 좋아하는 과목을 조사하여 나타낸 원그래프입니다. 물음에 답하시오.

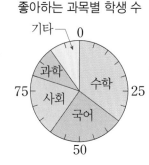
좋아하는 과목별 학생 수

4-1 눈금 한 칸은 몇 %를 나타냅니까?

( )

4-2 민희가 좋아하는 과목은 수학입니다. 민희와 같은 과목을 좋아하는 학생의 비율은 전체의 몇 %입니까?

( )

4-3 욱철이가 좋아하는 과목은 전체 학생 수의 20 %를 차지한다고 합니다. 욱철이가 좋아하는 과목은 무엇입니까?

( )

서술형

4-4 비율의 크기와 학생 수는 어떤 관계가 있는지 설명해 보시오.

설명 _____

 해결의창

• 항목을 백분율로 나타내기 ➡ (백분율)= $\frac{(항목별\ 자료의\ 수)}{(전체\ 자료의\ 수)} \times 100$

5

여러 가지 그래프

5 원그래프로 나타내기

장래 희망별 학생 수

장래 희망	배우	가수	화가	작가	기타	합계
학생 수(명)	70	50	40	20	20	200
백분율(%)	35	25	20	10	10	100

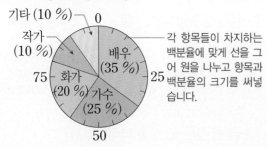

장래 희망별 학생 수

각 항목들이 차지하는 백분율에 맞게 선을 그어 원을 나누고 항목과 백분율의 크기를 써넣습니다.

[5-1~5-3] **어느 지역의 가로수를 조사했더니 은행나무가 368그루, 플라타너스가 200그루, 단풍나무가 128그루, 벚나무가 104그루였습니다. 물음에 답하시오.**

5-1 이 지역에 있는 가로수는 모두 몇 그루입니까?

( )

5-2 표를 완성해 보시오.

종류별 가로수의 수

종류	은행나무	플라타너스	단풍나무	벚나무	합계
가로수(그루)	368	200	128	104	
백분율(%)					

5-3 원그래프로 나타내어 보시오.

종류별 가로수의 수

6 그래프 해석하기

• 띠그래프 해석하기

좋아하는 계절별 학생 수

봄 (15 %)	여름 (30 %)	가을 (20 %)	겨울 (35 %)

0 10 20 30 40 50 60 70 80 90 100(%)

— 겨울을 좋아하는 학생의 비율은 전체의 35 %입니다.
— 여름을 좋아하는 학생의 비율은 봄을 좋아하는 학생의 비율의 2배입니다.

• 원그래프 해석하기

좋아하는 운동별 학생 수

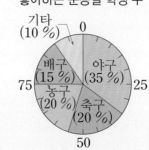

— 농구와 축구는 비율이 같습니다.
— 가장 많은 학생들이 좋아하는 운동은 야구입니다.

[6-1~6-2] **하루 동안 분식집에서 팔린 음식을 조사하여 나타낸 띠그래프입니다. 물음에 답하시오.**

종류별 팔린 음식량

떡볶이 (40 %)	김밥 (25 %)	라면 (15 %)	순대 (10%)	기타 (10%)

0 10 20 30 40 50 60 70 80 90 100(%)

6-1 떡볶이는 김밥보다 몇 배 더 팔렸는지 소수로 구하시오.

( )

서술형

6-2 하루 동안 팔린 음식이 180인분이라면 김밥은 몇 인분 팔렸는지 풀이 과정을 쓰고 답을 구하시오.

풀이 _____

_____

_____

답 _____

[6-3~6-5] **수혁이네 반 학생들이 가 보고 싶은 유적지를 조사하여 나타낸 원그래프입니다. 수혁이네 반 학생이 40명일 때, 물음에 답하시오.**

가 보고 싶은 유적지별 학생 수

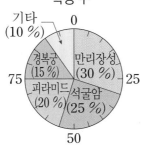

서술형

6-3 기타를 제외하고 우리나라에 있는 유적지를 가 보고 싶은 학생의 비율은 전체의 몇 %인지 풀이 과정을 쓰고 답을 구하시오.

풀이 _____

_____

_____

답 _____

창의·융합

6-4 다음에서 설명하는 유적지에 가 보고 싶은 학생은 몇 명인지 구하시오.

만리장성
인류 역사상 가장 거대한 건축물로 알려져 있으며 중국에 있습니다.

( )

6-5 기타라고 답한 학생의 75 %가 앙코르와트에 가 보고 싶어 할 때 앙코르와트에 가 보고 싶은 학생은 몇 명입니까?

( )

7 여러 가지 그래프 비교하기

· 자료를 나타내기에 알맞은 그래프

자료	그래프
지역별 주택 수	그림그래프, 막대그래프, 띠그래프, 원그래프
친구들의 혈액형	막대그래프, 띠그래프, 원그래프
시간별 방의 온도 변화	꺾은선그래프

[7-1~7-2] **미영이네 학교 학생들이 좋아하는 꽃을 조사하여 나타낸 그림그래프입니다. 물음에 답하시오.**

좋아하는 꽃별 학생 수

무궁화	진달래
개나리	장미

☺10명 ☺1명

7-1 표를 완성해 보시오.

좋아하는 꽃별 학생 수

꽃	무궁화	진달래	개나리	장미	합계
학생 수(명)	72	48	32	48	200
백분율(%)					

7-2 띠그래프로 나타내어 보시오.

좋아하는 꽃별 학생 수

0 10 20 30 40 50 60 70 80 90 100(%)

· (항목별 자료의 수)=(전체 자료의 수)×(항목별 비율)

5 여러 가지 그래프

응용 1 항목의 일부 수량을 구하여 그림그래프 완성하기

지역별 인구를 나타낸 그림그래프입니다. ❶ 라 지역의 인구는 다 지역의 인구보다 8000명 더 적고 / ❷ 가 지역의 인구는 라 지역의 인구의 2배일 때 / ❸ 그림그래프를 완성하시오.

지역별 인구

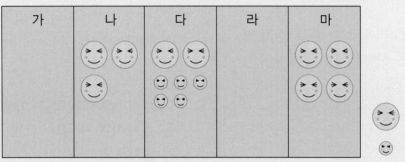

 ❶ 다 지역의 인구를 이용하여 라 지역의 인구를 구해 봅니다.

❷ ❶에서 구한 라 지역의 인구를 이용하여 가 지역의 인구를 구해 봅니다.

❸ 그림그래프를 완성해 봅니다.

예제 1-1 도자기는 흙을 빚어 높은 온도의 불에서 구워낸 그릇입니다. 도자기를 굽는 데는 1000 ℃ 이상의 고온이 필요한데 이를 위한 장치가 가마입니다. 다음은 가마별 도자기 수를 나타낸 그림그래프입니다. 다섯 가마에서 구운 도자기가 모두 18000개일 때 그림그래프를 완성하시오.

가마별 도자기 수

가마	도자기 수
가	🏺🏺🏺🏺🏺🏺🏺
나	🏺🏺
다	
라	🏺🏺🏺🏺
마	🏺🏺🏺🏺🏺🏺🏺🏺

 🏺1000개 🏺100개

• 정답은 40~41쪽

응용2 항목의 일부 백분율을 구하여 띠그래프로 나타내기

어느 정육점에서 한 달 동안 팔린 고기를 조사하여 나타낸 표입니다. **❶** 표를 보고 / **❷** 띠
그래프로 나타내시오.

한 달 동안 팔린 고기별 수량

종류	돼지고기	닭고기	쇠고기	기타	합계
백분율(%)	40	30		5	100

한 달 동안 팔린 고기별 수량

```
0    10   20   30   40   50   60   70   80   90  100(%)
```

❶ 각 항목의 백분율의 합계는 100 %임을 이용하여 쇠고기의 백분율을 구해 봅니다.

❷ 백분율의 크기만큼 선을 그어 띠그래프로 나타내어 봅니다.

예제 **2 - 1**

어느 생선 가게에서 한 달
동안 팔린 생선을 조사하여
나타낸 표입니다. 표를 보
고 띠그래프로 나타내시오.

한 달 동안 팔린 생선별 수량

종류	고등어	갈치	동태	꽁치	기타	합계
백분율(%)	32	26	22		6	100

한 달 동안 팔린 생선별 수량

```
0    10   20   30   40   50   60   70   80   90  100(%)
```

예제 **2 - 2**

다음과 같이 일등 마트 결산 보고서에서 D 회사의 판매량이 지워져 보이지 않습
니다. 보고서를 보고 띠그래프로 나타내시오.

일등 마트 결산 보고서

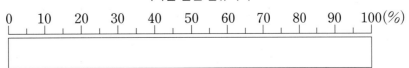

4개 회사의 한 달 동안 컴퓨터 판매량은 모두 160대입니다.

회사	A	B	C	D
판매량(대)	40	48	56	

회사별 팔린 컴퓨터 수

```
0    10   20   30   40   50   60   70   80   90  100(%)
```

응용 3 전체의 수를 이용하여 항목의 수 구하기

초등학교 6학년 학생들을 대상으로 외국인에게 자랑하고 싶은 문화 유산을 조사하여 나타낸 원그래프입니다. ①조사한 학생 수가 1200명이라면 한글을 자랑하고 싶은 학생은 / ②불국사를 자랑하고 싶은 학생보다 / ③몇 명 더 많습니까?

자랑하고 싶은 문화 유산별 학생 수

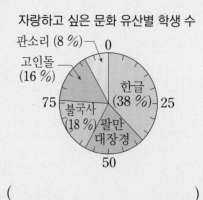

(   )

❶ 한글을 자랑하고 싶은 학생 수를 구해 봅니다.

❷ 불국사를 자랑하고 싶은 학생 수를 구해 봅니다.

❸ 한글을 자랑하고 싶은 학생 수는 불국사를 자랑하고 싶은 학생 수보다 몇 명 더 많은지 구해 봅니다.

예제 3-1 일등 마을에 1년 동안 내린 비의 양을 조사하여 나타낸 원그래프입니다. 전체 강수량이 600 mm일 때 여름의 강수량은 겨울의 강수량보다 몇 mm 더 많습니까?

계절별 강수량

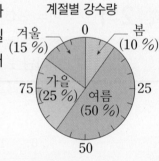

(   )

예제 3-2 연지네 학교 학생들이 존경하는 위인을 조사하여 나타낸 띠그래프입니다. 조사한 학생 수가 1500명이라면 이순신을 존경하는 학생과 에디슨을 존경하는 학생은 모두 몇 명입니까?

존경하는 위인별 학생 수

0	10	20	30	40	50	60	70	80	90	100 (%)

세종대왕 (30 %)	이순신 (25 %)	유관순 (20 %)	에디슨 (15 %)	기타 (10 %)

(   )

• 정답은 41쪽

응용 4 항목별 수를 이용하여 전체의 수 구하기

초등학생을 대상으로 여행하고 싶은 나라를 조사하여 나타낸 띠그래프입니다. ^①^②프랑스를 여행하고 싶은 학생과 이집트를 여행하고 싶은 학생이 모두 190명일 때, /^③조사한 전체 학생 수를 구하시오.

여행하고 싶은 나라별 학생 수

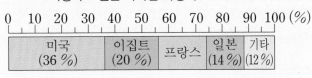

( )

① 프랑스의 비율은 전체의 몇 %인지 구해 봅니다.

② 이집트와 프랑스의 비율의 합을 구해 봅니다.

③ ②를 이용하여 전체 학생 수를 구해 봅니다.

예제 4-1 찬우네 농장에서 기르는 동물을 조사하여 나타낸 원그래프입니다. 가장 많은 동물과 두 번째로 많은 동물 수의 합이 116마리일 때, 찬우네 농장에서 기르는 동물은 모두 몇 마리인지 구하시오.

농장에서 기르는 동물별 수

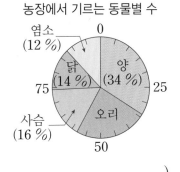

( )

예제 4-2 선아네 집에서 수확한 곡물을 조사하여 나타낸 원그래프입니다. 원그래프와 두 사람의 대화를 읽고 선아네 집에서 수확한 곡물은 모두 몇 kg인지 구하시오.

곡물별 수확량

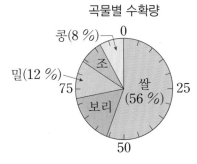

( )

응용 5 두 원그래프에서 항목의 수량 비교하기

가, 나 두 쇼핑몰에서 한 달 동안 팔린 가전제품의 비율을 나타낸 원그래프입니다.
❶ 한 달 동안 팔린 가전제품이 가 쇼핑몰은 1000대이고 / ❷ 나 쇼핑몰은 1600대일 때,
❸ 기타를 제외하고 두 쇼핑몰에서 팔린 대수가 같은 가전제품은 무엇입니까?

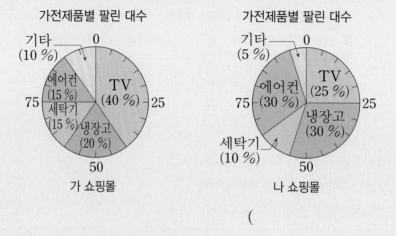

(   )

❶ 가 쇼핑몰의 항목별 팔린 대수를 구해 봅니다.

❷ 나 쇼핑몰의 항목별 팔린 대수를 구해 봅니다.

❸ 두 쇼핑몰의 항목별 팔린 대수를 비교하여 팔린 대수가 같은 가전제품을 찾아 봅니다.

예제 5-1

미라와 재신이가 한 달 동안 사용한 용돈의 비율을 나타낸 원그래프입니다. 미라의 한 달 용돈은 20000원이고 재신이의 한 달 용돈은 30000원입니다. 같은 항목끼리 비교했을 때, 기타를 제외하고 사용한 금액이 가장 비슷한 항목을 구하시오.

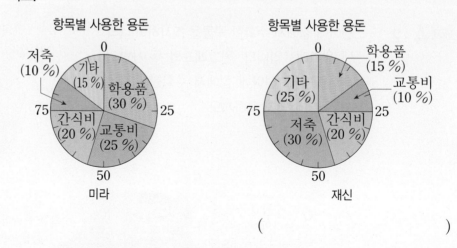

(   )

응용 6 띠그래프와 원그래프를 함께 해석하기

수인이네 학교❶ 회장 후보자별 득표율을 나타낸 띠그래프와 수인이에게 투표한 남녀 비율을 나타낸 원그래프입니다. / ❷ 투표에 참여한 학생이 500명일 때, / ❸ 수인이에게 투표한 남학생은 몇 명인지 구하시오.

후보자별 득표율

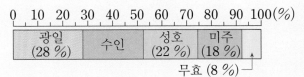

수인이에게 투표한 남녀 비율

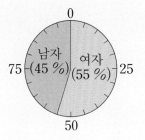

(   )

❶ 띠그래프에서 수인이의 득표율을 구해 봅니다.

❷ 수인이에게 투표한 학생 수를 구해 봅니다.

❸ 수인이에게 투표한 남학생 수를 구해 봅니다.

예제 6-1 어느 지역의 토지 이용도를 나타낸 원그래프와 주거지용 토지의 이용도를 나타낸 띠그래프입니다. 이 지역 전체 토지 넓이가 $100 \, km^2$일 때, 아파트와 단독 주택으로 이용되는 토지의 넓이의 차는 몇 km^2입니까?

토지 이용도별 넓이

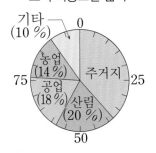

주거지용 토지의 이용도별 넓이

아파트 (30 %)	다세대 주택 (24 %)	연립 주택 (18 %)	단독 주택 (18 %)	기타 (10 %)

(   )

예제 6-2 위 예제 6-1과 토지 이용도, 주거지용 토지의 이용도가 같은 어떤 지역 전체 토지 넓이가 $200 \, km^2$일 때, 다세대 주택과 연립 주택으로 이용되는 토지의 넓이의 합은 몇 km^2입니까?

(   )

5

여러 가지 그래프

그림그래프 해석하기

01
유사 동영상
진수네 집의 4개월 동안 월별 수도 사용료를 나타낸 그림 그래프입니다. 4개월 동안 사용한 수도 사용료는 모두 얼마입니까?

월별 수도 사용료

| 8월 | 9월 | 10월 | 11월 |

💧10000원
💧1000원

(   )

서술형 원그래프로 나타내기

02
유사
표를 보고 원그래프로 나타내려고 합니다. 원그래프에서 전체에 대해 참고서가 차지하는 부분의 비율은 몇 %인지 풀이 과정을 쓰고 답을 구하시오.

풀이

종류별 책 수

종류	동화책	위인전	참고서	기타	합계
책 수(권)	48	40			160
백분율(%)				30	100

(   )

원그래프로 나타내기

03
유사 동영상
아름이네 반 학생들은 불우이웃돕기 성금을 마련하려고 바자회를 열기로 했습니다. 바자회에 나온 물건의 수를 정리한 것을 보고 원그래프로 나타내시오.

바자회 물건별 수

생활용품 15개   장난감 6개   책 6권   모자 3개

바자회 물건별 수

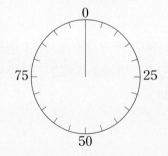

[04~05] 어떤 사람이 평생 동안 한 일을 나타낸 원그래프입니다. 물음에 답하시오.

평생 동안 한 일별 시간

0
기타
잠
공부
75 ―― 25
일
여가
생활
50

띠그래프로 나타내기

04 원그래프를 보고 띠그래프로 나타내시오.
유사

평생 동안 한 일별 시간

0 10 20 30 40 50 60 70 80 90 100(%)

그래프 해석하기

05 이 사람이 80년을 살았다면 일과 공부를 하는 데 사용한
유사 시간은 몇 년입니까?

( )

여러 가지 그래프 비교하기

06 다음 중 띠그래프 또는 원그래프로 나타내면 좋은 자료를
유사 모두 찾아 기호를 쓰시오.
동영상

㉠ 우리 고장 각 마을의 인구
㉡ 우리 반 학생들이 좋아하는 과일
㉢ 하루 동안의 교실의 온도 변화
㉣ 6학년 각 반 시험 성적 평균

( )

5

여러 가지 그래프

서술형 그래프 해석하기

07 해법 마트에서 일주일 동안 팔린 음료수를 조사하여 나타낸 띠그래프입니다. 일주일 동안 팔린 음료수의 양이 모두 200 L일 때 가장 적게 팔린 음료수의 양은 몇 L인지 풀이 과정을 쓰고 답을 구하시오.

유사 동영상

종류별 팔린 음료수 양

| 0 10 20 30 40 50 60 70 80 90 100(%) |

| 우유 (40 %) | 주스 (16 %) | 탄산음료 (20 %) | 이온음료 (24 %) |

(   )

풀이

창의사고력

[8~9] 어느 지역에 경기장을 세우기 위해 지역 주민 5000명을 대상으로 설문 조사를 한 결과를 나타낸 그래프입니다. 물음에 답하시오.

찬반 여부

찬성 이유

0 10 20 30 40 50 60 70 80 90 100(%)

| 일자리가 생기므로 (35 %) | 관광 수입 증가 (34 %) | 지역의 상징 (22 %) | |

기타 (9 %)

반대 이유

0 10 20 30 40 50 60 70 80 90 100(%)

| 공사 중 공해 발생 (33 %) | 경기 중 소음 발생 (32 %) | 교통 체증 (28 %) | |

기타 (7 %)

그래프 해석하기

08 가장 많은 사람들이 찬성한 이유는 가장 많은 사람들이 반대한 이유보다 몇 명 더 많습니까?

유사 동영상

(   )

그래프 해석하기

09 도로를 늘릴 계획을 발표했더니 교통 체증 때문에 반대를 했던 사람들이 모두 찬성 중 기타의 이유로 돌아섰습니다. 찬성 중 기타의 비율은 몇 %가 되었습니까?

유사

(   )

· 정답은 43쪽

[10~11] 2015년부터 2017년까지 초등학교 6학년 학생들을 대상으로 하루 동안 TV를 시청하는 시간을 조사하여 나타낸 그래프입니다. 물음에 답하시오.

TV를 시청하는 시간별 학생 수

	1시간 미만	1시간 이상 2시간 미만	2시간 이상
2015년	22 %	38 %	40 %
2016년	26 %	33 %	36 %
2017년	33 %	40 %	27 %

그래프 해석하기

10 2015년에 조사한 전체 학생 수가 3000명이었다면 TV를
유사 시청하는 시간이 2시간 미만인 학생은 몇 명입니까?

(   )

그래프 해석하기

11 TV를 시청하는 시간이 1시간 미만인 학생의 비율은
유사 2017년이 2015년의 몇 배인지 소수로 구하시오.
동영상

(   )

그래프 해석하기

12 어느 나라에 살고 있는 우리나라 사람들이 하는 일을 나타
유사 낸 원그래프입니다. 이 나라에 살고 있는 우리나라 남자가
50만 명이고 전문직에 종사하는 남자가 자영업을 하는 여
자보다 6000명 더 많을 때 남학생과 여학생은 모두 몇 명
입니까?

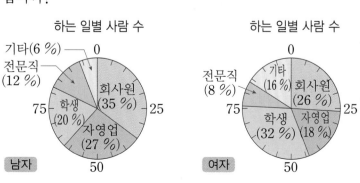

하는 일별 사람 수

기타(6 %) 0
전문직(12 %)
회사원(35 %)
25
75 학생(20 %)
자영업(27 %)
남자 50

하는 일별 사람 수

0
전문직(8 %) 기타(16 %) 회사원(26 %)
75 25
학생(32 %) 자영업(18 %)
여자 50

(   )

5
여러 가지 그래프

창의사고력

13 화살표 방향으로 수혈이 가능하다고 합니다. 수아네 반에서 B형에게 수혈을 할 수 있는 학생은 전체의 몇 %입니까? (단, 모두 Rh+입니다.)

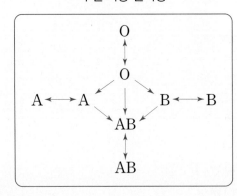

수혈 가능 혈액형

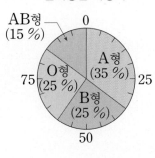

혈액형별 학생 수

(   )

서술형
창의·융합

14 한 달 동안 부산항으로 들어오는 외국 배를 조사하여 나타낸 띠그래프입니다. 중국의 비율이 인도의 비율의 3배일 때, 다음 기사를 읽고 부산항으로 들어오는 외국 배 중에서 영국 배는 몇 척인지 풀이 과정을 쓰고 답을 구하시오.

부산항 소식

명절을 앞두고 한 달 동안 외국 배 400척이 부산항에 들어왔습니다. 특히 영국 배가 처음으로 기타의 40%를 차지할 만큼 그 수가 많이 늘어났습니다.

나라별 들어오는 배의 수

| 0 | 10 | 20 | 30 | 40 | 50 | 60 | 70 | 80 | 90 | 100(%) |

| 미국
(40%) | 중국 | 독일
(12.5%) | 인도
(10%) | 기타 |

풀이 _____

_____

_____

답 _____

· 정답은 45쪽

[01~02] 어느 도시의 2014년부터 2017년까지 자동차를 이용하여 출퇴근하는 사람 수를 나타낸 표와 그림그래프입니다. 물음에 답하시오.

연도별 이용자 수

연도(년)	2014	2015	2016	2017
이용자 수(명)		21000		32000

연도별 이용자 수

연도(년)	자동차 수
2014	🚗 🚗 🚗 🚗 🚗 🚗
2015	
2016	🚗 🚗 🚗 🚗 🚗 🚗
2017	

🚗 10000명　🚗 1000명

01 표와 그림그래프를 완성하시오.

서술형

02 표를 그림그래프로 나타내면 어떤 점이 더 좋은지 설명하시오.

설명 _____

03 조사한 자료를 띠그래프나 원그래프로 나타내면 좋은 점을 바르게 설명한 것을 찾아 기호를 쓰시오.

> ㉠ 각 부분의 비율을 한눈에 알 수 있습니다.
> ㉡ 항목별 수량을 알 수 있습니다.

( )

[04~05] 보영이네 반 학생 40명의 혈액형을 조사하여 나타낸 띠그래프입니다. 물음에 답하시오.

혈액형별 학생 수

```
0  10  20  30  40  50  60  70  80  90  100(%)
```

O형 (40 %)	A형 (25 %)	B형 (20 %)	AB형 (15 %)

04 O형의 비율은 B형의 비율의 몇 배입니까?

( )

05 A형인 학생은 몇 명입니까?

( )

[06~07] 민주네 학교 학생들이 키우는 반려동물을 조사한 것입니다. 물음에 답하시오.

키우는 반려동물

강아지 120명　고양이 75명　햄스터 60명　토끼 45명

창의·융합

06 표를 완성하시오.

키우는 반려동물별 학생 수

동물	강아지	고양이	햄스터	토끼	합계
학생 수(명)	120	75	60	45	
백분율(%)					

07 06의 표를 보고 원그래프로 나타내시오.

키우는 반려동물별 학생 수

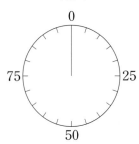

[08~09] 태희네 반 학생들이 좋아하는 과목을 조사하여 나타낸 표입니다. 물음에 답하시오.

좋아하는 과목별 학생 수

과목	체육	국어	영어	수학	기타	합계
학생 수(명)	12		6	4	10	40
백분율(%)						

08 표를 완성해 보시오.

09 위 표를 보고 띠그래프로 나타내시오.

좋아하는 과목별 학생 수

```
0  10  20  30  40  50  60  70  80  90  100(%)
```

[10~11] 민아네 학교 회장 선거에서 후보자별 득표율을 나타낸 띠그래프입니다. 물음에 답하시오.

후보자별 득표율

```
0  10  20  30  40  50  60  70  80  90  100(%)
```
| 경수 (30 %) | 희선 (25 %) | 은영 (20 %) | 민아 | 기타 (10%) |

10 경수의 득표율은 민아의 득표율의 몇 배입니까?

( )

11 투표한 학생 수가 300명이라면 희선이는 은영이보다 몇 표 더 얻었는지 구하시오.

( )

[12~14] 지연이가 매달 받는 용돈 60000원의 쓰임을 나타낸 원그래프입니다. 물음에 답하시오.

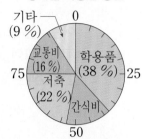

항목별 사용한 용돈

12 기타를 제외하고 가장 적게 사용하는 항목은 무엇입니까?

( )

13 위 원그래프를 보고 띠그래프로 나타내시오.

항목별 사용한 용돈

```
0  10  20  30  40  50  60  70  80  90  100(%)
```

서술형

14 1년 동안 지연이는 저축을 매달 같은 비율로 했습니다. 지연이가 1년 동안 저축한 금액은 모두 얼마인지 풀이 과정을 쓰고 답을 구하시오.

풀이 _____

_____

_____

답 _____

[15~17] 어느 지역에서 한 달 동안 배출된 오·폐수를 조사하여 나타낸 원그래프입니다. 공장폐수의 비율이 기타 비율의 2배일 때 물음에 답하시오.

종류별 오·폐수

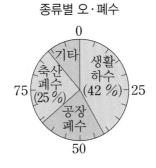

15 공장폐수와 기타는 각각 전체의 몇 %입니까?

공장폐수 (   )

기타 (   )

16 한 달 동안 배출된 오·폐수가 6000 L일 때 기타는 몇 L입니까?

(   )

창의·융합

17 하수처리장은 오·폐수를 깨끗한 물로 정화하는 일을 하는 시설입니다. 다음을 보고 천재 하수처리장에서 정화되는 공장폐수와 축산폐수는 모두 몇 L인지 구하시오.

 우리 지역에서 한 달 동안 배출된 오·폐수 6000 L 중 공장폐수의 80 %, 축산폐수의 30 %는 천재 하수처리장에서 정화됩니다.

(   )

[18~20] 2007년부터 2017년까지 하늘 초등학교 6학년 학생들의 키를 조사하여 나타낸 그래프입니다. 물음에 답하시오.

키별 학생 수

	140 cm 미만	140 cm 이상 150 cm 미만	150 cm 이상 160 cm 미만	160 cm 이상
2007년	35.6 %	37.8 %	21 %	5.6 %
2012년	27.6 %	38.4 %	25.5 %	8.5 %
2017년	23.1 %	40 %	26.5 %	10.4 %

서술형

18 2012년에 조사한 전체 학생 수가 800명이라면 키가 150 cm 이상인 학생은 몇 명인지 풀이 과정을 쓰고 답을 구하시오.

풀이 _____

_____

_____

답 _____

19 조사한 전체 학생 수가 2007년에는 1000명, 2012년에는 800명일 때, 2007년과 2012년에 키가 160 cm 이상인 학생 수의 차는 몇 명입니까?

(   )

20 2017년에 키가 140 cm 이상 160 cm 미만인 학생이 532명이라면 2017년에 조사한 전체 학생 수는 몇 명입니까?

(   )

5

여러 가지 그래프

6 직육면체의 부피와 겉넓이

플라톤의 제단

펠로폰네소스 전쟁이 한창이던 기원전 5세기에 고대 그리스에는 전염병이 돌았습니다.

그리스의 작은 섬 델로스에 살던 사람들은 델로스 섬의 수호신인 아폴론을 찾아가 전염병을 막을 수 있는 방법을 물어봤습니다. 아폴론은 신전에 놓여 있는 정육면체 모양 제단(제물을 바치는 단)을 같은 모양으로 하되 부피를 2배로 늘리면 전염병을 막을 수 있을 것이라고 대답했습니다.

델로스 섬 사람들은 부피만 2배로 늘리면 된다는 말에 높이를 2배로 늘린 제단을 만들어 아폴론에게 바쳤습니다.

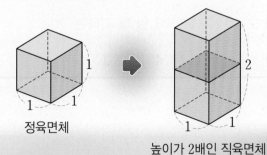

정육면체

높이가 2배인 직육면체

하지만 이 제단은 아폴론이 말한 제단이 아니었습니다.

부피는 처음의 2배가 되었지만 원래 제단 모양인 정육면체가 아니었던 거예요.

이번에는 원래 제단의 가로, 세로, 높이를 2배로 늘려서 제단을 만들었습니다.

하지만 다시 만든 제단의 부피는 원래 제단의 8배가 되어 버렸답니다.

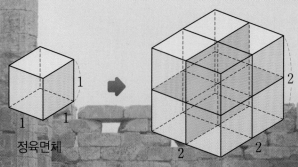

정육면체

가로, 세로, 높이가 각각 2배인 정육면체

이미 배운 내용	이번에 **배울 내용**	앞으로 배울 내용
[5-1 다각형의 둘레와 넓이] • cm^2와 m^2 알아보기 • 평면도형의 넓이 **[5-2 직육면체]** • 직육면체의 면 사이의 관계를 알고 전개도 그리기	• 직육면체의 부피 비교하기 • $1\ cm^3$ 알아보기 • 직(정)육면체의 부피 • m^3와 cm^3 사이의 관계 • 직(정)육면체의 겉넓이	**[6-2 공간과 입체]** • 쌓기나무 알아보기

결국, 특별한 장치를 고안하여 문제를 푼 플라톤의 도움으로 아폴론 신이 원하는 제단을 만들어 신전에 바쳤고, 전염병은 깨끗이 사라졌답니다.

그 후, 델로스 섬 사람들은 신에게 바친 이 제단을 **'플라톤의 제단'**이라고 불렀답니다.

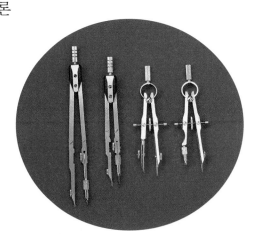

플라톤이 고안한 장치를 사용하지 않고 자와 컴퍼스만으로 정육면체의 부피를 2배로 작도하는 일은 불가능하다고 합니다. 이 문제는 '작도가 불가능한 3대 문제' 중의 하나로, 그때부터 무려 2000여 년이 지난 19세기에 들어와서야 비로소 자와 컴퍼스만으로는 해결할 수 없는 문제라는 것이 증명되었답니다.

작도가 불가능한 3대 문제

1. 임의의 각을 3등분 하시오.
2. 주어진 원과 똑같은 넓이를 가진 정사각형을 작도하시오.
3. 주어진 정육면체의 부피의 2배가 되는 정육면체를 작도하시오.

직육면체의 부피 비교하기

		정답	💡 생각의 방향 ↑

❶ 두 직육면체의 밑면의 넓이가 같을 때 높이가 더 높은 직육면체의 부피가 더 큽니다. (○ , ×)

정답: ○

❷ 크기가 같은 쌓기나무를 상자와 같은 크기의 직육면체 모양으로 쌓으면 직접 대어 보지 않았기 때문에 부피를 비교할 수 없습니다. (○ , ×)

정답: ×

생각의 방향: 쌓기나무의 수를 세어 부피를 비교할 수 있습니다.

❸ 크기가 같은 상자들을 큰 상자에 담아 상자 수를 세었을 때 상자에 담은 수가 클수록 부피가 더 큽니다.
(○ , ×)

정답: ○

생각의 방향: 상자를 크기와 모양이 같은 물건으로 채워 부피를 비교할 수 있습니다.

직육면체의 부피 구하기

❶ 부피를 나타낼 때 한 모서리의 길이가 1 cm인 정육면체의 부피를 단위로 사용할 수 있습니다. (○ , ×)

정답: ○

❷ 한 모서리의 길이가 1 cm인 정육면체의 부피를
(1 cm^3 , 1 cm^2)라 쓰고
(1 세제곱센티미터 , 1 제곱센티미터)라고 읽습니다.

정답: 1 cm^3, 1 세제곱센티미터

생각의 방향: 1 cm^3 ⇨ 1 세제곱센티미터

❸ (직육면체의 부피)=(가로)×(□)×(□)

정답: 세로, 높이

❹ (정육면체의 부피)=(한 모서리의 길이)
×(□)
×(□)

정답: 한 모서리의 길이, 한 모서리의 길이

생각의 방향: 정육면체는 가로, 세로, 높이가 모두 같습니다.

❺ (직육면체의 부피)
$=4×□×□=□ (\text{cm}^3)$

2 cm, 4 cm, 3 cm

정답: 3, 2, 24

생각의 방향: (직육면체의 부피)
=(가로)×(세로)×(높이)

❻ (정육면체의 부피)
$=4×□×□=□ (\text{cm}^3)$

4 cm, 4 cm, 4 cm

정답: 4, 4, 64

생각의 방향: (정육면체의 부피)
=(한 모서리의 길이)
×(한 모서리의 길이)
×(한 모서리의 길이)

	정답	생각의 **방향**

m³ 알아보기

❶ 큰 부피를 나타낼 때 한 모서리의 길이가 1 m인 정육면체의 부피를 단위로 사용할 수 있습니다.

(○ , ×)

○

❷ 한 모서리의 길이가 1 m인 정육면체의 부피를 (1 cm³ , 1 m³)라 쓰고 (1 세제곱센티미터 , 1 세제곱미터)라고 읽습니다.

1 m³, 1 세제곱미터

1 m³ ⇨ 1 세제곱미터

❸ 한 모서리의 길이가 1 m인 정육면체를 쌓는 데 부피가 1 cm³인 쌓기나무가 (1000000 , 100)개 필요합니다.

1000000

❹ 4 m³ = $\boxed{}$ cm³

4000000

1 m³ = 1000000 cm³

직육면체의 겉넓이 구하기

❶ 직육면체의 겉넓이는 여섯 면의 넓이를 각각 모두 구해 더하는 방법으로 구할 수 있습니다. (○ , ×)

○

(직육면체의 겉넓이)
= (여섯 면의 넓이의 합)

❷ 직육면체의 겉넓이는 합동인 면이 (2 , 3)쌍이므로 (두 , 세) 면의 넓이를 구해 각각 2배 한 뒤 더하는 방법으로 구할 수 있습니다.

3, 세

❸ 직육면체의 겉넓이는 옆면의 넓이와 두 $\boxed{}$의 넓이를 더하는 방법으로 구할 수 있습니다.

밑면

(직육면체의 겉넓이)
= (옆면의 넓이) + (한 밑면의 넓이)
  × 2

❹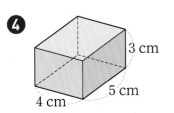

(직육면체의 겉넓이) = (4×3+5×3+4×5)× $\boxed{}$
　　　　　　　　　 = $\boxed{}$ (cm²)

2, 94

(직육면체의 겉넓이)
= (한 꼭짓점에서 만나는 세 면의 넓이의 합) × 2

❺ (정육면체의 겉넓이)
　 = (한 모서리의 길이) × (한 모서리의 길이) × $\boxed{}$

6

정육면체는 여섯 면의 넓이가 모두 같습니다.

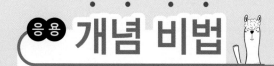
비법 1 직육면체의 부피 비교

• 두 직육면체의 부피 비교
  ① 가로, 세로가 같으면 높이를 비교합니다.
  ② 높이가 같으면 가로, 세로를 비교합니다.
  ③ 가로, 세로, 높이가 다르면 임의 단위를 사용하여 부피를 비교합니다.

예 가 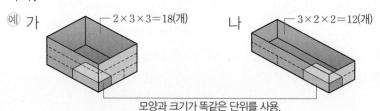 나

$2 \times 3 \times 3 = 18$(개) $3 \times 2 \times 2 = 12$(개)

모양과 크기가 똑같은 단위를 사용.

가: 가로 2개, 세로 3개, 높이 3층 ⇨ 18개

나: 가로 3개, 세로 2개, 높이 2층 ⇨ 12개

18개 > 12개이므로

가의 부피 > 나의 부피

교과서 개념

• 직육면체의 부피 비교하기
  ① 직육면체를 직접 맞대어 크기 비교하기
  ② 큰 상자에 담은 작은 상자의 수를 세어 부피 비교하기
  ③ 쌓기나무의 수를 세어 부피 비교하기

예

3 cm

1 cm 1 cm

⇨ 부피가 1 cm^3인 쌓기나무를 3개 쌓았으므로 부피는 3 cm^3입니다.

비법 2 직육면체의 가로와 부피의 관계

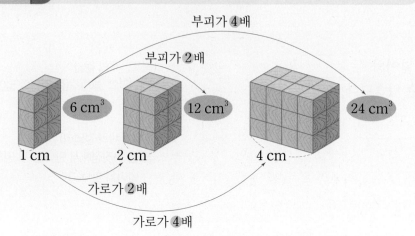

부피가 4배

부피가 2배

6 cm³   12 cm³   24 cm³

1 cm   2 cm   4 cm

가로가 2배

가로가 4배

• 직육면체에서
  ① 가로, 세로, 높이 중 하나가 ■배가 되면 부피도 ■배가 됩니다.
  ② 가로, 세로가 각각 ▲배가 되면 부피는 (▲×▲)배가 됩니다.
  ③ 가로, 세로, 높이가 각각 ■배, ▲배, ●배가 되면 부피는
     (■×▲×●)배가 됩니다.

• 1 cm^3: 한 모서리의 길이가 1 cm인 정육면체의 부피

1 cm
1 cm 1 cm

1cm^3 읽기 1 세제곱센티미터

• (직육면체의 부피)
  =(가로)×(세로)×(높이)
• (정육면체의 부피)
  =(한 모서리의 길이)
    ×(한 모서리의 길이)
    ×(한 모서리의 길이)

비법 3 직육면체의 부피를 m^3로 나타내기

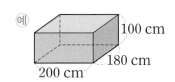

(방법1) $1\,m=100\,cm$이므로
$$(부피)=2\times1.8\times1$$
$$=3.6\,(m^3)$$

(방법2) $1\,m^3=1000000\,cm^3$이므로
$$(부피)=200\times180\times100$$
$$=3600000\,(cm^3)$$
$$\Rightarrow 3600000\,cm^3=3.6\,m^3$$

비법 4 전개도를 이용하여 직육면체의 겉넓이 구하기

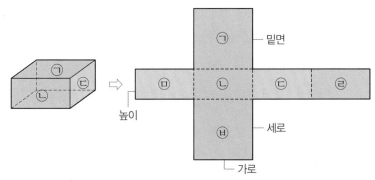

(직육면체의 겉넓이) $\Rightarrow$ ① ㉠+㉡+㉢+㉣+㉤+㉥
  ② ㉠×2+㉡×2+㉢×2
  ③ (㉠+㉡+㉢)×2
  ④ ㉠×2+(㉤+㉡+㉢+㉣)

비법 5 다양한 모양의 입체도형의 부피 구하기

두 개의 직육면체가 합쳐져 있다고 보고 두 직육면체의 부피를 따로 구해 더하거나 큰 직육면체의 부피에서 작은 직육면체의 부피를 빼서 구합니다.

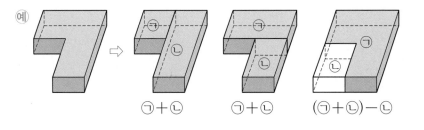

㉠+㉡   ㉠+㉡   (㉠+㉡)−㉡

교과서 개념

• $1\,m^3$: 한 모서리의 길이가 $1\,m$인 정육면체의 부피

(읽기) 1 세제곱미터

• $1\,m^3$와 $1\,cm^3$의 관계

한 모서리의 길이가 $1\,m$인 정육면체를 쌓는 데 $1\,cm^3$인 쌓기나무는 $100\times100\times100=1000000(개)$ 필요합니다.

$$1\,m^3=1000000\,cm^3$$

• 직육면체의 겉넓이 구하는 방법
  ① 여섯 면의 넓이의 합으로 구하기
  ②, ③ 세 쌍의 면이 합동이라는 성질을 이용하여 구하기
  ④ 두 밑면의 넓이와 옆면의 넓이의 합으로 구하기

• 정육면체의 겉넓이 구하는 방법
  (정육면체의 겉넓이)
  =(한 면의 넓이)×6

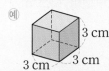

$\Rightarrow$ (정육면체의 겉넓이)
  $=3\times3\times6=54\,(cm^2)$

❶ 직육면체의 부피 비교하기

① 두 상자의 부피를 직접 비교하기

― 가로, 세로, 높이는 직접 맞대서 크기를 비교할 수 있지만 부피가 얼마나 큰지 정확히 알 수 없습니다.

② 임의 단위를 이용하여 부피 비교하기

 >

12개　　　8개

― 크기가 같은 작은 상자를 단위로 담았을 때 더 많이 들어가는 쪽의 부피가 더 큽니다.

③ 쌓기나무를 사용하여 부피 비교하기

 >

8개　　　6개

― 쌓은 쌓기나무의 수가 더 많은 것이 부피가 더 큽니다.

[1-1~1-2] 상자 안에 쌓기나무를 몇 개 담을 수 있는지 알아보고 크기를 비교해 보시오.

가　　　　　나

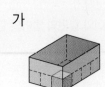　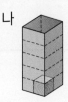

1-1 상자 안에 쌓기나무를 각각 몇 개씩 담을 수 있습니까?

가 (　　　　　　), 나 (　　　　　　)

1-2 쌓기나무를 더 많이 담을 수 있는 상자를 찾아 기호를 쓰시오.

(　　　　　　　　)

서술형

1-3 두 지우개의 부피를 직접 비교할 수 <u>없는</u> 이유를 쓰시오.

이유

1-4 크기가 같은 쌓기나무를 사용해 두 직육면체의 부피를 비교하여 ○ 안에 >, =, <를 알맞게 써넣으시오.

가　　　　　나

　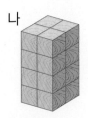

가의 부피 ◯ 나의 부피

❷ 직육면체의 부피 구하기

• 1 cm³: 한 모서리의 길이가 1 cm인 정육면체의 부피

[읽기] 1 세제곱센티미터

• (직육면체의 부피)=(가로)×(세로)×(높이)

• (정육면체의 부피)=(한 모서리의 길이)
　　　　　　　　　×(한 모서리의 길이)
　　　　　　　　　×(한 모서리의 길이)

2-1 부피가 1 cm³인 쌓기나무로 직육면체를 만들었습니다. 가와 나 중에서 어느 것의 부피가 몇 cm³ 더 큽니까?

가　　　　　나

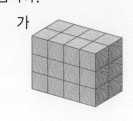　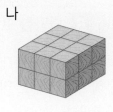

(　　　　　　), (　　　　　　)

· 정답은 48쪽

[2-2~2-3] **부피가 $1\,cm^3$인 쌓기나무를 다음과 같이 쌓았습니다. 물음에 답하시오.**

가   나   다

2-2 쌓기나무의 수를 곱셈식으로 나타내고 직육면체의 부피를 구하시오.

직육면체	가	나	다
쌓기나무의 수(개)			
부피(cm^3)			

서술형

2-3 위 **2-2**의 표를 보고 직육면체의 높이가 2배, 3배가 되면 부피는 어떻게 변하는지 설명해 보시오.

설명 _____

_____

_____

2-4 직육면체의 부피를 구하시오.

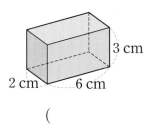

(   )

2-5 오른쪽 정육면체 모양 큐브의 부피는 몇 cm^3입니까?

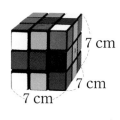

(   )

2-6 다음 전개도를 접어서 만들 수 있는 정육면체의 부피는 몇 cm^3인지 구하시오.

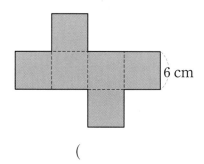

(   )

2-7 직육면체 가와 정육면체 나 중 어느 것의 부피가 몇 cm^3 더 큽니까?

가   나

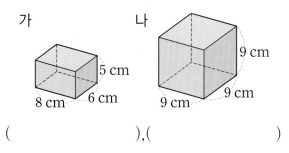

(   ),(   )

6

겉넓이

직육면체의 부피와

2-2 (쌓기나무로 쌓은 도형의 부피)=(쌓기나무 한 개의 부피)×(쌓기나무의 수)

2-5 (정육면체의 부피)=(한 모서리의 길이)×(한 모서리의 길이)×(한 모서리의 길이)

3 m³ 알아보기

- 1 m³: 한 모서리의 길이가 1 m인 정육면체의 부피

  읽기 1 세제곱미터

- 1 m³와 1 cm³의 관계

  ⇨ $1 \text{ m}^3 = 1000000 \text{ cm}^3$

3-1 ☐ 안에 알맞은 수를 써넣으시오.

(1) $3 \text{ m}^3 = $ ☐ cm^3

(2) $500000 \text{ cm}^3 = $ ☐ m^3

3-2 직육면체의 부피는 몇 m³입니까?

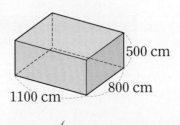

500 cm
800 cm
1100 cm

( )

창의·융합

3-3 다음을 보고 석빙고에 쌓은 얼음의 부피는 모두 몇 m³인지 구하시오.

조선의 얼음창고 「석빙고」

조선시대의 석빙고는 차가운 공기는 내려가고 더운 공기는 위로 뜨는 과학적인 원리를 바탕으로 만들어졌습니다. 이 석빙고에 가로 80 cm, 세로 100 cm, 높이 10 cm인 직육면체 모양의 얼음을 10000개 쌓았습니다.

( )

4 직육면체의 겉넓이 구하기

- (직육면체의 겉넓이)
  = (여섯 면의 넓이의 합)
  = (한 꼭짓점에서 만나는 세 면의 넓이의 합)×2
  = (옆면의 넓이)+(한 밑면의 넓이)×2
- (정육면체의 겉넓이)
  = (여섯 면의 넓이의 합)
  = (한 면의 넓이)×6
  = (한 모서리의 길이)×(한 모서리의 길이)×6

4-1 직육면체의 겉넓이를 구하려고 합니다. ☐ 안에 알맞은 수를 써넣으시오.

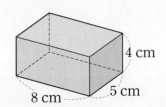

4 cm
8 cm
5 cm

(직육면체의 겉넓이)

= (여섯 면의 넓이의 합)

= $8 \times 4 + 8 \times 4 + 5 \times 4 + 5 \times 4$

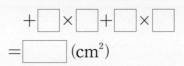

$+ $ ☐ $\times$ ☐ $+$ ☐ $\times$ ☐

$= $ ☐ (cm^2)

4-2 위 **4-1** 의 직육면체의 겉넓이를 세 쌍의 면이 합동이라는 성질을 이용하여 구하려고 합니다. ☐ 안에 알맞은 수를 써넣으시오.

(직육면체의 겉넓이)

= (한 꼭짓점에서 만나는 세 면의 넓이의 합)×2

$= (8 \times $ ☐ $+ 5 \times $ ☐ $+ 8 \times 5) \times 2$

$= ($ ☐ $+ $ ☐ $+ $ ☐ $) \times 2$

$= $ ☐ (cm^2)

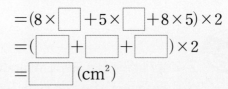

4-3 직육면체의 겉넓이는 몇 cm²인지 구하시오.

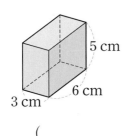

( )

4-4 오른쪽 정육면체의 겉넓이를 구하시오.

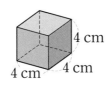

( )

4-5 가로가 7 cm, 세로가 6 cm이고 높이가 3 cm인 직육면체의 겉넓이는 몇 cm²입니까?

( )

4-6 나전 칠기는 고려가 송나라로 수출한 수출품으로 목제품에 옻칠을 하고 얇게 간 조개껍데기(자개)로 장식한 공예품입니다. 직육면체 모양 나전 칠기의 겉넓이는 몇 cm²입니까?

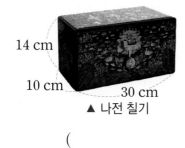
▲ 나전 칠기

( )

4-7 정육면체의 한 면이 오른쪽과 같을 때 이 정육면체의 겉넓이는 몇 cm²인지 풀이 과정을 쓰고 답을 구하시오.

풀이 _____

_____

답 _____

4-8 다음 전개도로 만들 수 있는 직육면체의 겉넓이를 구하시오.

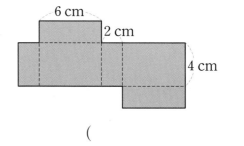

( )

4-9 오른쪽 직육면체의 전개도를 그리고 겉넓이를 구하시오.

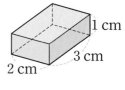

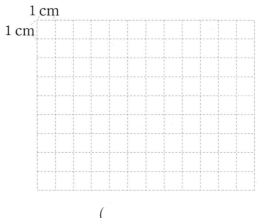

( )

3-2에서 100 cm＝1 m임을 이용하여 알맞은 부피 단위로 나타내어야 합니다.
• 정육면체는 여섯 면의 넓이가 모두 같으므로 (정육면체의 겉넓이)＝(한 면의 넓이)×6으로 구할 수 있습니다.

응용 1 만들 수 있는 가장 큰 정육면체의 부피 구하기

그림과 같은 직육면체 모양을 잘라서 정육면체 모양을 만들려고 합니다. ❶ 만들 수 있는 가장 큰 정육면체 모양의 / ❷ 부피는 몇 cm³입니까?

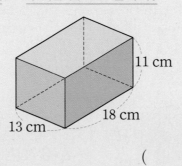

11 cm
18 cm
13 cm

(   )

해결의법칙 ❶ 가장 큰 정육면체를 만들려면 정육면체의 한 모서리의 길이를 몇 cm로 해야 하는지 구합니다.

❷ 만들 수 있는 가장 큰 정육면체의 부피를 구합니다.

 오른쪽 그림과 같은 직육면체 모양의 상자에 들어 갈 수 있는 가장 큰 정육면체의 부피는 몇 cm³입니까? (단, 상자의 두께는 생각하지 않습니다.)

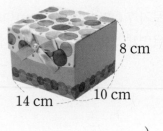

8 cm
14 cm   10 cm

(   )

예제 **1**-2 오른쪽 그림과 같은 직육면체 모양을 잘라서 정육면체 모양을 만들려고 합니다. 만들 수 있는 가장 큰 정육면체의 부피가 27 cm³일 때 □ 안에 알맞은 수를 구하시오.

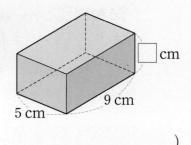

☐ cm
9 cm
5 cm

(   )

응용 2 **겉넓이를 이용하여 한 모서리의 길이 구하기**

❶ 직육면체의 겉넓이는 360 cm²입니다. / ❷ ☐ 안에 알맞은 수를 구하시오.

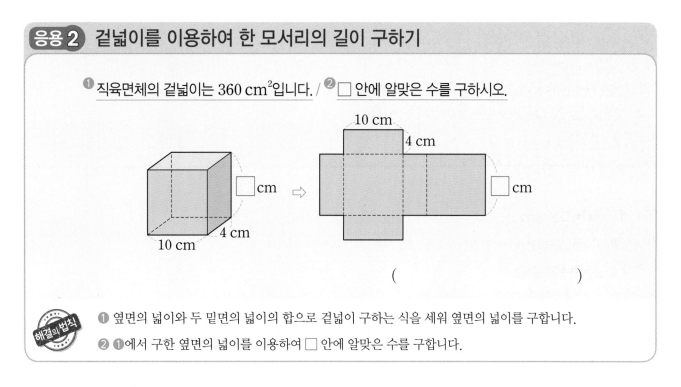

( )

해결의 법칙 ❶ 옆면의 넓이와 두 밑면의 넓이의 합으로 겉넓이 구하는 식을 세워 옆면의 넓이를 구합니다.

❷ ❶에서 구한 옆면의 넓이를 이용하여 ☐ 안에 알맞은 수를 구합니다.

예제 2-1 직육면체의 겉넓이는 478 cm²입니다. ☐ 안에 알맞은 수를 구하시오.

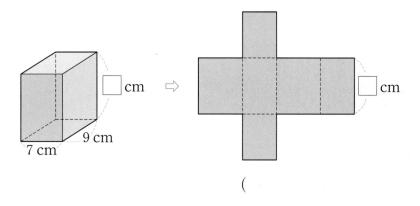

( )

예제 2-2 왼쪽 직육면체와 겉넓이가 같은 정육면체의 한 모서리의 길이는 몇 cm인지 구하시오.

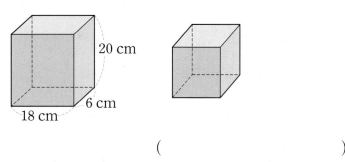

( )

6 직육면체의 부피와 겉넓이

응용 **3** 부피를 이용하여 한 모서리의 길이 구하기

오른쪽 **①** 직육면체의 부피는 9000000 cm³입니다. /
③ □ 안에 알맞은 수는 얼마인지 구하시오.

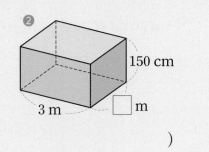

(   )

① 9000000 cm³는 몇 m³인지 구합니다.

② 150 cm는 몇 m인지 구합니다.

③ □ 안에 알맞은 수를 구합니다.

예제 **3 - 1**   오른쪽 직육면체의 부피는 35 m³입니다. 이 직육면
체의 가로는 몇 cm입니까?

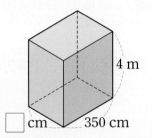

(   )

예제 **3 - 2**   직육면체 가와 정육면체 나의 부피는 같습니다. □ 안에 알맞은 수를 구하시오.

가   나

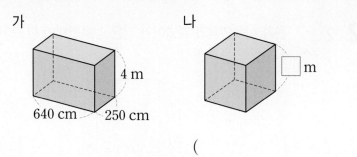

(   )

응용 4 직육면체의 부피를 이용하여 겉넓이 구하기

오른쪽 ❶ 직육면체의 부피는 150 cm³입니다. / ❷ 이 직육면체의 겉넓이는 몇 cm²인지 구하시오.

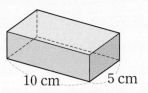

10 cm   5 cm

(   )

해결의 법칙

❶ 직육면체의 부피를 이용하여 높이를 구합니다.

❷ 높이를 이용하여 직육면체의 겉넓이를 구합니다.

예제 4-1 직육면체 모양인 같은 크기의 벽돌을 쌓아 만든 오른쪽 직육면체의 부피는 6000 cm³입니다. 이 직육면체의 겉넓이는 몇 cm²인지 구하시오.

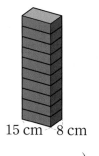

15 cm   8 cm

(   )

예제 4-2 겉넓이가 726 cm²인 정육면체 모양의 상자가 있습니다. 이 상자의 부피는 몇 cm³입니까?

(   )

6 겉넓이 직육면체의 부피와

응용 5 여러 가지 입체도형의 부피 구하기

오른쪽 ^③ <u>입체도형의 부피</u>는 몇 cm³인지 구하시오.

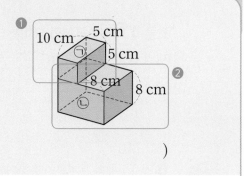

10 cm 5 cm 5 cm 8 cm 8 cm

(   )

해결의 법칙

❶ 입체도형을 2개의 직육면체로 나누어 직육면체 ㉠의 부피를 구합니다.

❷ 직육면체 ㉡의 부피를 구합니다.

❸ ㉠＋㉡으로 입체도형의 부피를 구합니다.

예제 5-1 창현이가 궁궐에서 품계석을 보고 그린 입체도형입니다. 이 입체도형의 부피는 몇 cm³입니까?

무관 품계석   문관 품계석

5 cm 4 cm 8 cm 5 cm 14 cm 10 cm

▲ 조선 시대에 벼슬의 높고 낮음에 따라 품
계를 돌에 새겨 나라의 중요 행사 때 자신
의 품계석 앞에 섰다.

(   )

예제 5-2 오른쪽 그림은 높이가 일정한 학교 건물을 위에
서 본 모양입니다. 건물의 높이가 3 m라고 할 때
건물의 부피는 몇 m³입니까? (단, 건물은 바닥과
수직입니다.)

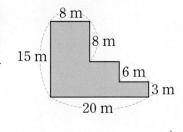

8 m 8 m 15 m 6 m 3 m 20 m

(   )

• 정답은 50쪽

응용 6 여러 가지 입체도형의 겉넓이 구하기

오른쪽 입체도형에서 ❶ 빗금친 면은 밑면이고 / ❷ 빗금친 면에 수직인 면은 옆면입니다. / ❸ 입체도형의 겉넓이는 몇 cm²인지 구하시오.

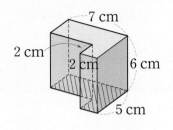

(   )

❶ 빗금친 면의 넓이를 구합니다.

❷ 빗금친 면에 수직인 모든 면의 넓이의 합을 구합니다.

❸ 입체도형의 겉넓이를 구합니다.

예제 6-1 오른쪽 입체도형의 겉넓이는 몇 cm²입니까?

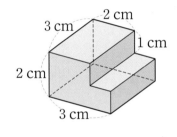

(   )

예제 6-2 오른쪽 입체도형의 겉넓이는 몇 cm²입니까?

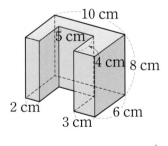

(   )

응용 7 물에 담긴 물건의 부피 구하기

오른쪽과 같은 **①** 물통에 물이 7 cm 높이만큼 들어 있었습니다. 이 물통에 돌 한 개를 물속에 완전히 잠기게 넣었더니 물의 높이가 9 cm가 되었습니다. / **③** 돌의 부피는 몇 cm³인지 구하시오. (단, 물통의 두께는 생각하지 않습니다.)

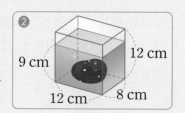

(   )

해결의 법칙 **①** 처음보다 높아진 물의 높이를 구합니다.

② 처음보다 높아진 물의 부피를 구합니다.

③ 높아진 물의 부피를 이용하여 돌의 부피를 구합니다.

예제 7-1 다음과 같은 물통에 물이 6 cm 높이만큼 들어 있습니다. 이 물통의 물속에 완전히 잠기게 주먹도끼를 넣으면 물의 높이는 9 cm가 됩니다. 주먹도끼의 부피는 몇 cm³인지 구하시오. (단, 물통의 두께는 생각하지 않습니다.)

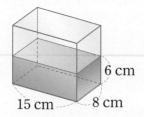

 주먹에 쥐고 사용하는 돌도끼로, 구석기 시대 사람들이 가장 즐겨 사용하였음.

▲ 주먹도끼

(   )

예제 7-2 오른쪽 그림과 같은 그릇에 물이 10 cm 높이만큼 들어 있습니다. 이 그릇에 부피가 1800 cm³인 돌을 물속에 완전히 잠기게 넣는다면 물의 높이는 몇 cm가 되겠습니까? (단, 물통의 두께는 생각하지 않습니다.)

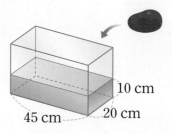

(   )

응용 8 부피가 일정할 때 만들 수 있는 직육면체 찾아보기

① 부피가 $1\,cm^3$인 쌓기나무 8개를 직육면체 모양으로 만들어 딱 맞게 포장하려고 합니다. / ② 포장지를 가장 적게 사용할 수 있는 직육면체의 겉넓이는 몇 cm^2인지 구하시오.

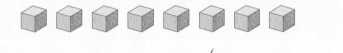

(   )

① 쌓기나무 8개로 만들 수 있는 직육면체의 경우를 모두 찾습니다.

② 각각의 경우에 직육면체의 겉넓이를 구하여 가장 작은 경우의 겉넓이를 찾습니다.

예제 **8** - 1   부피가 $1\,cm^3$인 쌓기나무 9개를 직육면체 모양으로 만들어 딱 맞게 포장하려고 합니다. 포장지를 가장 적게 사용할 수 있는 직육면체의 겉넓이는 몇 cm^2입니까?

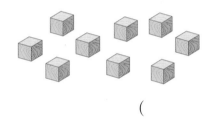

(   )

예제 **8** - 2   가로, 세로, 높이의 합이 $12\,cm$인 직육면체가 있습니다. 이 중 부피가 가장 큰 직육면체의 부피는 몇 cm^3입니까? (단, 모서리의 길이는 자연수입니다.)

(   )

부피를 이용하여 높이 구하기

01 오른쪽 직육면체의 부피가 216 cm³일 때
[유사] 높이는 몇 cm인지 구하시오.

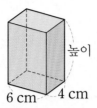

높이
6 cm 4 cm

(   )

쌓기나무로 만든 입체도형의 부피 구하기

02 한 개의 부피가 8 cm³인 쌓기나무로 다음과 같은 입체도
[유사] 형을 만들었습니다. 이 입체도형의 부피는 몇 cm³입니까?

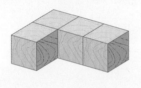

(   )

[서술형] **정육면체의 겉넓이 구하기**

03 한 면의 둘레가 16 cm인 정육면체 모양
[유사] 주사위의 겉넓이는 몇 cm²인지 풀이 과정
을 쓰고 답을 구하시오.

풀이

(   )

직육면체의 겉넓이와 부피 구하기

창의·융합

04 신라의 전성기에 진흥왕은 새
유사 로 차지한 영토를 돌아보면서
이를 기념하기 위해 비석을 세
웠습니다. 북한산 진흥왕 순수
비와 크기가 같은 직육면체의
겉넓이와 부피를 각각 구하시
오.　크기: 가로 69 cm,
세로 16 cm,
높이 154 cm

▲ 북한산 진흥왕 순수비

겉넓이 (　　　　　　　　　)

부피 (　　　　　　　　　)

직육면체의 부피 구하기

05 어떤 직육면체를 위와 앞에서 본 모양입니다. 이 직육면체
유사 의 부피는 몇 cm³입니까?
동영상

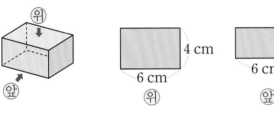

(　　　　　　　　　)

정육면체의 부피 구하기의 활용

06 윤주는 친구의 생일 선물을 포장하기 위해 정육면체 모양
유사 의 상자를 만들었다가 너무 작아서 각 모서리의 길이를 모
두 1.2배로 늘려서 다시 만들었습니다. 다시 만든 상자의
부피는 처음 상자의 부피의 몇 배입니까?

(　　　　　　　　　)

6

겉넓이
직육면체의 부피와

직육면체의 부피 구하기의 활용

07 뼈와 근육 모형을 만들어 팔을 굽혔을 때와 폈을 때 근육
의 모습을 관찰했습니다. 뼈와 근육 모형을 만드는 데 사
용한 직육면체 모양 상자 3개의 부피의 합은 모두 몇 cm^3
입니까?

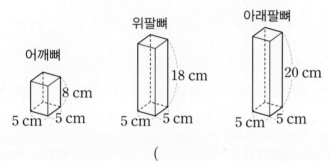

(   )

겉넓이를 이용하여 한 모서리의 길이 구하기

08 겉넓이가 $62 \, cm^2$인 직육면체의 전개도입니다. □ 안에 알
맞은 수를 써넣으시오.

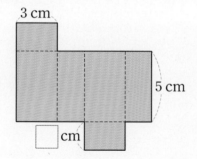

서술형 부피를 이용하여 겉넓이 구하기

09 정육면체 가와 직육면체 나의 부피가 같을 때 정육면체 가
의 겉넓이는 몇 cm^2인지 풀이 과정을 쓰고 답을 구하시오.

가 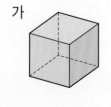   나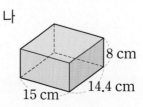

(   )

풀이

• 정답은 53쪽

유사 표시된 문제의 유사 문제가 제공됩니다.
동영상 표시된 문제의 동영상 특강을 볼 수 있어요.
QR 코드를 찍어 보세요.

직육면체의 겉넓이 구하기의 활용   창의·융합

10 각설탕은 공기와 닿는 부분이 많으면 습기가 차서 상하기 쉽다고 합니다. 한 모서리의 길이가 1 cm인 정육면체 모양의 각설탕 12개가 있습니다. 이현이와 백찬이 중 각설탕이 공기와 더 적게 닿도록 쌓은 사람은 누구입니까?

(   )

물에 담긴 물건의 부피 구하기

11 오른쪽 그림과 같은 통에 부피가 똑같은 고구마 4개를 넣고 물을 가득 채운 후, 고구마를 모두 꺼냈더니 물의 높이가 3 cm 낮아졌습니다. 고구마 1개의 부피는 몇 cm^3입니까? (단, 고구마를 꺼낼 때 물은 넘치지 않았습니다.)

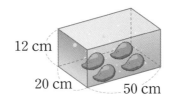

(   )

서술형 입체도형의 부피 구하기

12 다음과 같이 구멍이 뚫린 입체도형의 부피는 몇 m^3인지 풀이 과정을 쓰고 답을 구하시오.

풀이

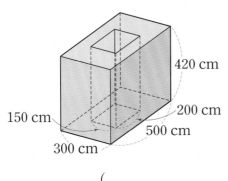

(   )

6 직육면체의 부피와 겉넓이

창의사고력

13 입체도형의 부피는 몇 cm³입니까?

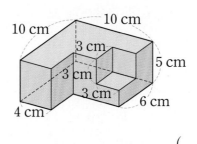

(   )

창의사고력

14 ▌보기▐는 쌓기나무로 만든 것의 위, 앞, 옆에서 본 모양을 나타낸 것입니다. ▌보기▐와 같은 방법으로 쌓기나무를 보았습니다.

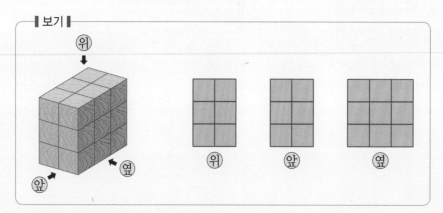

한 모서리의 길이가 2 cm인 정육면체 모양의 쌓기나무 10개를 쌓았을 때 앞, 옆에서 본 모양이 모두 오른쪽 그림과 같습니다. 쌓기나무로 만든 입체도형의 겉넓이는 몇 cm²입니까?

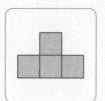

(   )

· 정답은 55쪽

01 부피가 1 cm³인 쌓기나무를 다음과 같이 쌓았습니다. 빈칸에 알맞은 수를 써넣으시오.

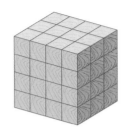

가로(cm)	세로(cm)	높이(cm)	부피(cm³)
4	3		

02 cm³와 m³의 관계가 <u>잘못된</u> 것은 어느 것입니까?
....( )

① 8 m³＝8000000 cm³

② 2000000 cm³＝2 m³

③ 2.7 m³＝2700000 cm³

④ 1800000 cm³＝18 m³

⑤ 30000000 cm³＝30 m³

03 정육면체의 겉넓이는 몇 cm²입니까?

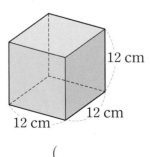

12 cm
12 cm
12 cm

( )

창의·융합

04 다음 직육면체 모양 수박의 겉넓이는 몇 cm²입니까?

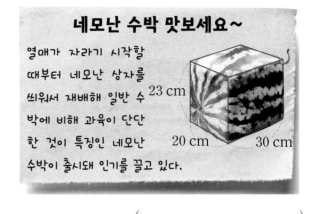

네모난 수박 맛보세요~

열매가 자라기 시작할 때부터 네모난 상자를 씌워서 재배해 일반 수박에 비해 과육이 단단한 것이 특징인 네모난 수박이 출시돼 인기를 끌고 있다.

23 cm
20 cm
30 cm

( )

05 전개도가 다음과 같은 직육면체의 겉넓이는 몇 cm²입니까?

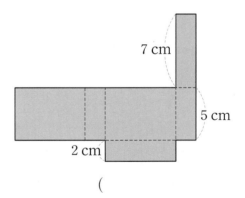

7 cm
5 cm
2 cm

( )

서술형

06 가로 7 cm, 세로 4 cm, 높이 6 cm인 직육면체의 부피는 몇 cm³인지 풀이 과정을 쓰고 답을 구하시오.

풀이 _____

_____

_____

답 _____

07 직육면체의 부피는 몇 cm³입니까?

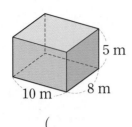

(　　　　　　　　　)

창의·융합

08 영양소 중 단백질은 에너지를 주고 우리 몸을 구성하며 면역 기능을 합니다. 단백질 식품인 직육면체 모양의 두부를 사서 된장국을 끓이려고 합니다. 두부의 부피는 몇 cm³입니까?

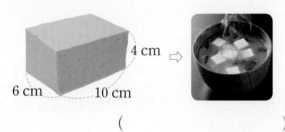

(　　　　　　　　　)

09 직육면체 모양의 상자 가와 나 중 어느 상자의 부피가 더 큽니까?

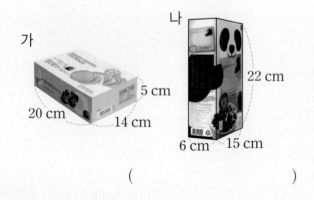

(　　　　　　　　　)

10 직육면체의 부피가 800 cm³일 때 □ 안에 알맞은 수를 써넣으시오.

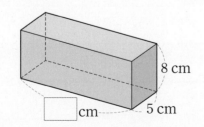

서술형

11 나 정육면체의 한 모서리의 길이는 가 정육면체의 한 모서리의 길이의 2배입니다. 나 정육면체의 부피는 가 정육면체의 부피의 몇 배인지 풀이 과정을 쓰고 답을 구하시오.

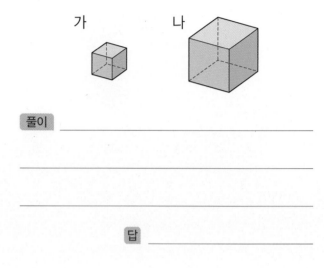

풀이 _____

_____

_____

답 _____

12 직육면체의 부피는 몇 m³입니까?

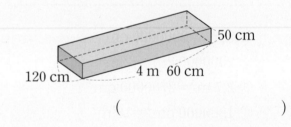

(　　　　　　　　　)

13 가로가 2 cm, 세로가 6 cm이고 높이가 1 cm인 직육면체 모양의 나무 블록을 한 층에 3개씩 7층으로 쌓아 직육면체를 만들었습니다. 이 직육면체의 부피는 몇 cm³입니까?

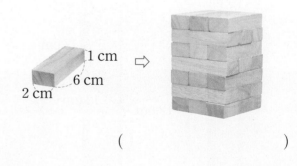

(　　　　　　　　　)

· 정답은 55쪽

14 가로가 20 cm, 세로가 8 cm인 직육면체 모양의 그릇에 물이 절반만큼 들어 있고, 이 그릇에 돌을 완전히 잠기게 넣었더니 물의 높이가 5 cm 높아졌습니다. 넣은 돌의 부피는 몇 cm³입니까? (단, 그릇의 두께는 생각하지 않습니다.)

(   )

15 부피가 8 cm³인 정육면체의 겉넓이는 몇 cm²인지 풀이 과정을 쓰고 답을 구하시오.

풀이 _____

_____

_____

_____

답 _____

16 크기가 같은 작은 정육면체 여러 개를 이용하여 그림과 같이 정육면체 모양으로 쌓은 것입니다. 쌓은 정육면체 모양의 부피가 729 cm³일 때 작은 정육면체 한 개의 한 모서리의 길이는 몇 cm입니까?

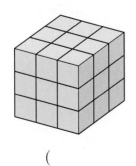

(   )

17 부피가 64000000 cm³인 정육면체 모양의 수족관의 한 모서리의 길이는 몇 m입니까?

(   )

18 겉넓이가 384 cm²인 정육면체의 부피는 몇 cm³인지 구하시오.

(   )

19 오른쪽 직육면체의 겉넓이는 192 cm²입니다. 직육면체의 높이는 몇 cm입니까?

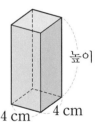

높이

4 cm   4 cm

(   )

20 한 모서리의 길이가 2 cm인 정육면체 모양의 쌓기나무 6개를 쌓아 직육면체를 만들려고 합니다. 만들 수 있는 직육면체 중 겉넓이가 가장 좁은 직육면체의 겉넓이를 구하시오.

(   )

빙산이 다 녹으면 어떻게 될까?

남극과 북극 하면 가장 먼저 어떤 것이 떠오르나요? 아마도 하얗고 큰 빙산일 것입니다.

남극과 북극의 빙산들은 바닷물 속에 떠 있습니다.

산의 기온이 낮아지면 산 위에 쌓여 있던 눈이 얼어 붙어 얼음 덩어리가 됩니다.

시간이 흐르면서 얼음 덩어리의 높이는 계속 높아지게 됩니다.

얼음 덩어리가 무거워지면 그 무게로 인해 비탈면을 흘러내려와 강물처럼 흐르는 것을 빙하라고 해요.

빙하에서 떨어져 나와 호수나 바다에 흘러다니는 얼음 덩어리가 빙산입니다.

그런데 지구에 있는 빙산들이 모두 녹으면 어떻게 될까요?

지구에 있는 얼음 중에서 90 %는 남극에 있습니다. 나머지는 그린란드나 북극에 있습니다.

이 빙산과 빙하가 모두 녹아 바다로 흘러들어간다면 어떤 일이 벌어질까요?

아마 바다의 수면이 50 m ~ 60 m 정도가 높아질 것입니다.

그렇다면 우리가 살고 있는 땅의 많은 부분이 모두 바다에 잠기게 될 것입니다.

水　漁　之　交

물　　물고기　　갈　　사귈

수　　어　　지　　교

물고기에게 물은 정말 소중한 존재이지요.
수어지교란 물고기와 물의 관계처럼,
아주 친밀하여 떨어질 수 없는 사이
또는 깊은 우정을 일컫는 말이랍니다.

모든 응용을
다 푸는
해결의 법칙

응용 해결의 법칙

꼼꼼
풀이집

천재교육

꼼꼼 풀이집

6-1

5~6학년군 수학③

1 분수의 나눗셈

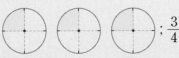 기본 유형 익히기

14 ~ 17쪽

1-1 (예) ○○○ ; $\dfrac{3}{4}$

1-2 (1) $\dfrac{1}{8}$ (2) $\dfrac{5}{12}$ **1-3** $\dfrac{1}{7}$ kg

1-4 병 나

2-1 (1) $\dfrac{8}{5}\left(=1\dfrac{3}{5}\right)$ (2) $\dfrac{13}{2}\left(=6\dfrac{1}{2}\right)$

2-2 ╳ **2-3** >

2-4 $\dfrac{9}{7}$ L $\left(=1\dfrac{2}{7}$ L$\right)$

3-1 (1) $\dfrac{3}{10}$ (2) $\dfrac{5}{42}$

3-2 $\dfrac{8}{65}$

3-3 (예) $\dfrac{7}{9}\div3=\dfrac{21}{27}\div3=\dfrac{21\div3}{27}=\dfrac{7}{27}$이야.

3-4 $\dfrac{3}{25}$ m

4-1 ╳

4-2 (1) $\dfrac{1}{18}$ (2) $\dfrac{9}{32}$

4-3 (위부터) $\dfrac{8}{44}\left(=\dfrac{2}{11}\right)$, $\dfrac{8}{77}$

4-4 $\dfrac{1}{6}$ **4-5** $\dfrac{7}{8}$, $\dfrac{11}{24}$

4-6 $\dfrac{1}{4}\div4$에 ○표

4-7 $\dfrac{3}{8}\div5=\dfrac{3}{40}$; $\dfrac{3}{40}$ kg

5-1 (1) $\dfrac{13}{18}$ (2) $\dfrac{5}{7}\left(=\dfrac{30}{42}\right)$

5-2 (방법 1) (예) $3\dfrac{1}{3}\div5=\dfrac{10}{3}\div5=\dfrac{10\div5}{3}=\dfrac{2}{3}$

(방법 2) (예) $3\dfrac{1}{3}\div5=\dfrac{10}{3}\div5=\dfrac{10}{3}\times\dfrac{1}{5}$

$=\dfrac{10}{15}\left(=\dfrac{2}{3}\right)$

5-3 (예) $1\dfrac{8}{9}\div4=\dfrac{17}{9}\div4=\dfrac{17}{9}\times\dfrac{1}{4}=\dfrac{17}{36}$

5-4 ㉡ **5-5** 1, 2, 3, 4, 5, 6

5-6 $\dfrac{44}{21}$ m $\left(=2\dfrac{2}{21}$ m$\right)$

1-1 $3\div4$는 $\dfrac{1}{4}$이 3개이므로 $\dfrac{3}{4}$입니다.

1-2 (생각 열기) 나누어지는 수는 분자, 나누는 수는 분모로 하여 분수로 나타냅니다.

(1) $1\div8=\dfrac{1}{8}$ (2) $5\div12=\dfrac{5}{12}$

1-3 (한 덩이의 무게)=(전체의 무게)÷(덩이 수)

$=1\div7=\dfrac{1}{7}$ (kg)

1-4 (해법 순서)
① 병 가에 들어 있는 물의 양을 구합니다.
② 병 나에 들어 있는 물의 양을 구합니다.
③ ①과 ②의 물의 양을 비교합니다.

(병 가에 들어 있는 물의 양)$=1\div2=\dfrac{1}{2}$ (L)

(병 나에 들어 있는 물의 양)$=2\div3=\dfrac{2}{3}$ (L)

⇨ $\dfrac{1}{2}<\dfrac{2}{3}$이므로 **병 나**에 물이 더 많습니다.

2-1 (생각 열기) 나누어지는 수는 분자, 나누는 수는 분모로 하여 분수로 나타냅니다.

(1) $8\div5=\dfrac{8}{5}\left(=1\dfrac{3}{5}\right)$

(2) $13\div2=\dfrac{13}{2}\left(=6\dfrac{1}{2}\right)$

2-2 $11\div3=\dfrac{11}{3}$, $20\div9=\dfrac{20}{9}$, $17\div6=\dfrac{17}{6}$

2-3 $19\div5=\dfrac{19}{5}$, $25\div8=\dfrac{25}{8}$

⇨ $\dfrac{19}{5}\left(=\dfrac{152}{40}\right)>\dfrac{25}{8}\left(=\dfrac{125}{40}\right)$

2-4 (해법 순서)
① 전체 우유의 양을 구합니다.
② 하루에 마셔야 할 우유의 양을 구합니다.

(전체 우유의 양)$=\dfrac{9}{5}\times\overset{1}{\underset{1}{5}}=9$ (L)

⇨ (하루에 마셔야 할 우유의 양)

$=9\div7=\dfrac{9}{7}$ (L)$=1\dfrac{2}{7}$ (L)

3-1 (1) $\dfrac{9}{10}\div3=\dfrac{9\div3}{10}=\dfrac{3}{10}$

(2) $\dfrac{5}{7}\div6=\dfrac{30}{42}\div6=\dfrac{30\div6}{42}=\dfrac{5}{42}$

3-2 $\dfrac{8}{13} \div 5 = \dfrac{40}{65} \div 5 = \dfrac{40 \div 5}{65} = \dfrac{8}{65}$

3-3 서술형 가이드 $\dfrac{7}{9} \div 3$을 바르게 계산하는 과정이 들어 있어야 합니다.

채점 기준	
상	$\dfrac{7}{9} \div 3$을 바르게 계산함.
중	$\dfrac{7}{9} \div 3$을 계산했으나 미흡함.
하	$\dfrac{7}{9} \div 3$을 계산하지 못함.

3-4 생각 열기 정사각형은 네 변의 길이가 모두 같습니다.

(정사각형의 한 변의 길이)

$= \dfrac{12}{25} \div 4 = \dfrac{12 \div 4}{25} = \dfrac{3}{25}$ (m)

참고
(정사각형의 둘레) = (한 변의 길이) × 4
➡ (한 변의 길이) = (정사각형의 둘레) ÷ 4

4-1 생각 열기 (분수) ÷ (자연수)를 분수의 곱셈으로 나타내어 계산할 때에는 ÷(자연수)를 $\times \dfrac{1}{(\text{자연수})}$로 바꾸어 계산합니다.

• $\dfrac{3}{4} \div 5 = \dfrac{3}{4} \times \dfrac{1}{5}$

• $\dfrac{3}{5} \div 4 = \dfrac{3}{5} \times \dfrac{1}{4}$

• $\dfrac{4}{3} \div 5 = \dfrac{4}{3} \times \dfrac{1}{5}$

4-2 (1) $\dfrac{1}{2} \div 9 = \dfrac{1}{2} \times \dfrac{1}{9} = \dfrac{1}{18}$

(2) $\dfrac{9}{4} \div 8 = \dfrac{9}{4} \times \dfrac{1}{8} = \dfrac{9}{32}$

4-3 생각 열기 화살표 방향을 따라 계산합니다.

$\dfrac{8}{11} \div 4 = \dfrac{8}{11} \times \dfrac{1}{4} = \dfrac{8}{44} \left(= \dfrac{2}{11} \right)$

$\dfrac{8}{11} \div 7 = \dfrac{8}{11} \times \dfrac{1}{7} = \dfrac{8}{77}$

4-4 $\square \times 2 = \dfrac{1}{3}$ ➡ $\square = \dfrac{1}{3} \div 2 = \dfrac{1}{3} \times \dfrac{1}{2} = \dfrac{1}{6}$

참고
곱셈과 나눗셈의 관계

4-5 생각 열기 화살표 방향을 따라 계산합니다.

$\dfrac{7}{2} \div 4 = \dfrac{7}{2} \times \dfrac{1}{4} = \dfrac{7}{8}$

$\dfrac{11}{6} \div 4 = \dfrac{11}{6} \times \dfrac{1}{4} = \dfrac{11}{24}$

4-6 • $\dfrac{5}{12} \div 5 = \dfrac{5}{12} \times \dfrac{1}{5} = \dfrac{5}{60} \left(= \dfrac{1}{12} \right)$

• $\dfrac{1}{6} \div 2 = \dfrac{1}{6} \times \dfrac{1}{2} = \dfrac{1}{12}$

• $\dfrac{1}{4} \div 4 = \dfrac{1}{4} \times \dfrac{1}{4} = \dfrac{1}{16}$

➡ 계산 결과가 다른 하나는 $\dfrac{1}{4} \div 4$입니다.

4-7 서술형 가이드 문제에 알맞은 나눗셈식을 쓰고 답을 구해야 합니다.

채점 기준	
상	식 $\dfrac{3}{8} \div 5 = \dfrac{3}{40}$을 쓰고 답을 바르게 구함.
중	식 $\dfrac{3}{8} \div 5$만 씀.
하	식과 답을 모두 쓰지 못함.

5-1 생각 열기 (대분수) ÷ (자연수)는 (가분수) ÷ (자연수)로 나타내어 계산합니다.

(1) $2\dfrac{1}{6} \div 3 = \dfrac{13}{6} \div 3 = \dfrac{13}{6} \times \dfrac{1}{3} = \dfrac{13}{18}$

(2) $4\dfrac{2}{7} \div 6 = \dfrac{30}{7} \div 6 = \dfrac{30 \div 6}{7} = \dfrac{5}{7}$

또는 $4\dfrac{2}{7} \div 6 = \dfrac{30}{7} \div 6 = \dfrac{30}{7} \times \dfrac{1}{6} = \dfrac{30}{42}$

5-2 방법 1 대분수를 가분수로 나타낸 후 분자를 자연수로 나누어 계산합니다.

방법 2 대분수를 가분수로 나타낸 후 분수의 곱셈으로 나타내어 계산합니다.

서술형 가이드 $3\dfrac{1}{3} \div 5$를 두 가지 방법으로 계산하는 과정이 들어 있어야 합니다.

채점 기준	
상	$3\dfrac{1}{3} \div 5$를 두 가지 방법으로 바르게 계산함.
중	$3\dfrac{1}{3} \div 5$를 한 가지 방법으로만 바르게 계산함.
하	$3\dfrac{1}{3} \div 5$를 계산하지 못함.

5-3 대분수를 가분수로 바꾸지 않고 계산했습니다.

5-4 ㉠ $5\frac{1}{4} \div 7 = \frac{21}{4} \div 7 = \frac{21 \div 7}{4} = \frac{3}{4}$

ㄴ $6\frac{2}{5} \div 8 = \frac{32}{5} \div 8 = \frac{32 \div 8}{5} = \frac{4}{5}$

⇨ $\frac{3}{4} < \frac{4}{5}$이므로 계산 결과가 더 큰 것은 ㄴ입니다.

> **참고**
> 분자가 분모보다 1 작은 진분수는 분모가 클수록 큰 분수입니다.
> ⇨ $\frac{1}{2} < \frac{2}{3} < \frac{3}{4} < \frac{4}{5} < \frac{5}{6}$ ……

5-5 $2\frac{1}{3} \div 3 = \frac{7}{3} \div 3 = \frac{7}{3} \times \frac{1}{3} = \frac{7}{9}$

⇨ $\frac{\square}{9} < \frac{7}{9}$에서 $\square < 7$이므로 $\square$ 안에 들어갈 수 있는

자연수는 **1, 2, 3, 4, 5, 6**입니다.

5-6 **생각 열기** (직사각형의 넓이)=(가로)×(세로)

⇨ (세로)=(직사각형의 넓이)÷(가로)

(세로)$= 6\frac{2}{7} \div 3 = \frac{44}{7} \div 3 = \frac{44}{7} \times \frac{1}{3}$

$= \frac{44}{21}$ (m) $= 2\frac{2}{21}$ (m)

STEP 2 응용 유형 익히기   18 ~ 25쪽

응용 1 혜승

예제 1-1 유라

예제 1-2 $\frac{21}{8}$ cm $\left(=2\frac{5}{8}$ cm$\right)$

응용 2 $\frac{9}{70}$

예제 2-1 $\frac{1}{36}$ **예제 2-2** $\frac{17}{42}$, $\frac{16}{21}$

응용 3 $\frac{6}{7}$

예제 3-1 $\frac{4}{9}$ **예제 3-2** $\frac{11}{8}\left(=1\frac{3}{8}\right)$

예제 3-3 $\frac{24}{5}\left(=4\frac{4}{5}\right)$

응용 4 $\frac{21}{5}$ cm² $\left(=4\frac{1}{5}$ cm²$\right)$

예제 4-1 $\frac{36}{7}$ cm² $\left(=5\frac{1}{7}$ cm²$\right)$

예제 4-2 $\frac{43}{3}$ cm² $\left(=14\frac{1}{3}$ cm²$\right)$

응용 5 $\frac{15}{2}$ km $\left(=7\frac{1}{2}$ km$\right)$

예제 5-1 $\frac{360}{7}$ km $\left(=51\frac{3}{7}$ km$\right)$

예제 5-2 1시간 15분

응용 6 $\frac{158}{15}$ cm $\left(=10\frac{8}{15}$ cm$\right)$

예제 6-1 $\frac{99}{7}$ cm $\left(=14\frac{1}{7}$ cm$\right)$

예제 6-2 $\frac{5}{6}$ cm

응용 7 $\frac{3}{7}$, 8 $\left($ 또는 $\frac{3}{8}$, 7 $\right)$; $\frac{3}{56}$

예제 7-1 $\frac{2}{5}$, 9 $\left($ 또는 $\frac{2}{9}$, 5 $\right)$; $\frac{2}{45}$

예제 7-2 $\frac{8}{5}$, 6 $\left($ 또는 $\frac{8}{6}$, 5 $\right)$; $\frac{8}{30}\left(=\frac{4}{15}\right)$

응용 8 $\frac{71}{72}$ kg

예제 8-1 $\frac{1}{18}$ kg

예제 8-2 $\frac{27}{100}$ kg

응용 1 (1) (재민이가 만든 정오각형의 한 변의 길이)

$= 3 \div 5 = \frac{3}{5}$ (m)

(2) (혜승이가 만든 정육각형의 한 변의 길이)

$= 5 \div 6 = \frac{5}{6}$ (m)

(3) $\frac{3}{5}\left(=\frac{18}{30}\right) < \frac{5}{6}\left(=\frac{25}{30}\right)$이므로

혜승이가 만든 도형의 한 변의 길이가 더 깁니다.

예제 1-1 **해법 순서**

① 유라가 만든 정삼각형의 한 변의 길이를 구합니다.
② 나래가 만든 정사각형의 한 변의 길이를 구합니다.
③ ①과 ②의 길이를 비교합니다.

(유라가 만든 정삼각형의 한 변의 길이)

$= 7 \div 3 = \frac{7}{3} = 2\frac{1}{3}$ (m)

(나래가 만든 정사각형의 한 변의 길이)

$= 9 \div 4 = \frac{9}{4} = 2\frac{1}{4}$ (m)

⇨ $2\frac{1}{3} > 2\frac{1}{4}$이므로 **유라**가 만든 도형의 한 변의 길이가 더 깁니다.

예제 1-2 해법 순서

① 정칠각형의 둘레를 구합니다.

② 정팔각형의 한 변의 길이를 구합니다.

(정칠각형의 둘레)$=3 \times 7 = 21$ (cm)

정팔각형의 둘레도 21 cm이므로

(정팔각형의 한 변의 길이)

$$= 21 \div 8 = \frac{21}{8} \text{ (cm)} = 2\frac{5}{8} \text{ (cm)}$$

참고

(정다각형의 둘레)=(한 변의 길이)×(변의 수)

⇨ (한 변의 길이)=(정다각형의 둘레)÷(변의 수)

응용 2

(1) $\dfrac{5}{7} - \dfrac{1}{5} = \dfrac{25}{35} - \dfrac{7}{35} = \dfrac{18}{35}$

(2) $\dfrac{18}{35} \div 4 = \dfrac{18}{35} \times \dfrac{1}{4} = \dfrac{18}{140} = \dfrac{9}{70}$

예제 2-1 해법 순서

① $\dfrac{3}{4}$과 $\dfrac{8}{9}$ 사이의 길이를 구합니다.

② 눈금 한 칸의 길이를 구합니다.

$\dfrac{3}{4}$과 $\dfrac{8}{9}$ 사이의 길이는

$\dfrac{8}{9} - \dfrac{3}{4} = \dfrac{32}{36} - \dfrac{27}{36} = \dfrac{5}{36}$입니다.

⇨ (눈금 한 칸의 길이)

$$= \dfrac{5}{36} \div 5 = \dfrac{5 \div 5}{36} = \dfrac{1}{36}$$

예제 2-2 해법 순서

① $\dfrac{1}{3}$과 $\dfrac{5}{6}$ 사이의 길이를 구합니다.

② 눈금 한 칸의 길이를 구합니다.

③ ㉠과 ㉡에 알맞은 수를 각각 구합니다.

$\dfrac{1}{3}$과 $\dfrac{5}{6}$ 사이의 길이는

$\dfrac{5}{6} - \dfrac{1}{3} = \dfrac{5}{6} - \dfrac{2}{6} = \dfrac{3}{6} = \dfrac{1}{2}$입니다.

(눈금 한 칸의 길이)

$$= \dfrac{1}{2} \div 7 = \dfrac{1}{2} \times \dfrac{1}{7} = \dfrac{1}{14}$$

⇨ ㉠$= \dfrac{1}{3} + \dfrac{1}{14} = \dfrac{14}{42} + \dfrac{3}{42} = \dfrac{17}{42}$

㉡$= \dfrac{5}{6} - \dfrac{1}{14} = \dfrac{35}{42} - \dfrac{3}{42} = \dfrac{32}{42} = \dfrac{16}{21}$

응용 3

(1) 어떤 자연수를 □라 하면 잘못 계산한 식은 □$\times 7 = 42$입니다.

(2) □$= 42 \div 7 = 6$

(3) $6 \div 7 = \dfrac{6}{7}$

예제 3-1 어떤 자연수를 □라 하면 잘못 계산한 식은 □$\times 9 = 36$입니다. ⇨ □$= 36 \div 9 = 4$

따라서 바르게 계산하면 $4 \div 9 = \dfrac{4}{9}$입니다.

예제 3-2 어떤 자연수를 □라 하면 잘못 계산한 식은 $11 \times$□$= 88$입니다. ⇨ □$= 88 \div 11 = 8$

따라서 바르게 계산하면 $11 \div 8 = \dfrac{11}{8} \left(= 1\dfrac{3}{8} \right)$입니다.

예제 3-3 어떤 자연수를 □라 하면 잘못 계산한 식은 □$\div 2 = 12$입니다. ⇨ □$= 12 \times 2 = 24$

따라서 바르게 계산하면 $24 \div 5 = \dfrac{24}{5} \left(= 4\dfrac{4}{5} \right)$입니다.

응용 4

(1) (한 칸의 넓이)$= 8\dfrac{2}{5} \div 4 = \dfrac{42}{5} \div 4$

$$= \dfrac{42}{5} \times \dfrac{1}{4} = \dfrac{42}{20} = \dfrac{21}{10} \text{ (cm}^2)$$

(2) (색칠한 부분의 넓이)

$$= \dfrac{21}{\underset{5}{10}} \times \overset{1}{2} = \dfrac{21}{5} \text{ (cm}^2) = 4\dfrac{1}{5} \text{ (cm}^2)$$

참고

(색칠한 부분의 넓이)=(한 칸의 넓이)×(칸의 수)

예제 4-1 해법 순서

① 한 칸의 넓이를 구합니다.

② 색칠한 부분의 넓이를 구합니다.

(한 칸의 넓이)$= 10\dfrac{2}{7} \div 6 = \dfrac{72}{7} \div 6$

$$= \dfrac{72 \div 6}{7} = \dfrac{12}{7} \text{ (cm}^2)$$

⇨ (색칠한 부분의 넓이)

$$= \dfrac{12}{7} \times 3 = \dfrac{36}{7} \text{ (cm}^2) = 5\dfrac{1}{7} \text{ (cm}^2)$$

예제 4-2 해법 순서

① 직사각형의 넓이를 구합니다.

② 한 칸의 넓이를 구합니다.

③ 색칠한 부분의 넓이를 구합니다.

(직사각형의 넓이)$= 7\dfrac{1}{6} \times 3 = \dfrac{43}{\underset{2}{6}} \times \overset{1}{3} = \dfrac{43}{2} \text{ (cm}^2)$

(한 칸의 넓이)$= \dfrac{43}{2} \div 12 = \dfrac{43}{2} \times \dfrac{1}{12} = \dfrac{43}{24} \text{ (cm}^2)$

⇨ (색칠한 부분의 넓이)

$$= \dfrac{43}{\underset{3}{24}} \times \overset{1}{8} = \dfrac{43}{3} \text{ (cm}^2) = 14\dfrac{1}{3} \text{ (cm}^2)$$

응용 5

(1) (1분 동안 갈 수 있는 거리)

$$=5\frac{1}{4}\div 7=\frac{21}{4}\div 7=\frac{21\div 7}{4}=\frac{3}{4}\ (km)$$

(2) (10분 동안 갈 수 있는 거리)

$$=\frac{3}{\underset{2}{4}}\times \overset{5}{10}=\frac{15}{2}\ (km)=7\frac{1}{2}\ (km)$$

예제 5-1 해법 순서

① 1분 동안 달리는 거리를 구합니다.

② 1시간은 몇 분인지 알아봅니다.

③ 1시간 동안 달릴 수 있는 거리를 구합니다.

(1분 동안 달리는 거리)

$$=4\frac{2}{7}\div 5=\frac{30}{7}\div 5=\frac{30\div 5}{7}=\frac{6}{7}\ (km)$$

1시간=60분이므로

(1시간 동안 달릴 수 있는 거리)

$$=\frac{6}{7}\times 60=\frac{360}{7}\ (km)=51\frac{3}{7}\ (km)$$입니다.

예제 5-2 해법 순서

① 아빠가 간 거리를 구합니다.

② 석기가 걸리는 시간을 구합니다.

③ ②에서 분수로 나타낸 시간을 몇 시간 몇 분으로 나타냅니다.

(아빠가 간 거리)$=4\frac{3}{8}\times 2=\frac{35}{\underset{4}{8}}\times \overset{1}{2}=\frac{35}{4}\ (km)$

(석기가 걸리는 시간)

$$=\frac{35}{4}\div 7=\frac{35\div 7}{4}=\frac{5}{4}=1\frac{1}{4}(시간)$$

$\Rightarrow 1\frac{1}{4}시간=1\frac{15}{60}시간=$**1시간 15분**

> **참고**
>
> 1시간=60분이므로 $\frac{\blacksquare}{60}$시간=$\blacksquare$분입니다.

응용 6

(1) (색 테이프 3장의 길이의 합)

$$=30+\frac{4}{5}+\frac{4}{5}=30\frac{4}{5}+\frac{4}{5}=31\frac{3}{5}\ (cm)$$

(2) (색 테이프 한 장의 길이)

$$=31\frac{3}{5}\div 3=\frac{158}{5}\div 3=\frac{158}{5}\times \frac{1}{3}$$

$$=\frac{158}{15}\ (cm)=10\frac{8}{15}\ (cm)$$

> **주의**
>
> 색 테이프 3장의 길이의 합을 $\left(30-\frac{4}{5}-\frac{4}{5}\right)cm$ 라고 구하지 않도록 주의합니다.

예제 6-1 해법 순서

① 색 테이프 3장의 길이의 합을 구합니다.

② 색 테이프 한 장의 길이를 구합니다.

(색 테이프 3장의 길이의 합)

$$=41+\frac{5}{7}+\frac{5}{7}=41\frac{5}{7}+\frac{5}{7}=42\frac{3}{7}\ (cm)$$

$\Rightarrow$ (색 테이프 한 장의 길이)

$$=42\frac{3}{7}\div 3=\frac{297}{7}\div 3=\frac{297\div 3}{7}$$

$$=\frac{99}{7}\ (cm)=14\frac{1}{7}\ (cm)$$

예제 6-2 해법 순서

① 색 테이프 4장의 길이의 합을 구합니다.

② 겹쳐진 부분의 길이의 합을 구합니다.

③ 겹쳐진 한 부분의 길이를 구합니다.

(색 테이프 4장의 길이의 합)

$$=12\frac{3}{4}\times 4=\frac{51}{\underset{1}{4}}\times \overset{1}{4}=51\ (cm)$$

(겹쳐진 부분의 길이의 합)

$$=51-48\frac{1}{2}=2\frac{1}{2}\ (cm)$$

겹쳐진 부분은 3군데이므로

$2\frac{1}{2}\div 3=\frac{5}{2}\div 3=\frac{5}{2}\times \frac{1}{3}=\frac{5}{6}\ (cm)$씩 겹치게

이어 붙였습니다.

응용 7

(1) $\dfrac{\triangle}{\bullet}\div \blacksquare=\dfrac{\triangle}{\bullet}\times \dfrac{1}{\blacksquare}=\dfrac{\triangle}{\bullet\times \blacksquare}$

(2) $\dfrac{\triangle}{\bullet\times \blacksquare}$가 가장 작으려면 분자에 가장 작은 수를 놓아야 합니다.

$\Rightarrow \dfrac{3}{7}\div 8=\dfrac{3}{7}\times \dfrac{1}{8}=\dfrac{3}{56}$

또는 $\dfrac{3}{8}\div 7=\dfrac{3}{8}\times \dfrac{1}{7}=\dfrac{3}{56}$

예제 7-1 해법 순서

① 주어진 분수의 나눗셈을 분수의 곱셈으로 나타내어 봅니다.

② 계산 결과가 가장 작을 때 □ 안에 들어갈 수를 알아보고 계산합니다.

$\dfrac{\triangle}{\bullet}\div \blacksquare=\dfrac{\triangle}{\bullet}\times \dfrac{1}{\blacksquare}=\dfrac{\triangle}{\bullet\times \blacksquare}$에서 $\dfrac{\triangle}{\bullet\times \blacksquare}$가 가장

작으려면 분자에 가장 작은 수 2를 놓아야 합니다.

$\Rightarrow \dfrac{2}{5}\div 9=\dfrac{2}{5}\times \dfrac{1}{9}=\dfrac{2}{45}$

또는 $\dfrac{2}{9}\div 5=\dfrac{2}{9}\times \dfrac{1}{5}=\dfrac{2}{45}$

예제 **7-2** 해법 순서

① 주어진 분수의 나눗셈을 분수의 곱셈으로 나타내어 봅니다.
② 계산 결과가 가장 클 때 □ 안에 들어갈 수를 알아보고 계산합니다.

$\dfrac{\triangle}{\bullet} \div \blacksquare = \dfrac{\triangle}{\bullet} \times \dfrac{1}{\blacksquare} = \dfrac{\triangle}{\bullet \times \blacksquare}$ 에서 $\dfrac{\triangle}{\bullet \times \blacksquare}$ 가 가장 크려면 분자에 가장 큰 수 8을 놓아야 합니다.

$\Rightarrow \dfrac{8}{5} \div 6 = \dfrac{8}{5} \times \dfrac{1}{6} = \dfrac{8}{30}\left(=\dfrac{4}{15}\right)$

또는 $\dfrac{8}{6} \div 5 = \dfrac{8}{6} \times \dfrac{1}{5} = \dfrac{8}{30}\left(=\dfrac{4}{15}\right)$

응용 **8**
(1) (인형 한 상자의 무게)=(인형 6상자의 무게)÷6

$= 19\dfrac{1}{4} \div 6 = \dfrac{77}{4} \div 6$

$= \dfrac{77}{4} \times \dfrac{1}{6} = \dfrac{77}{24}$ (kg)

(2) (인형 3개의 무게)
= (인형 한 상자의 무게)−(빈 상자의 무게)

$= \dfrac{77}{24} - \dfrac{1}{4} = \dfrac{77}{24} - \dfrac{6}{24} = \dfrac{71}{24}$ (kg)

(3) (인형 한 개의 무게)=(인형 3개의 무게)÷3

$= \dfrac{71}{24} \div 3$

$= \dfrac{71}{24} \times \dfrac{1}{3} = \dfrac{71}{72}$ (kg)

예제 **8-1** 해법 순서

① 비누 한 상자의 무게를 구합니다.
② 비누 21개의 무게를 구합니다.
③ 비누 한 개의 무게를 구합니다.
(비누 한 상자의 무게)=(비누 4상자의 무게)÷4

$= 5\dfrac{1}{6} \div 4 = \dfrac{31}{6} \div 4$

$= \dfrac{31}{6} \times \dfrac{1}{4} = \dfrac{31}{24}$ (kg)

(비누 21개의 무게)
= (비누 한 상자의 무게)−(빈 상자의 무게)

$= \dfrac{31}{24} - \dfrac{1}{8} = \dfrac{31}{24} - \dfrac{3}{24} = \dfrac{28}{24} = \dfrac{7}{6}$ (kg)

$\Rightarrow$ (비누 한 개의 무게)=(비누 21개의 무게)÷21

$= \dfrac{7}{6} \div 21 = \dfrac{7}{6} \times \dfrac{1}{21}$

$= \dfrac{7}{126} = \dfrac{1}{18}$ (kg)

예제 **8-2** 해법 순서

① 사과 한 개와 배 한 개의 무게를 구합니다.
② ①에서 구한 두 무게의 차를 구합니다.

(사과 한 개의 무게)

$= \left(3\dfrac{37}{50} - \dfrac{1}{2}\right) \div 12 = \left(3\dfrac{37}{50} - \dfrac{25}{50}\right) \div 12$

$= 3\dfrac{6}{25} \div 12 = \dfrac{81}{25} \div 12 = \dfrac{81}{25} \times \dfrac{1}{12}$

$= \dfrac{81}{300} = \dfrac{27}{100}$ (kg)

(배 한 개의 무게)

$= \left(5\dfrac{9}{25} - \dfrac{1}{2}\right) \div 9 = \left(5\dfrac{18}{50} - \dfrac{25}{50}\right) \div 9$

$= 4\dfrac{43}{50} \div 9 = \dfrac{243}{50} \div 9 = \dfrac{243 \div 9}{50} = \dfrac{27}{50}$ (kg)

$\Rightarrow \dfrac{27}{50} - \dfrac{27}{100} = \dfrac{54}{100} - \dfrac{27}{100} = \dfrac{27}{100}$ (kg)

참고
• (사과 1개의 무게)
 ＝{(사과 12개를 담은 상자의 무게)−(빈 상자의 무게)}÷12
• (배 1개의 무게)
 ＝{(배 9개를 담은 상자의 무게)−(빈 상자의 무게)}÷9

STEP **3** 응용 유형 뛰어넘기　26 ~ 30쪽

01 ④　　　　**02** $\dfrac{9}{5}$ km$\left(=1\dfrac{4}{5}$ km$\right)$

03 예 ♥×8=$5\dfrac{5}{7}$에서

♥=$5\dfrac{5}{7}$÷8=$\dfrac{40}{7}$÷8=$\dfrac{40 \div 8}{7}$=$\dfrac{5}{7}$입니다.

♥÷10=★이므로 $\dfrac{5}{7}$÷10=★,

★=$\dfrac{5}{7}$÷10=$\dfrac{5}{7} \times \dfrac{1}{10}$=$\dfrac{5}{70}$=$\dfrac{1}{14}$입니다.

∴ $\dfrac{1}{14}$

04 $\dfrac{21}{5}$배$\left(=4\dfrac{1}{5}$배$\right)$　　**05** $\dfrac{11}{42}$ m

06 $\dfrac{46}{3}$ cm²$\left(=15\dfrac{1}{3}$ cm²$\right)$

07 $\dfrac{27}{4}$ cm$\left(=6\dfrac{3}{4}$ cm$\right)$

08 예 (하루에 먹는 쌀의 양)$=2\frac{2}{3}\div 7=\frac{8}{3}\div 7$

$$=\frac{8}{3}\times\frac{1}{7}=\frac{8}{21}\,(\text{kg})$$

11월은 30일까지 있으므로
(11월 한 달 동안 먹는 쌀의 양)

$$=\frac{8}{21}\times\overset{10}{30}=\frac{80}{7}\,(\text{kg})=11\frac{3}{7}\,(\text{kg})$$입니다.
$$\;\; 7$$

$; \dfrac{80}{7}\,\text{kg}\left(=11\dfrac{3}{7}\,\text{kg}\right)$

09 $\dfrac{2}{11}\,\text{m}$

10 $\dfrac{7}{3}\,\text{cm}\left(=2\dfrac{1}{3}\,\text{cm}\right)$

11 예 (수애가 하루에 하는 일의 양)

$$=\frac{1}{3}\div 3=\frac{1}{3}\times\frac{1}{3}=\frac{1}{9}$$

(영채가 하루에 하는 일의 양)

$$=\frac{1}{2}\div 9=\frac{1}{2}\times\frac{1}{9}=\frac{1}{18}$$

(두 사람이 함께 일을 했을 때 하루에 하는 일의 양)

$$=\frac{1}{9}+\frac{1}{18}=\frac{2}{18}+\frac{1}{18}=\frac{3}{18}=\frac{1}{6}$$

따라서 두 사람이 함께 일을 하면 일을 끝내는 데 6일이
걸립니다. ; 6일

12 $\dfrac{49}{2}\,\text{cm}^2\left(=24\dfrac{1}{2}\,\text{cm}^2\right)$

13 $\dfrac{17}{5}\left(=3\dfrac{2}{5}\right)$ **14** $\dfrac{33}{10}\,\text{cm}\left(=3\dfrac{3}{10}\,\text{cm}\right)$

01 ① $8\div 11=\dfrac{8}{11}$

② $2\dfrac{2}{3}\div 9=\dfrac{8}{3}\div 9=\dfrac{8}{3}\times\dfrac{1}{9}=\dfrac{8}{27}$

③ $3\dfrac{3}{7}\div 6=\dfrac{24}{7}\div 6=\dfrac{24\div 6}{7}=\dfrac{4}{7}$

④ $10\div 3=\dfrac{10}{3}=3\dfrac{1}{3}$

⑤ $\dfrac{3}{8}\div 12=\dfrac{3}{8}\times\dfrac{1}{12}=\dfrac{3}{96}=\dfrac{1}{32}$

⇨ 계산 결과가 1보다 큰 것은 ④입니다.

> **다른 풀이**
>
> (나누어지는 수)>(나누는 수)이면 계산 결과가 1보다 큽
> 니다. ① $8<11$ ② $2\dfrac{2}{3}<9$ ③ $3\dfrac{3}{7}<6$
> ④ $10>3$ ⑤ $\dfrac{3}{8}<12$이므로 계산 결과가 1보다 큰 것
> 은 ④입니다.

02 별 ㉠과 ㉡ 사이의 거리는 별 ㉠과 북극성 사이의 거리
를 6등분 한 것 중의 1입니다.

$$\Rightarrow \frac{54}{5}\div 6=\frac{54\div 6}{5}=\frac{9}{5}\,(\text{km})=1\frac{4}{5}\,(\text{km})$$

03 서술형 가이드 ♥에 알맞은 수를 구한 후 ★에 알맞은 수를
구하는 과정이 들어 있어야 합니다.

채점 기준	
상	♥에 알맞은 수를 구한 후 ★에 알맞은 수를 바르게 구함.
중	♥에 알맞은 수를 구했으나 ★에 알맞은 수를 구하지 못함.
하	♥에 알맞은 수를 구하지 못해 ★에 알맞은 수를 구하지 못함.

04 가장 낮은 음을 내는 빨대: $8\dfrac{2}{5}\,\text{cm}$

가장 높은 음을 내는 빨대: $2\,\text{cm}$

$$\Rightarrow 8\frac{2}{5}\div 2=\frac{42}{5}\div 2=\frac{42\div 2}{5}=\frac{21}{5}\,(\text{배})=4\frac{1}{5}\,(\text{배})$$

05 (정삼각형 모양 한 개를 만드는 데 사용한 철사의 길이)

$$=\frac{11}{7}\div 2=\frac{11}{7}\times\frac{1}{2}=\frac{11}{14}\,(\text{m})$$

⇨ (정삼각형의 한 변의 길이)

$$=\frac{11}{14}\div 3=\frac{11}{14}\times\frac{1}{3}=\frac{11}{42}\,(\text{m})$$

> **주의**
>
> 정삼각형의 한 변의 길이를 $\left(\dfrac{11}{7}\div 2\right)\text{cm}$ 또는
> $\left(\dfrac{11}{7}\div 3\right)\text{cm}$라고 구하지 않도록 주의합니다.

06 해법 순서
① 직사각형의 넓이를 구합니다.
② 색칠한 부분의 넓이를 구합니다.
(직사각형의 넓이)

$$=8\times 3\frac{5}{6}=\overset{4}{8}\times\frac{23}{\underset{3}{6}}=\frac{92}{3}\,(\text{cm}^2)$$

색칠한 부분의 넓이는 직사각형의 넓이의 반입니다.
⇨ (색칠한 부분의 넓이)

$$=\frac{92}{3}\div 2=\frac{92\div 2}{3}=\frac{46}{3}\,(\text{cm}^2)=15\frac{1}{3}\,(\text{cm}^2)$$

07 〔해법 순서〕
① 태극 무늬의 지름을 구합니다.
② 괘의 길이를 구합니다.

(태극 무늬의 지름)$=27 \div 2 = \dfrac{27}{2}$ (cm)

➡ (괘의 길이)$=\dfrac{27}{2} \div 2 = \dfrac{27}{2} \times \dfrac{1}{2}$

$$=\dfrac{27}{4} \text{(cm)} = 6\dfrac{3}{4} \text{(cm)}$$

08 〔서술형 가이드〕 하루에 먹는 쌀의 양을 구한 후 11월 한 달 동안 먹는 쌀의 양을 구하는 과정이 들어 있어야 합니다.

〔채점 기준〕

상	하루에 먹는 쌀의 양을 구하여 11월 한 달 동안 먹는 쌀의 양을 바르게 구함.
중	하루에 먹는 쌀의 양을 구했으나 11월 한 달 동안 먹는 쌀의 양을 구하지 못함.
하	하루에 먹는 쌀의 양을 구하지 못해 11월 한 달 동안 먹는 쌀의 양을 구하지 못함.

09 〔해법 순서〕
① 처음 정사각형의 한 변의 길이를 구합니다.
② 가장 작은 정사각형의 한 변의 길이를 구합니다.
③ 가장 작은 정사각형 한 개의 둘레를 구합니다.

(처음 정사각형의 한 변의 길이)

$$=\dfrac{6}{11} \div 4 = \dfrac{6}{11} \times \dfrac{1}{4} = \dfrac{6}{44} = \dfrac{3}{22} \text{(m)}$$

(가장 작은 정사각형의 한 변의 길이)

$$=\dfrac{3}{22} \div 3 = \dfrac{3 \div 3}{22} = \dfrac{1}{22} \text{(m)}$$

➡ (가장 작은 정사각형 한 개의 둘레)

$$=\dfrac{1}{\underset{11}{22}} \times \overset{2}{4} = \dfrac{2}{11} \text{(m)}$$

10 〔해법 순서〕
① 삼각형 ㄱㄴㄷ의 넓이를 구합니다.
② 선분 ㄷㄹ의 길이를 구합니다.

(삼각형 ㄱㄴㄷ의 넓이)

$$=3\dfrac{1}{3} \times 2\dfrac{4}{5} \div 2 = \dfrac{10}{3} \times \dfrac{14}{\underset{1}{5}} \div 2 = \dfrac{28}{3} \div 2$$

$$=\dfrac{28 \div 2}{3} = \dfrac{14}{3} \text{(cm}^2)$$

변 ㄱㄴ을 밑변이라 하면 높이는 선분 ㄷㄹ이므로

(선분 ㄷㄹ의 길이)$=\dfrac{14}{3} \times 2 \div 4 = \dfrac{28}{3} \div 4 = \dfrac{28 \div 4}{3}$

$$=\dfrac{7}{3} \text{(cm)} = 2\dfrac{1}{3} \text{(cm)}$$

참고

(삼각형 ㄱㄴㄷ의 넓이)
$=$ (변 ㄴㄷ의 길이)$\times$(선분 ㄱㅁ의 길이)$\div 2$
$=$ (변 ㄱㄴ의 길이)$\times$(선분 ㄷㄹ의 길이)$\div 2$

11 〔서술형 가이드〕 두 사람이 함께 일을 했을 때 하루에 하는 일의 양을 구하여 일을 끝내는 데 걸리는 날수를 구하는 과정이 들어 있어야 합니다.

〔채점 기준〕

상	두 사람이 함께 일을 했을 때 하루에 하는 일의 양을 구하여 일을 끝내는 데 걸리는 날수를 바르게 구함.
중	수애와 영채가 각각 하루에 하는 일의 양만 구함.
하	수애와 영채가 각각 하루에 하는 일의 양을 구하지 못해 일을 끝내는 데 걸리는 날수를 구하지 못함.

12 〔생각 열기〕 (직사각형의 둘레)$=\{$(가로)$+$(세로)$\} \times 2$

(가로)$+$(세로)$=$(직사각형의 둘레)$\div 2$

$$=21 \div 2 = \dfrac{21}{2} \text{(cm)}$$

(가로)$=$(세로)$\times 2$이므로

(세로)$\times 2 +$(세로)$=\dfrac{21}{2}$, (세로)$\times 3 = \dfrac{21}{2}$,

(세로)$=\dfrac{21}{2} \div 3 = \dfrac{21 \div 3}{2} = \dfrac{7}{2}$ (cm),

(가로)$=\dfrac{7}{\underset{1}{2}} \times \overset{1}{2} = 7$ (cm)

➡ (직사각형의 넓이)

$$=7 \times \dfrac{7}{2} = \dfrac{49}{2} \text{(cm}^2) = 24\dfrac{1}{2} \text{(cm}^2)$$

13 〔생각 열기〕 (밑에 놓인 면의 눈의 수)
$=7-$(위에 보이는 면의 눈의 수)

밑에 놓인 면의 눈의 수는 왼쪽부터 차례로 6, 4, 5, 2입니다.
나누어지는 수가 클수록, 나누는 수가 작을수록 계산 결과가 크므로 $6>5>4>2$에서 가장 작은 수인 2를 나누는 수로 하고 나머지 수로 가장 큰 대분수를 만들면 $6\dfrac{4}{5}$입니다.

➡ $6\dfrac{4}{5} \div 2 = \dfrac{34}{5} \div 2 = \dfrac{34 \div 2}{5} = \dfrac{17}{5}\left(=3\dfrac{2}{5}\right)$

14 〔해법 순서〕
① 가 고무동력수레가 22초 동안 간 거리를 구합니다.
② 나 고무동력수레가 22초 동안 간 거리를 구합니다.
③ ①과 ②의 차를 구합니다.

(가 고무동력수레가 1초 동안 간 거리)

$$=4\frac{1}{5}\div3=\frac{21}{5}\div3=\frac{21\div3}{5}=\frac{7}{5}(cm)$$

(가 고무동력수레가 22초 동안 간 거리)

$$=\frac{7}{5}\times22=\frac{154}{5}(cm)$$

(나 고무동력수레가 1초 동안 간 거리)

$$=6\frac{1}{4}\div5=\frac{25}{4}\div5=\frac{25\div5}{4}=\frac{5}{4}(cm)$$

(나 고무동력수레가 22초 동안 간 거리)

$$=\frac{5}{\overset{}{\underset{2}{4}}}\times\overset{11}{22}=\frac{55}{2}(cm)$$

$$\Rightarrow\frac{154}{5}-\frac{55}{2}=\frac{308}{10}-\frac{275}{10}$$

$$=\frac{33}{10}(cm)=3\frac{3}{10}(cm)$$

다른 풀이

(가 고무동력수레가 1초 동안 간 거리)

$$=4\frac{1}{5}\div3=\frac{21}{5}\div3=\frac{21\div3}{5}=\frac{7}{5}(cm)$$

(나 고무동력수레가 1초 동안 간 거리)

$$=6\frac{1}{4}\div5=\frac{25}{4}\div5=\frac{25\div5}{4}=\frac{5}{4}(cm)$$

(두 고무동력수레가 1초 동안 간 거리의 차)

$$=\frac{7}{5}-\frac{5}{4}=\frac{28}{20}-\frac{25}{20}=\frac{3}{20}(cm)$$

$\Rightarrow$ (두 고무동력수레 사이의 거리)

= (두 고무동력수레가 22초 동안 간 거리의 차)

= (두 고무동력수레가 1초 동안 간 거리의 차) × 22

$$=\frac{3}{\underset{10}{20}}\times\overset{11}{22}=\frac{33}{10}(cm)=3\frac{3}{10}(cm)$$

실력평가

31 ~ 33쪽

01 (1) $\dfrac{11}{7}\left(=1\dfrac{4}{7}\right)$　(2) $\dfrac{18}{19}$

02 (1) $\dfrac{6}{35}$　(2) $\dfrac{31}{18}\left(=1\dfrac{13}{18}\right)$

03 $\dfrac{5}{6}$, $\dfrac{3}{8}$

04 $\dfrac{1}{9}$

05 $\dfrac{49}{40}$배$\left(=1\dfrac{9}{40}$배$\right)$

06 <

07 $5\dfrac{1}{7}\div4=\dfrac{9}{7}\left(=1\dfrac{2}{7}\right)$; $\dfrac{9}{7}$ m$\left(=1\dfrac{2}{7}$ m$\right)$

08 $\dfrac{3}{4}$, $\dfrac{3}{28}$

09 $\dfrac{4}{3}$ cm$\left(=1\dfrac{1}{3}$ cm$\right)$

10 ㉡, ㉠, ㉢

11 5개

12 $\dfrac{1}{10}$

13 예 (전체 설탕의 양)$=\dfrac{3}{4}+\dfrac{5}{6}=\dfrac{9}{12}+\dfrac{10}{12}=\dfrac{19}{12}$ (kg)

$\Rightarrow$ (한 통에 담아야 하는 설탕의 양)

$$=\frac{19}{12}\div4=\frac{19}{12}\times\frac{1}{4}=\frac{19}{48}\text{ (kg)}\;;\;\frac{19}{48}\text{ kg}$$

14 $\dfrac{136}{5}$ cm$^2\left(=27\dfrac{1}{5}$ cm$^2\right)$

15 $\dfrac{1}{35}$

16 $\dfrac{9}{4}$, $7\left($또는 $\dfrac{9}{7}$, $4\right)$; $\dfrac{9}{28}$

17 $\dfrac{42}{5}$ cm$^2\left(=8\dfrac{2}{5}$ cm$^2\right)$

18 예 어떤 수를 □라 하면 잘못 계산한 식은

$$\square\div4=2\frac{1}{12}$$입니다.

$$\Rightarrow\square=2\frac{1}{12}\times4=\frac{25}{\underset{3}{12}}\times\overset{1}{4}=\frac{25}{3}$$

따라서 바르게 계산하면

$$\frac{25}{3}\div5=\frac{25\div5}{3}=\frac{5}{3}\left(=1\frac{2}{3}\right)$$입니다.

$$;\;\frac{5}{3}\left(=1\frac{2}{3}\right)$$

19 $\dfrac{13}{18}$ kg

20 $\dfrac{25}{36}$ L

01 생각 열기 나누어지는 수는 분자, 나누는 수는 분모로 하여 분수로 나타냅니다.

(1) $11\div7=\dfrac{11}{7}\left(=1\dfrac{4}{7}\right)$　(2) $18\div19=\dfrac{18}{19}$

02 (1) $\dfrac{6}{7}\div5=\dfrac{6}{7}\times\dfrac{1}{5}=\dfrac{6}{35}$

(2) $5\dfrac{1}{6}\div3=\dfrac{31}{6}\div3=\dfrac{31}{6}\times\dfrac{1}{3}=\dfrac{31}{18}\left(=1\dfrac{13}{18}\right)$

03 $\dfrac{15}{2}\div9=\dfrac{15}{2}\times\dfrac{1}{9}=\dfrac{15}{18}=\dfrac{5}{6}$

$\dfrac{9}{4}\div6=\dfrac{9}{4}\times\dfrac{1}{6}=\dfrac{9}{24}=\dfrac{3}{8}$

본책 30 ～ 32쪽

04 생각 열기 자연수와 분수의 크기를 비교하여 가장 작은 수와 가장 큰 수를 각각 찾아봅니다.

$\frac{2}{3} < 1\frac{5}{6} < 5 < 6$이므로

가장 작은 수는 $\frac{2}{3}$, 가장 큰 수는 6입니다.

$\Rightarrow \frac{2}{3} \div 6 = \frac{2}{3} \times \frac{1}{6} = \frac{2}{18} = \frac{1}{9}$

05 생각 열기 ■는 ▲의 (■÷▲)배입니다.

(물의 양)÷(식용유의 양)

$= \frac{49}{5} \div 8 = \frac{49}{5} \times \frac{1}{8} = \frac{49}{40}$(배)$= 1\frac{9}{40}$(배)

06 $\frac{3}{7} \div 9 = \frac{3}{7} \times \frac{1}{9} = \frac{3}{63} = \frac{1}{21}$,

$\frac{5}{9} \div 10 = \frac{5}{9} \times \frac{1}{10} = \frac{5}{90} = \frac{1}{18}$

$\Rightarrow \frac{1}{21} < \frac{1}{18}$

참고
단위분수는 분모가 작을수록 큰 분수입니다.

$\Rightarrow$ ■ > ▲이면 $\frac{1}{■} < \frac{1}{▲}$입니다.

07 (한 명에게 나누어 준 리본의 길이)
= (전체 리본의 길이)÷(나누어 준 사람 수)

$= 5\frac{1}{7} \div 4 = \frac{36}{7} \div 4 = \frac{36 \div 4}{7}$

$= \frac{9}{7}$ (m) $= 1\frac{2}{7}$ (m)

서술형 가이드 문제에 알맞은 나눗셈식을 쓰고 답을 구해야 합니다.

채점 기준	
상	식 $5\frac{1}{7} \div 4 = \frac{9}{7}$를 쓰고 답을 바르게 구함.
중	식 $5\frac{1}{7} \div 4$만 씀.
하	식과 답을 모두 쓰지 못함.

08 생각 열기 화살표 방향을 따라 계산합니다.

$3\frac{3}{4} \div 5 = \frac{15}{4} \div 5 = \frac{15 \div 5}{4} = \frac{3}{4}$

$\frac{3}{4} \div 7 = \frac{3}{4} \times \frac{1}{7} = \frac{3}{28}$

09 생각 열기 (평행사변형의 넓이)=(밑변의 길이)×(높이)
$\Rightarrow$ (높이)=(평행사변형의 넓이)÷(밑변의 길이)

(높이)$= 6\frac{2}{3} \div 5 = \frac{20}{3} \div 5 = \frac{20 \div 5}{3}$

$= \frac{4}{3}$ (cm) $= 1\frac{1}{3}$ (cm)

10 ㉠ $\frac{5}{8} \div 3 = \frac{5}{8} \times \frac{1}{3} = \frac{5}{24}$

㉡ $2\frac{1}{2} \div 4 = \frac{5}{2} \div 4 = \frac{5}{2} \times \frac{1}{4} = \frac{5}{8}$

㉢ $\frac{10}{7} \div 12 = \frac{10}{7} \times \frac{1}{12} = \frac{10}{84} = \frac{5}{42}$

분자가 모두 5이므로 분모의 크기를 비교하면
8<24<42입니다.
따라서 분수의 크기는 ㉡>㉠>㉢입니다.

참고
분자가 같은 분수는 분모가 작을수록 큰 분수입니다.

$\Rightarrow$ ■ > ▲이면 $\frac{5}{■} < \frac{5}{▲}$입니다.

11 해법 순서
① $4\frac{4}{9} \div 4$를 계산합니다.

② $13\frac{1}{3} \div 2$를 계산합니다.

③ □ 안에 들어갈 수 있는 자연수는 모두 몇 개인지 구합니다.

$4\frac{4}{9} \div 4 = \frac{40}{9} \div 4 = \frac{40 \div 4}{9} = \frac{10}{9} = 1\frac{1}{9}$

$13\frac{1}{3} \div 2 = \frac{40}{3} \div 2 = \frac{40 \div 2}{3} = \frac{20}{3} = 6\frac{2}{3}$

$\Rightarrow 1\frac{1}{9} < \square < 6\frac{2}{3}$이므로 □ 안에 들어갈 수 있는 자연수는 2, 3, 4, 5, 6으로 모두 **5개**입니다.

12 $4\frac{4}{5} \div 8 = \frac{24}{5} \div 8 = \frac{24 \div 8}{5} = \frac{3}{5}$

$\square \times 6 = \frac{3}{5} \Rightarrow \square = \frac{3}{5} \div 6 = \frac{3}{5} \times \frac{1}{6} = \frac{3}{30} = \frac{1}{10}$

13 서술형 가이드 전체 설탕의 양을 구하여 한 통에 담아야 하는 설탕의 양을 구하는 과정이 들어 있어야 합니다.

채점 기준	
상	전체 설탕의 양을 구하여 한 통에 담아야 하는 설탕의 양을 바르게 구함.
중	전체 설탕의 양을 구했으나 한 통에 담아야 하는 설탕의 양을 구하지 못함.
하	전체 설탕의 양을 구하지 못해 한 통에 담아야 하는 설탕의 양을 구하지 못함.

1. 분수의 나눗셈 **11**

14 해법 순서

① 병풍 한 폭의 가로를 구합니다.
② 병풍 한 폭의 넓이를 구합니다.

$$(병풍\ 한\ 폭의\ 가로)=20\frac{2}{5}\div6=\frac{102}{5}\div6$$
$$=\frac{102\div6}{5}=\frac{17}{5}\ (cm)$$

⇨ (병풍 한 폭의 넓이)

$$=\frac{17}{5}\times8=\frac{136}{5}\ (cm^2)=27\frac{1}{5}\ (cm^2)$$

15 해법 순서

① 하루에 한 일의 양을 구합니다.
② 1시간 동안 한 일의 양을 구합니다.

$$(하루에\ 한\ 일의\ 양)=\frac{4}{5}\div7=\frac{4}{5}\times\frac{1}{7}=\frac{4}{35}$$

⇨ $$(1시간\ 동안\ 한\ 일의\ 양)=\frac{4}{35}\div4=\frac{4\div4}{35}=\frac{1}{35}$$

다른 풀이

$$(일을\ 한\ 시간)=4\times7=28\ (시간)$$
⇨ (1시간 동안 한 일의 양)
$$=\frac{4}{5}\div28=\frac{4}{5}\times\frac{1}{28}=\frac{4}{140}=\frac{1}{35}$$

16 $$\frac{\blacktriangle}{\bullet}\div\blacksquare=\frac{\blacktriangle}{\bullet}\times\frac{1}{\blacksquare}=\frac{\blacktriangle}{\bullet\times\blacksquare}$$ 에서 $\frac{\blacktriangle}{\bullet\times\blacksquare}$가 가장 크려면 분자에 가장 큰 수 9를 놓아야 합니다.

⇨ $$\frac{9}{4}\div7=\frac{9}{4}\times\frac{1}{7}=\frac{9}{28}\ 또는\ \frac{9}{7}\div4=\frac{9}{7}\times\frac{1}{4}=\frac{9}{28}$$

17 생각 열기 나누어진 삼각형 3개는 밑변의 길이와 높이가 각각 같으므로 넓이가 모두 같습니다.

(삼각형 ㄱㄴㅁ의 넓이)
$$=8\frac{2}{5}\times6\div2=\frac{42}{5}\times6\div2=\frac{252}{5}\div2$$
$$=\frac{252\div2}{5}=\frac{126}{5}\ (cm^2)$$

⇨ (색칠한 부분의 넓이)
$$=\frac{126}{5}\div3=\frac{126\div3}{5}=\frac{42}{5}\ (cm^2)=8\frac{2}{5}\ (cm^2)$$

다른 풀이

(변 ㄷㄹ의 길이)=(선분 ㄴㅁ의 길이)÷3
$$=8\frac{2}{5}\div3=\frac{42}{5}\div3$$
$$=\frac{42\div3}{5}=\frac{14}{5}\ (cm)$$

⇨ (색칠한 부분의 넓이)
$$=\frac{14}{5}\times6\div2=\frac{84}{5}\div2=\frac{84\div2}{5}$$
$$=\frac{42}{5}\ (cm^2)=8\frac{2}{5}\ (cm^2)$$

18 서술형 가이드 어떤 수를 구하여 바르게 계산하는 과정이 들어 있어야 합니다.

채점 기준

상	어떤 수를 구하여 바르게 계산한 값을 구함.
중	어떤 수를 구했으나 바르게 계산하는 과정에서 실수하여 답이 틀림.
하	어떤 수를 구하지 못해 바른 계산을 하지 못함.

19 해법 순서

① 필통 한 상자의 무게를 구합니다.
② 필통 5개의 무게를 구합니다.
③ 필통 한 개의 무게를 구합니다.

(필통 한 상자의 무게)
=(필통 6상자의 무게)÷6
$$=24\frac{2}{3}\div6=\frac{74}{3}\div6=\frac{74}{3}\times\frac{1}{6}=\frac{74}{18}=\frac{37}{9}\ (kg)$$

(필통 5개의 무게)
=(필통 한 상자의 무게)-(빈 상자의 무게)
$$=\frac{37}{9}-\frac{1}{2}=\frac{74}{18}-\frac{9}{18}=\frac{65}{18}\ (kg)$$

⇨ (필통 한 개의 무게)
$$=\frac{65}{18}\div5=\frac{65\div5}{18}=\frac{13}{18}\ (kg)$$

20 해법 순서

① 처음에 들어 있던 음료수의 양을 구합니다.
② 3명이 마신 음료수의 양을 구합니다.
③ 한 명이 마신 음료수의 양을 구합니다.

(처음에 들어 있던 음료수의 양)
$$=3\frac{1}{3}\times\frac{3}{4}=\frac{\overset{5}{\cancel{10}}}{\cancel{3}}\times\frac{\overset{1}{\cancel{3}}}{\cancel{4}_{2}}=\frac{5}{2}\ (L)$$

(3명이 마신 음료수의 양)
$$=\frac{5}{2}\times\left(1-\frac{1}{6}\right)=\frac{5}{2}\times\frac{5}{6}=\frac{25}{12}\ (L)$$

⇨ (한 명이 마신 음료수의 양)
$$=\frac{25}{12}\div3=\frac{25}{12}\times\frac{1}{3}=\frac{25}{36}\ (L)$$

참고

3명이 마시고 남은 음료수의 양이 처음 양의 $\frac{1}{6}$이면 3명이 마신 음료수의 양은 처음 양의 $\left(1-\frac{1}{6}\right)$입니다.

❷ 각기둥과 각뿔

STEP 1 기본 유형 익히기
40 ∼ 43쪽

1-1 ③, ⑤

1-2 면 ㄱㄴㄷㄹㅁㅂ, 면 ㅅㅇㅈㅊㅋㅌ

1-3
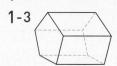

1-4 ㉢ ; 예 밑면과 옆면은 서로 수직입니다.

2-1 (위부터) 삼각형, 사각형 ; 삼각기둥, 사각기둥

2-2 5개

2-3 칠각기둥

2-4 12개, 8개, 18개

2-5 (위부터) 5, 8 ; 10, 16 ; 7, 10 ; 15, 24

2-6 구각기둥

3-1 ㉡, ㉢

3-2 육각기둥

3-3
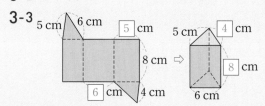

3-4 선분 ㅋㅊ

3-5
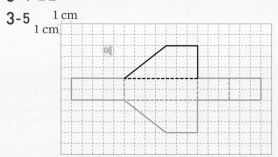

4-1 나, 라, 바

4-2 예 옆으로 둘러싼 면이 삼각형이 아닙니다.

4-3 면 ㄱㄴㄷ, 면 ㄱㄷㄹ, 면 ㄱㄹㅁ, 면 ㄱㅁㅂ, 면 ㄱㄴㅂ

4-4 준규

5-1 육각뿔   **5-2** 8 cm

5-3 6개, 6개, 10개

5-4 (위부터) 7, 9 ; 8, 10 ; 8, 10 ; 14, 18

5-5 예 밑면의 변의 수를 □개라 하면 꼭짓점의 수는
(□＋1)개이므로 □＋1＝12, □＝11입니다.
따라서 밑면의 모양이 십일각형인 각뿔이므로 십일각
뿔입니다. ; 십일각뿔

1-1 ① 서로 평행한 두 면이 합동이 아닙니다.
② 서로 평행한 두 면이 없습니다.
④ 서로 평행한 두 면이 다각형이 아닙니다.

 각기둥은 서로 평행한 두 면이 합동인 다각형으로 이루어
진 입체도형입니다.

1-2 서로 평행하고 합동인 두 면을 찾습니다.
따라서 밑면은 **면 ㄱㄴㄷㄹㅁㅂ**, **면 ㅅㅇㅈㅊㅋㅌ**입니다.

 밑면 2개를 제외한 나머지 면 6개는 모두 옆면입니다.

1-3 밑면의 모양은 오각형, 옆면의 모양은 직사각형임을 생
각하여 보이지 않는 모서리를 점선으로 그립니다.

 겨냥도는 입체도형의 모양을 잘 알 수 있도록 하기 위하
여 보이는 모서리는 실선, 보이지 않는 모서리는 점선으로
그린 그림입니다.

1-4 【서술형 가이드】 각기둥의 특징을 잘못 말한 것을 찾아 기호
를 쓰고 바르게 고쳤는지 확인합니다.

채점 기준	
상	각기둥의 특징을 잘못 말한 것을 찾아 기호를 쓰고 바르게 고침.
중	각기둥의 특징을 잘못 말한 것을 찾아 기호를 썼으나 바르게 고치지 못함.
하	각기둥의 특징을 잘못 말한 것을 찾지 못하고 바르게 고치지도 못함.

2-1 【생각 열기】 각기둥의 이름은 밑면의 모양에 따라 정해집니다.
밑면의 모양이 **삼각형**이면 **삼각기둥**, **사각형**이면 **사각
기둥**입니다.

 각기둥의 밑면의 모양이 ●각형이면 각기둥의 이름은
●각기둥입니다.

2-2 각기둥의 높이는 두 밑면 사이의 거리입니다. 두 밑면 사
이의 거리는 합동인 두 밑면의 대응점을 이은 모서리의
길이를 재면 됩니다.
따라서 높이를 나타내는 모서리는 모두 **5개**입니다.

2-3 주어진 도형은 칠각형입니다. 밑면의 모양이 칠각형인
각기둥은 **칠각기둥**입니다.

2-4 생각 열기 한 밑면의 변의 수를 이용하여 꼭짓점의 수, 면의 수, 모서리의 수를 각각 구합니다.

주어진 각기둥의 한 밑면의 변의 수는 6개입니다.
⇨ (꼭짓점의 수)=6×2=**12(개)**
(면의 수)=6+2=**8(개)**
(모서리의 수)=6×3=**18(개)**

> 참고
> 각기둥에서 한 밑면의 변의 수를 ●개라 하면
> (꼭짓점의 수)=(●×2)개
> (면의 수)=(●+2)개
> (모서리의 수)=(●×3)개

2-5 생각 열기 오각기둥에서 한 밑면의 변의 수는 5개, 팔각기둥의 한 밑면의 변의 수는 8개입니다.

• 오각기둥: (꼭짓점의 수)=5×2=**10(개)**
(면의 수)=5+2=**7(개)**
(모서리의 수)=5×3=**15(개)**

• 팔각기둥: (꼭짓점의 수)=8×2=**16(개)**
(면의 수)=8+2=**10(개)**
(모서리의 수)=8×3=**24(개)**

2-6 한 밑면의 변의 수를 □개라 하면
모서리의 수는 (□×3)개이므로 □×3=27, □=9입니다.
따라서 밑면의 모양이 구각형이므로 **구각기둥**입니다.

3-1 ㉠ 사각기둥의 전개도입니다.
㉡ 밑면이 1개 부족합니다.
㉢ 옆면이 1개 남습니다. 또는 밑면의 모양이 육각형이
어야 합니다.
㉣ 삼각기둥의 전개도입니다.
따라서 각기둥의 전개도가 아닌 것은 ㉡, ㉢입니다.

3-2 생각 열기 전개도를 접었을 때 만들어지는 각기둥의 이름은 밑면의 모양에 따라 정해집니다.

밑면의 모양이 육각형이므로 **육각기둥**입니다.

3-3 전개도의 선분의 길이를 보고 밑면의 변의 길이와 높이를 알아봅니다.

3-4 전개도를 접으면 점 ㄱ과 점 ㅋ, 점 ㄴ과 점 ㅊ이 만나므로 선분 ㄱㄴ과 맞닿는 선분은 **선분 ㅋㅊ**입니다.

3-5 합동인 밑면 2개와 직사각형 모양의 옆면 4개를 생각하며 그립니다.

4-1 가, 마는 각기둥입니다. 다는 밑에 놓인 면이 다각형이
아닙니다. 따라서 밑에 놓인 면이 다각형이고 옆을 둘러
싼 면이 모두 삼각형인 입체도형을 찾으면 **나, 라, 바**입
니다.

4-2 서술형 가이드 밑에 놓인 면이나 옆으로 둘러싼 면의 특징을 이용하여 각뿔이 아닌 이유를 바르게 썼는지 확인합니다.

채점 기준	
상	각뿔이 아닌 이유를 바르게 씀.
중	각뿔이 아닌 이유를 썼으나 미흡함.
하	각뿔이 아닌 이유를 쓰지 못함.

4-3 밑면인 면 ㄴㄷㄹㅁㅂ과 만나는 면을 모두 찾습니다.
따라서 각뿔의 옆면은 **면 ㄱㄴㄷ, 면 ㄱㄷㄹ, 면 ㄱㄹㅁ,
면 ㄱㅁㅂ, 면 ㄱㄴㅂ**입니다.

4-4 준규: 각뿔의 밑면은 1개이고 옆면의 수는 밑면의 변의
수와 같습니다. 따라서 밑면의 수와 옆면의 수는
같지 않습니다.

5-1 밑면의 모양이 육각형이므로 **육각뿔**입니다.

5-2 각뿔의 꼭짓점에서 밑면에 수직인 선분의 길이는 **8 cm**
입니다.

5-3 생각 열기 밑면의 변의 수를 이용하여 꼭짓점의 수, 면의
수, 모서리의 수를 각각 구합니다.

주어진 각뿔의 밑면의 변의 수는 5개입니다.
⇨ (꼭짓점의 수)=5+1=**6(개)**
(면의 수)=5+1=**6(개)**
(모서리의 수)=5×2=**10(개)**

> 참고
> 각뿔에서 밑변의 변의 수를 ▲개라 하면
> (꼭짓점의 수)=(▲+1)개
> (면의 수)=(▲+1)개
> (모서리의 수)=(▲×2)개

5-4 생각 열기 칠각뿔에서 밑면의 변의 수는 7개, 구각뿔에서
밑면의 변의 수는 9개입니다.

• 칠각뿔: (꼭짓점의 수)=7+1=**8(개)**
(면의 수)=7+1=**8(개)**
(모서리의 수)=7×2=**14(개)**

• 구각뿔: (꼭짓점의 수)=9+1=**10(개)**
(면의 수)=9+1=**10(개)**
(모서리의 수)=9×2=**18(개)**

5-5 서술형 가이드 밑면의 변의 수를 구하여 각뿔의 이름을 쓰
는 과정이 들어 있어야 합니다.

채점 기준	
상	밑면의 변의 수를 구하여 각뿔의 이름을 바르게 씀.
중	밑면의 변의 수를 구했으나 각뿔의 이름을 쓰지 못함.
하	밑면의 변의 수를 구하지 못해 각뿔의 이름을 쓰지 못함.

STEP 2 응용 유형 익히기   44 ~ 49쪽

응용 **1** 오각뿔

예제 **1-1** 육각뿔   예제 **1-2** 구각기둥

응용 **2** 20개

예제 **2-1** 38개   예제 **2-2** 24개

예제 **2-3** 13개

응용 **3** 22개

예제 **3-1** 34개   예제 **3-2** 18개

예제 **3-3** 13개

응용 **4** 72 cm

예제 **4-1** 75 cm   예제 **4-2** 52 cm

예제 **4-3** 7 cm

응용 **5** 44 cm

예제 **5-1** 94 cm   예제 **5-2** 4 cm

응용 **6** 45 cm²

예제 **6-1** 396 cm²   예제 **6-2** 8 cm

응용 **1**

(1) 밑면이 다각형이고 옆면이 삼각형이므로 각뿔입니다.

(2) 밑면의 모양이 오각형이므로 **오각뿔**입니다.

예제 **1-1** 밑면이 다각형이고 옆면이 삼각형이므로 각뿔입니다.

⇨ 밑면의 모양이 육각형이므로 **육각뿔**입니다.

예제 **1-2** 해법 순서

① 각기둥과 각뿔 중 어느 것인지 알아봅니다.

② 밑면의 모양을 알아봅니다.

③ 입체도형의 이름을 알아봅니다.

서로 평행한 두 면이 합동인 다각형이고 옆면이 직사각형이므로 각기둥입니다.

각기둥에서 밑면의 수는 항상 2개이므로 옆면의 수는 11−2=9(개)입니다.

⇨ 옆면이 9개이므로 한 밑면의 변의 수는 9개입니다.

따라서 밑면의 모양이 구각형이므로 **구각기둥**입니다.

응용 **2**

(1) 밑면의 모양이 삼각형이므로 삼각기둥입니다.

(2) (꼭짓점의 수)=3×2=6(개)

(면의 수)=3+2=5(개)

(모서리의 수)=3×3=9(개)

(3) (꼭짓점의 수)+(면의 수)+(모서리의 수)
=6+5+9=**20(개)**

예제 **2-1** 해법 순서

① 각기둥의 이름을 알아봅니다.

② 꼭짓점의 수, 면의 수, 모서리의 수를 각각 구합니다.

③ ②에서 구한 세 수를 더합니다.

밑면의 모양이 육각형이므로 육각기둥입니다.

(꼭짓점의 수)=6×2=12(개)

(면의 수)=6+2=8(개)

(모서리의 수)=6×3=18(개)

⇨ (꼭짓점의 수)+(면의 수)+(모서리의 수)
=12+8+18=**38(개)**

예제 **2-2** 해법 순서

① 한 밑면의 변의 수를 구하여 각기둥의 이름을 알아봅니다.

② 모서리의 수를 구합니다.

한 밑면의 변의 수를 □개라 하면

면의 수는 (□+2)개이므로

□+2=10, □=8입니다.

한 밑면의 변의 수가 8개인 각기둥은 팔각기둥이므로 모서리는 8×3=**24(개)**입니다.

예제 **2-3** 해법 순서

① 한 밑면의 변의 수를 구하여 각기둥의 이름을 알아봅니다.

② 면의 수를 구합니다.

한 밑면의 변의 수를 □개라 하면
꼭짓점의 수는 (□×2)개이므로

□×2=22, □=11입니다.

한 밑면의 변의 수가 11개인 각기둥은 십일각기둥이므로 면은 11+2=**13(개)**입니다.

응용 **3**

(1) 밑면의 모양이 오각형이므로 오각뿔입니다.

(2) (꼭짓점의 수)=(면의 수)=5+1=6(개)
(모서리의 수)=5×2=10(개)

(3) (꼭짓점의 수)+(면의 수)+(모서리의 수)
=6+6+10=**22(개)**

예제 **3-1** 해법 순서

① 각뿔의 이름을 알아봅니다.

② 꼭짓점의 수, 면의 수, 모서리의 수를 각각 구합니다.

③ ②에서 구한 세 수를 더합니다.

밑면의 모양이 팔각형이므로 팔각뿔입니다.

(꼭짓점의 수)=8+1=9(개)

(면의 수)=8+1=9(개)

(모서리의 수)=8×2=16(개)

⇨ (꼭짓점의 수)+(면의 수)+(모서리의 수)
=9+9+16=**34(개)**

예제 3-2 해법 순서

① 밑면의 변의 수를 구하여 각뿔의 이름을 알아봅니다.

② 모서리의 수를 구합니다.

밑면의 변의 수를 □개라 하면
꼭짓점의 수는 (□+1)개이므로
□+1=10, □=9입니다.
밑면의 변의 수가 9개인 각뿔은 구각뿔이므로 모서리는 9×2=**18(개)**입니다.

예제 3-3 해법 순서

① 밑면의 변의 수를 구하여 각뿔의 이름을 알아봅니다.

② 면의 수를 구합니다.

밑면의 변의 수를 □개라 하면
모서리의 수는 (□×2)개이므로
□×2=24, □=12입니다.
밑면의 변의 수가 12개인 각뿔은 십이각뿔이므로 면은 12+1=**13(개)**입니다.

응용 4

(1) 길이가 3 cm인 모서리는 12개입니다.
⇨ 3×12=36 (cm)

(2) 길이가 6 cm인 모서리는 6개입니다.
⇨ 6×6=36 (cm)

(3) (모든 모서리의 길이의 합)
= (길이가 3 cm인 모서리의 길이의 합)
+ (길이가 6 cm인 모서리의 길이의 합)
= 36+36=**72 (cm)**

예제 4-1 해법 순서

① 길이가 4 cm인 모서리의 길이의 합을 구합니다.

② 길이가 7 cm인 모서리의 길이의 합을 구합니다.

③ ①과 ②를 더합니다.

(길이가 4 cm인 모서리의 길이의 합)
= 4×10=40 (cm)
(길이가 7 cm인 모서리의 길이의 합)
= 7×5=35 (cm)
⇨ (모든 모서리의 길이의 합)
= (길이가 4 cm인 모서리의 길이의 합)
+ (길이가 7 cm인 모서리의 길이의 합)
= 40+35=**75 (cm)**

예제 4-2 해법 순서

① 길이가 5 cm인 모서리의 길이의 합을 구합니다.

② 길이가 8 cm인 모서리의 길이의 합을 구합니다.

③ ①과 ②를 더합니다.

(길이가 5 cm인 모서리의 길이의 합)
= 5×4=20 (cm)
(길이가 8 cm인 모서리의 길이의 합)
= 8×4=32 (cm)
⇨ (모든 모서리의 길이의 합)
= (길이가 5 cm인 모서리의 길이의 합)
+ (길이가 8 cm인 모서리의 길이의 합)
= 20+32=**52 (cm)**

예제 4-3 해법 순서

① 모서리의 수를 구합니다.

② 한 모서리의 길이를 구합니다.

오각뿔에서 모서리는 5×2=10(개)입니다.
한 모서리의 길이를 □cm라 하면
□×10=70, □=**7**입니다.

응용 5

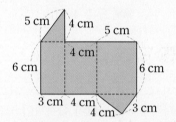

(1) 3 cm인 선분이 2개, 4 cm인 선분이 4개, 5 cm인 선분이 2개, 6 cm인 선분이 2개입니다.

(2) (전개도의 둘레)=3×2+4×4+5×2+6×2
= 6+16+10+12=**44 (cm)**

예제 5-1 해법 순서

① 10 cm, 5 cm, 7 cm인 선분의 수를 각각 세어 봅니다.

② ①을 이용하여 전개도의 둘레를 구합니다.

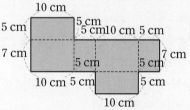

10 cm인 선분이 4개, 5 cm인 선분이 8개, 7 cm인 선분이 2개입니다.
⇨ (전개도의 둘레)=10×4+5×8+7×2
= 40+40+14=**94 (cm)**

예제 5-2 생각 열기 옆면이 모두 합동이므로 밑면은 정오각형입니다.

밑면의 한 변의 길이를 □cm라 하면 전개도의 둘레는 □cm인 선분이 16개, 9 cm인 선분이 2개입니다.
□×16+9×2=82, □×16+18=82,
□×16=64, □=**4**입니다.

응용 6 (1) 옆면은 가로 3 cm, 세로 5 cm인 직사각형입니다.
　　　(2) 옆면은 가로 3 cm, 세로 5 cm인 직사각형이 3개
　　　　입니다.
　　　　⇨ (3×5)×3=15×3=**45 (cm²)**

예제 6-1 [해법 순서]
① 옆면의 가로와 세로를 알아봅니다.
② 모든 옆면의 넓이의 합을 구합니다.
옆면은 가로 6 cm, 세로 11 cm인 직사각형이 6개
입니다.
⇨ (모든 옆면의 넓이의 합)
　=(6×11)×6=66×6=**396 (cm²)**

예제 6-2 [생각 열기] 밑면의 모양이 정오각형인 각기둥의 전개
도를 그려 봅니다.

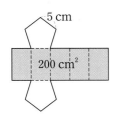

왼쪽 전개도에서 직사각형 모
양의 옆면 한 개의 넓이는
200÷5=40 (cm²)이므로
세로는 40÷5=8 (cm)입니
다.

각기둥의 높이는 옆면인 직사각형의 세로와 같으므로
8 cm입니다.

STEP 3 응용 유형 뛰어넘기　　50 ～ 54쪽

01 (위부터) 사각기둥, 오각기둥, 팔각기둥 ; 사각뿔, 오각뿔,
팔각뿔

02 ㉢, ㉣　　　　　**03** 24개

04 예 육각기둥을 그림과 같이 자르면 사각기둥 2개가 됩
니다.
따라서 두 사각기둥에서 꼭짓점의 수는 모두
4×2+4×2=8+8=16(개)입니다. ; 16개

05 2　　　　　　　　**06** 팔각뿔

07
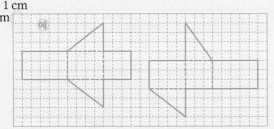

08 예 정삼각형 4개로 이루어진 각뿔은 삼각뿔입니다.
삼각뿔에서 모서리는 6개이므로 모든 모서리의 길이의
합은 5×6=30 (cm)입니다. ; 30 cm

09
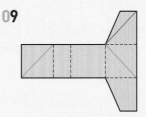

10 예 ㉠ 각기둥에서 한 밑면의 변의 수를 □개라 하면 면
의 수는 (□+2)개이므로 □+2=10, □=8입니
다.
⇨ (꼭짓점의 수)=8×2=16(개)
㉡ 각뿔에서 밑면의 변의 수를 □개라 하면 모서리의
수는 (□×2)개이므로 □×2=28, □=14입니다.
⇨ (면의 수)=14+1=15(개)
따라서 16>15이므로 개수가 더 많은 것은 ㉠입니다.
; ㉠

11 112 cm　　　　　**12** 7 cm
13 구각기둥　　　　　**14** 17 cm

01 [생각 열기] 각기둥과 각뿔의 이름은 밑면의 모양에 따라
정해집니다.

각기둥과 각뿔의 이름은 각각

 밑면의 모양이 사각형이므로 각기둥의 이름은
사각기둥, 각뿔의 이름은 **사각뿔**입니다.

 밑면의 모양이 오각형이므로 각기둥의 이름은
오각기둥, 각뿔의 이름은 **오각뿔**입니다.

 밑면의 모양이 팔각형이므로 각기둥의 이름은
팔각기둥, 각뿔의 이름은 **팔각뿔**입니다.

02

도형	㉠	㉡	㉢	㉣	㉤	㉥
칠각기둥	2개	21개	칠각형	7개	직사각형	14개
칠각뿔	1개	14개	칠각형	7개	삼각형	8개

따라서 칠각기둥과 칠각뿔의 구성 요소 중 같은 것을 모
두 찾아 기호를 쓰면 ㉢, ㉣입니다.

03 [생각 열기] 각기둥에서 옆면의 수는 한 밑면의 변의 수와
같습니다.

[해법 순서]
① 각기둥의 이름을 알아봅니다.
② 모서리의 수를 구합니다.
옆면이 8개인 각기둥이므로 팔각기둥입니다.
팔각기둥에서 한 밑면의 변의 수는 8개이므로
(모서리의 수)=8×3=**24(개)**입니다.

04 서술형 가이드 두 각기둥의 이름을 알고 꼭짓점의 수를 구하는 과정이 들어 있어야 합니다.

채점 기준	
상	두 각기둥의 이름을 알고 꼭짓점의 수를 바르게 구함.
중	두 각기둥의 이름은 알았으나 꼭짓점의 수를 구하지 못함.
하	두 각기둥의 이름을 몰라 꼭짓점의 수를 구하지 못함.

05 해법 순서
① 밑면의 모양을 보고 각기둥의 이름을 알아봅니다.
② 꼭짓점의 수, 면의 수, 모서리의 수를 각각 구합니다.
③ ㉠+㉡-㉢을 구합니다.

밑면의 모양이 육각형이므로 육각기둥입니다.
⇨ ㉠+㉡-㉢
$=$(꼭짓점의 수)$+$(면의 수)$-$(모서리의 수)
$=(6\times2)+(6+2)-(6\times3)$
$=12+8-18=$**2**

06 각뿔에서 밑면의 변의 수를 □개라 하면
모서리 수는 (□×2)개, 꼭짓점의 수는 (□+1)개입니다.
⇨ (□×2)$-$(□+1)$=7$, □$-1=7$, □$=8$
따라서 밑면의 변의 수가 8개이면 팔각형이므로 **팔각뿔**입니다.

07 모서리를 자르는 방법에 따라 여러 가지로 그릴 수 있습니다. 삼각형 모양의 밑면 2개와 직사각형 모양의 옆면 3개를 그려야 합니다.

08 서술형 가이드 각뿔의 이름을 알고 모든 모서리의 길이의 합을 구하는 과정이 들어 있어야 합니다.

채점 기준	
상	각뿔의 이름을 알고 모든 모서리의 길이의 합을 바르게 구함.
중	각뿔의 이름은 알았으나 모든 모서리의 길이의 합을 구하지 못함.
하	각뿔의 이름을 몰라 모든 모서리의 길이의 합을 구하지 못함.

09 생각 열기 전개도를 접었을 때 각 면과 사각기둥의 각 면을 비교합니다.

빨간색 선은 밑면 1개와 옆면 2개에 그어져 있습니다. 전개도에서 밑면 1개에는 선이 그어져 있으므로 옆면 2개를 찾아 선을 그으면 오른쪽과 같습니다.
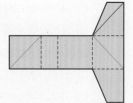

10 서술형 가이드 ㉠과 ㉡을 각각 구해 개수를 비교하는 과정이 들어 있어야 합니다.

채점 기준	
상	㉠과 ㉡을 각각 구해 개수가 더 많은 것의 기호를 바르게 씀.
중	㉠과 ㉡ 중 하나만 바르게 구함.
하	㉠과 ㉡을 모두 구하지 못함.

11
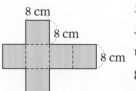

전개도의 둘레에는 8 cm인 선분이 모두 14개 있습니다.
따라서 전개도의 둘레는
$8\times14=$**112 (cm)**입니다.

참고
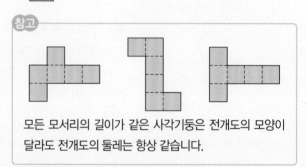

모든 모서리의 길이가 같은 사각기둥은 전개도의 모양이 달라도 전개도의 둘레는 항상 같습니다.

12 생각 열기 사각기둥의 전개도를 그려 봅니다.
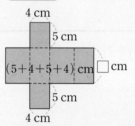

사각기둥의 높이를 □ cm라 하면
$(4\times5)\times2+(4+5+4+5)\times□=166$,
$40+18\times□=166$, $18\times□=126$, □$=7$입니다.
따라서 사각기둥의 높이는 **7 cm**입니다.

13 해법 순서
① 만들 수 있는 각기둥의 꼭짓점의 수와 모서리의 수를 알아봅니다.
② 만들 수 있는 각기둥의 한 밑면의 변의 수를 알아봅니다.
③ 만들 수 있는 각기둥의 이름을 씁니다.

고무찰흙은 18개이고 긴 막대는 9개, 짧은 막대는 18개로 막대는 모두 27개이므로 꼭짓점이 18개, 모서리가 27개인 각기둥을 만들 수 있습니다.

각기둥에서 한 밑면의 변의 수를 □개라 하면 꼭짓점의 수는 (□×2)개입니다.
□×2$=18$, □$=9$이므로 밑면의 모양은 구각형입니다.
따라서 **구각기둥**을 만들 수 있습니다.

14 [해법 순서]

① 옆면끼리 만나서 생긴 모서리의 길이의 합을 구합니다.

② 옆면끼리 만나서 생긴 모서리의 수를 알아봅니다.

③ 돌의 높이를 구합니다.

(옆면끼리 만나서 생긴 모서리의 길이의 합)

=(모든 모서리의 길이의 합)−(한 밑면의 둘레)×2

=296−80×2=136 (cm)

팔각기둥의 높이는 옆면끼리 만나서 생긴 한 모서리의 길이와 같고 팔각기둥에서 옆면끼리 만나서 생긴 모서리는 8개입니다. 따라서 팔각기둥 모양의 돌의 높이는 136÷8=**17 (cm)**입니다.

실력평가

55 ~ 57쪽

01 가, 마   **02** 다, 바

03 오각뿔   **04** 면 ㄱㄴㄷ, 면 ㄹㅁㅂ

05 ③

06 예 옆면이 4개입니다. ;

　　예 각기둥의 밑면은 2개, 각뿔의 밑면은 1개입니다.

07 6개   **08** 주희

09 면 가, 면 나, 면 다, 면 라

10 (위부터) 14, 9, 21 ; 9, 9, 16

11 삼각기둥   **12** 선분 ㅇㅅ

13

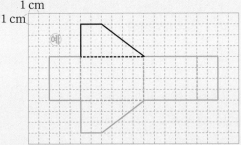

14 ㄹ, ㄱ, ㄷ, ㄴ

15 예 길이가 2 cm인 모서리가 16개이고 길이가 5 cm인 모서리가 8개입니다.

　⇨ (모든 모서리의 길이의 합)=2×16+5×8

　　　　　　　　　　　　　　　=32+40=72 (cm)

　; 72 cm

16 2개   **17** 12개

18 65 cm   **19** 십이각기둥

20 예 각기둥에서 한 밑면의 변의 수를 □개라 하면 꼭짓점의 수는 (□×2)개, 모서리의 수는 (□×3)개이므로 □×2+□×3=40, □×5=40, □=8입니다. 따라서 각기둥의 밑면의 모양이 팔각형이므로 팔각기둥입니다. ; 팔각기둥

01 서로 평행한 두 면이 합동인 다각형으로 이루어진 입체도형을 찾으면 **가, 마**입니다.

02 밑에 놓인 면이 다각형이고 옆으로 둘러싼 면이 모두 삼각형인 입체도형을 찾으면 **다, 바**입니다.

03 [생각 열기] 각뿔의 이름은 밑면의 모양에 따라 정해집니다.

밑면의 모양이 오각형인 각뿔이므로 **오각뿔**입니다.

04 서로 평행하고 합동인 두 면을 찾습니다.

⇨ 밑면은 **면 ㄱㄴㄷ, 면 ㄹㅁㅂ**입니다.

> [주의]
>
> 밑면이라고 해서 밑에 있는 면이라고 생각하면 안 됩니다. 밑면을 면 ㄴㄷㅂㅁ이라고 쓰지 않도록 주의합니다.

> [참고]
>
> 면 ㄱㄷㅂㄹ, 면 ㄴㄷㅂㅁ, 면 ㄱㄴㅁㄹ은 옆면입니다.

05 ③ 각기둥의 옆면의 모양이 항상 직사각형입니다.

06 [같은 점] 예 밑면의 모양이 사각형입니다.

[다른 점] 예 각기둥의 옆면의 모양은 직사각형이고 각뿔의 옆면의 모양은 삼각형입니다.

[서술형 가이드] 각기둥과 각뿔의 같은 점과 다른 점을 바르게 써야 합니다.

[채점 기준]	
상	같은 점과 다른 점을 각각 바르게 씀.
중	같은 점이나 다른 점 중 하나만 바르게 씀.
하	같은 점과 다른 점을 모두 쓰지 못함.

07 [생각 열기] 각기둥에서 모서리와 모서리가 만나는 점은 꼭짓점입니다.

삼각기둥에서 한 밑면의 변의 수는 3개이므로 꼭짓점은 3×2=**6(개)**입니다.

08 주희가 만든 전개도를 접으면 오각형 모양의 두 밑면이 평행하지 않습니다.

따라서 오각기둥을 만들 수 없는 사람은 **주희**입니다.

09 투입구가 있는 면과 만나는 면은 투입구가 있는 면과 평행한 면인 면 마를 제외한 면입니다.

따라서 **면 가, 면 나, 면 다, 면 라**입니다.

10 생각 열기 칠각기둥에서 한 밑면의 변의 수는 7개, 팔각뿔의 밑면의 변의 수는 8개입니다.

• 칠각기둥: (꼭짓점의 수)$=7 \times 2=$**14**(개)

  (면의 수)$=7+2=$**9**(개)

  (모서리의 수)$=7 \times 3=$**21**(개)

• 팔각뿔: (꼭짓점의 수)$=8+1=$**9**(개)

  (면의 수)$=8+1=$**9**(개)

  (모서리의 수)$=8 \times 2=$**16**(개)

11 생각 열기 각기둥의 옆면은 직사각형이므로 직사각형을 제외한 면 2개가 밑면입니다.

밑면의 모양이 삼각형이므로 **삼각기둥**입니다.

12 전개도를 접으면 점 ㄹ과 점 ㅇ, 점 ㅁ과 점 ㅅ이 만나므로 선분 ㄹㅁ과 맞닿는 선분은 **선분 ㅇㅅ**입니다.

13 사각형 모양의 밑면 2개와 직사각형 모양의 옆면 4개를 그려야 합니다.

14 ㉠ 사각기둥에서 한 밑면의 변의 수는 4개입니다.

  ⇨ (모서리의 수)$=4 \times 3=12$(개)

㉡ 팔각기둥에서 한 밑면의 변의 수는 8개입니다.

  ⇨ (면의 수)$=8+2=10$(개)

㉢ 십각뿔에서 밑면의 변의 수는 10개입니다.

  ⇨ (꼭짓점의 수)$=10+1=11$(개)

㉣ 구각뿔에서 밑면의 변의 수는 9개입니다.

  ⇨ (모서리의 수)$=9 \times 2=18$(개)

⇨ $18 > 12 > 11 > 10$이므로 개수가 많은 것부터 차례로 기호를 쓰면 ㉣, ㉠, ㉢, ㉡입니다.

15 서술형 가이드 길이가 2 cm인 모서리의 길이의 합과 길이가 5 cm인 모서리의 길이의 합을 구하여 모든 모서리의 길이의 합을 구하는 과정이 들어 있어야 합니다.

	채점 기준
상	길이가 2 cm인 모서리의 길이의 합과 길이가 5 cm인 모서리의 길이의 합을 구하여 모든 모서리의 길이의 합을 바르게 구함.
중	길이가 2 cm인 모서리의 길이의 합과 길이가 5 cm인 모서리의 길이의 합은 구했으나 모든 모서리의 길이의 합을 구하지 못함.
하	길이가 2 cm인 모서리의 길이의 합과 길이가 5 cm인 모서리의 길이의 합을 구하지 못해 모든 모서리의 길이의 합을 구하지 못함.

16 각뿔에서 밑면의 변의 수를 □개라 하면

면의 수는 (□$+1$)개, 꼭짓점의 수는 (□$+1$)개, 모서리의 수는 (□$\times 2$)개입니다.

⇨ □$+1+$□$+1-$□$\times 2=$□$\times 2+2-$□$\times 2=2$

17 생각 열기 밑면의 모양이 같은 각기둥과 각뿔은 밑면의 변의 수가 같습니다.

해법 순서

① 각기둥에서 한 밑면의 변의 수를 구합니다.

② 각뿔에서 면의 수를 구합니다.

각기둥에서 한 밑면의 변의 수를 □개라 하면

꼭짓점의 수는 (□$\times 2$)개이므로

□$\times 2=22$, □$=11$입니다.

⇨ 십일각뿔의 면은 $11+1=$**12(개)**입니다.

18 생각 열기 전개도를 접었을 때 만들어지는 각기둥은 밑면의 모양이 오각형이므로 오각기둥입니다.

해법 순서

① 두 밑면의 모서리의 길이의 합을 구합니다.

② 옆면끼리 만나서 생긴 모서리의 길이의 합을 구합니다.

③ ①과 ②를 더합니다.

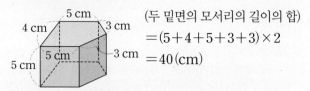

(두 밑면의 모서리의 길이의 합)

$=(5+4+5+3+3) \times 2$

$=40$(cm)

(옆면끼리 만나서 생긴 모서리의 길이의 합)

$=5 \times 5=25$(cm)

⇨ (모든 모서리의 길이의 합)

$=$(두 밑면의 모서리의 길이의 합)

$+$(옆면끼리 만나서 생긴 모서리의 길이의 합)

$=40+25=$**65(cm)**

19 해법 순서

① 한 밑면의 변의 수를 구합니다.

② 각기둥의 이름을 알아봅니다.

한 밑면의 변의 수를 □개라 하면

$6 \times$□$\times 2+9 \times$□$=252$,

$21 \times$□$=252$, □$=12$입니다.

따라서 밑면의 모양이 십이각형이므로 **십이각기둥**입니다.

20 각기둥에서 한 밑면의 변의 수를 □개라 하면 꼭짓점의 수는 (□$\times 2$)개, 모서리의 수는 (□$\times 3$)개입니다.

서술형 가이드 각기둥에서 꼭짓점의 수와 모서리의 수를 이용하여 각기둥의 이름을 구하는 과정이 들어 있어야 합니다.

	채점 기준
상	한 밑면의 변의 수를 구해 각기둥의 이름을 바르게 씀.
중	한 밑면의 변의 수는 구했으나 각기둥의 이름을 쓰지 못함.
하	한 밑면의 변의 수를 구하지 못해 각기둥의 이름을 쓰지 못함.

❸ 소수의 나눗셈

STEP 1 기본 유형 익히기

64 ~ 67쪽

1-1 14.4, 1.44 **1-2** ㉡

1-3 (위부터) 147, $\frac{1}{100}$, 7.35, 1.47;

㉐ 나누는 수가 같고 몫이 735÷5의 $\frac{1}{100}$배가 되려

면 나누어지는 수가 735의 $\frac{1}{100}$배인 수를 5로 나누

는 식이어야 합니다.

2-1 $23.8 \div 7 = \frac{238}{10} \div 7 = \frac{238 \div 7}{10} = \frac{34}{10} = 3.4$

2-2 (1) 1.67 (2) 2.14

2-3 (연결선) **2-4** 2.1배

3-1 0.29 **3-2** 0.55

3-3 3, 2, 1

3-4 방법 1 ㉐ $3.68 \div 4 = \frac{368}{100} \div 4 = \frac{368 \div 4}{100} = \frac{92}{100}$
$= 0.92$

방법 2 ㉐
$$
\begin{array}{r}
0.9\,2 \\
4\,)\overline{3.6\,8} \\
\underline{3\,6} \\
8 \\
\underline{8} \\
0
\end{array}
$$
; 0.92 m²

3-5 0.25

4-1 (1) 1.12 (2) 1.35 **4-2** 0.95, 2.55

4-3 =

4-4 8.3÷5=1.66, 1.66 m

5-1
$$
\begin{array}{r}
4.0\,5 \\
4\,)\overline{1\,6.2} \\
\underline{1\,6} \\
2\,0 \\
\underline{2\,0} \\
0
\end{array}
$$

5-2 0.09, 9.05 **5-3** 8.04 m²

6-1 (1) 2.5 (2) 0.25

6-2 (시계 방향으로) 1.5, 1.125, 0.6, 4.5

6-3 0.95 kg

7-1 (1) ㉐ 8, 2, 4; 3▢9▢5 (2) ㉐ 38, 5, 7; 7▢6▢2

7-2 4.98÷6=0.83에 ○표

7-3 54÷3에 ○표

1-1 나누는 수가 같을 때 나누어지는 수가 $\frac{1}{10}$배, $\frac{1}{100}$배가
되면 몫도 $\frac{1}{10}$배, $\frac{1}{100}$배가 됩니다.

1-2 ㉠ $482 \div 2 = 241 \Rightarrow 48.2 \div 2 = 24.1$
(위: $\frac{1}{10}$배 / 아래: $\frac{1}{10}$배)

㉡ $833 \div 7 = 119 \Rightarrow 8.33 \div 7 = 1.19$
(위: $\frac{1}{100}$배 / 아래: $\frac{1}{100}$배)

따라서 바르게 계산한 것은 ㉡입니다.

1-3 서술형 가이드 □ 안에 알맞은 수를 써넣고 그 이유를 써야
합니다.

채점 기준	
상	□ 안에 알맞은 수를 써넣고 그 이유를 바르게 씀.
중	□ 안에 알맞은 수를 써넣었으나 그 이유는 쓰지 못함.
하	□ 안에 알맞은 수를 써넣지 못하고 이유도 쓰지 못함.

2-1 소수 한 자리 수는 분모가 10인 분수로 고쳐서 계산합
니다.

2-2 생각 열기 자연수의 나눗셈과 같은 방법으로 계산하고 몫
의 소수점은 나누어지는 수의 소수점을 올려 찍습니다.

(1)
$$
\begin{array}{r}
1.6\,7 \\
3\,)\overline{5.0\,1} \\
\underline{3} \\
2\,0 \\
\underline{1\,8} \\
2\,1 \\
\underline{2\,1} \\
0
\end{array}
$$

(2)
$$
\begin{array}{r}
2.1\,4 \\
6\,)\overline{1\,2.8\,4} \\
\underline{1\,2} \\
8 \\
\underline{6} \\
2\,4 \\
\underline{2\,4} \\
0
\end{array}
$$

2-3 11.07÷9=1.23, 30.72÷12=2.56

2-4 생각 열기 ■는 ▲의 (■÷▲)배입니다.

(화강암의 무게)÷(현무암의 무게)
=79.8÷38=**2.1(배)**

3-1 1.74÷6=**0.29**

3-2 4.95<5.31<6.03이므로 가장 작은 수는 4.95입니다.
⇨ 4.95÷9=**0.55**

3-3 $2.96 \div 8 = 0.37$, $1.47 \div 3 = 0.49$, $15.08 \div 26 = 0.58$

⇨ $0.58 > 0.49 > 0.37$

3-4 서술형 가이드 색칠된 부분의 넓이를 서로 다른 두 가지 방법으로 구해야 합니다.

채점 기준

상	색칠된 부분의 넓이를 서로 다른 두 가지 방법으로 바르게 구함.
중	색칠된 부분의 넓이를 한 가지 방법으로 구함.
하	색칠된 부분의 넓이를 구하지 못함.

3-5 생각 열기 곱셈과 나눗셈의 관계를 이용합니다.

어떤 수를 □라 하면

$\square \times 7 = 1.75$ ⇨ $\square = 1.75 \div 7 = $ **0.25**

4-1 생각 열기 나누어떨어지지 않으면 0을 내려 계산합니다.

(1)
$$
\begin{array}{r}
1.1\,2 \\
5\overline{)5.6} \\
\underline{5} \\
6 \\
\underline{5} \\
1\,0 \\
\underline{1\,0} \\
0
\end{array}
$$

(2)
$$
\begin{array}{r}
1.3\,5 \\
8\overline{)1\,0.8} \\
\underline{8} \\
2\,8 \\
\underline{2\,4} \\
4\,0 \\
\underline{4\,0} \\
0
\end{array}
$$

4-2 생각 열기 화살표 방향을 따라 계산합니다.

$5.7 \div 6 = $ **0.95**, $15.3 \div 6 = $ **2.55**

4-3 $69.6 \div 16 = 4.35$, $95.7 \div 22 = 4.35$

4-4 (정오각형의 한 변의 길이)

= (정오각형의 둘레) ÷ (변의 수)

= $8.3 \div 5 = 1.66$ (m)

서술형 가이드 알맞은 나눗셈식을 쓰고 답을 구해야 합니다.

채점 기준

상	알맞은 나눗셈식을 쓰고 답을 바르게 구함.
중	알맞은 나눗셈식은 썼으나 답을 구하지 못함.
하	알맞은 나눗셈식을 쓰지 못하고 답을 구하지 못함.

5-1 소수 첫째 자리 숫자 2를 내렸음에도 4로 나눌 수 없으므로 몫의 소수 첫째 자리에 0을 씁니다.

5-2 $1.08 \div 12 = $ **0.09**, $72.4 \div 8 = $ **9.05**

5-3 (가족 구성원 1명이 청소해야 하는 넓이)

= (전체 넓이) ÷ (가족 수)

= $32.16 \div 4 = $ **8.04** (m^2)

6-1 나누는 수가 같을 때 나누어지는 수가 $\frac{1}{10}$배, $\frac{1}{100}$배가 되면 몫도 $\frac{1}{10}$배, $\frac{1}{100}$배가 됩니다.

6-2 $9 \div 6 = $ **1.5**, $9 \div 8 = $ **1.125**, $9 \div 15 = $ **0.6**, $9 \div 2 = $ **4.5**

6-3 해법 순서

① 전체 배의 수를 구합니다.

② 배 한 개의 무게를 구합니다.

(전체 배의 수) = $5 \times 8 = 40$(개)

⇨ (배 한 개의 무게) = $38 \div 40 = $ **0.95** (kg)

7-1 (1) $7.9 \div 2$를 $8 \div 2$로 어림하면 약 4이므로 몫은 3.95입니다.

(2) $38.1 \div 5$를 $38 \div 5$로 어림하면 약 7이므로 몫은 $38.1 \div 5 = 7.62$입니다.

7-2 $4.98 \div 6$을 $5 \div 6$으로 어림하면 약 0.8이므로 몫은 $4.98 \div 6 = 0.83$입니다.

7-3 나누는 수가 같으므로 나누어지는 수가 클수록 몫이 큽니다.

⇨ $54 > 5.4 > 0.54$이므로 몫이 가장 큰 나눗셈은 $54 \div 3$입니다.

다른 풀이

$54 \div 3 = 18$, $5.4 \div 3 = 1.8$, $0.54 \div 3 = 0.8$

⇨ $18 > 1.8 > 0.18$이므로 몫이 가장 큰 나눗셈은 $54 \div 3$입니다.

STEP 2 응용 유형 익히기 68~75쪽

응용 **1** 1.975

예제 **1-1** 1.68　　예제 **1-2** 5.2

응용 **2** 1.15 m

예제 **2-1** 5.24 m　　예제 **2-2** 9.6 m

응용 **3** 0.64 L

예제 **3-1** 0.78 kg　　예제 **3-2** 2.69 L

예제 **3-3** 60.42 kg

응용 **4** 3.1 L

예제 **4-1** 2.85 L　　예제 **4-2** 2.44 L

예제 **4-3** 1.88 L

응용 **5** 8.24 cm

예제 **5-1** 6.76 cm　　예제 **5-2** 4.96 cm

응용 **6** 1.45

예제 **6-1** 2.09　　예제 **6-2** 1.5

예제 **6-3** 9.42

응용 **7** 348 m

예제 **7-1** 570 m　　예제 **7-2** 2.84 km

예제 **7-3** 기차, 10.5 km

응용 **8** 8, 6, 4; 2.15

예제 **8-1** 9, 7, 5; 1.94

예제 **8-2** 9, 4, 3, 2, 4.715; 2, 3, 4, 9, 0.26

응용 **1**　(1) $4 \times \bullet = 63.2 \Rightarrow \bullet = 63.2 \div 4 = 15.8$

　　　(2) $\bullet \div 8 = \blacktriangle \Rightarrow 15.8 \div 8 = \blacktriangle, \blacktriangle = \mathbf{1.975}$

예제 **1-1** 해법 순서

① ♥의 값을 구합니다.
② ★의 값을 구합니다.

・$7 \times ♥ = 58.8 \Rightarrow ♥ = 58.8 \div 7 = 8.4$
・$♥ \div 5 = ★ \Rightarrow 8.4 \div 5 = ★, ★ = \mathbf{1.68}$

예제 **1-2** 해법 순서

① ■의 값을 구합니다.
② ▼의 값을 구합니다.
③ ♠의 값을 구합니다.

・$3 \times ■ = 93.6 \Rightarrow ■ = 93.6 \div 3 = 31.2$
・$▼ \times 9 = 54 \Rightarrow ▼ = 54 \div 9 = 6$
・$■ \div ▼ = ♠ \Rightarrow 31.2 \div 6 = ♠, ♠ = \mathbf{5.2}$

응용 **2**　(1) (나무 사이의 간격 수)=(나무 수)-1
　　　　　　　　　　　　　　=10-1=9(군데)

　　　(2) (나무 사이의 간격)=10.35÷9=**1.15 (m)**

예제 **2-1** 해법 순서

① 가로등 사이의 간격 수를 구합니다.
② 가로등 사이의 간격을 구합니다.

(가로등 사이의 간격 수)
　=(가로등 수)-1=16-1=15(군데)
⇨ (가로등 사이의 간격)=78.6÷15
　　　　　　　　　　　=**5.24 (m)**

예제 **2-2** 해법 순서

① 도로의 한쪽에 꽂아야 하는 깃발 수를 구합니다.
② 깃발 사이의 간격 수를 구합니다.
③ 깃발 사이의 간격을 구합니다.

(도로의 한쪽에 꽂아야 하는 깃발 수)
　=28÷2=14(개)
(깃발 사이의 간격 수)
　=(도로 한쪽에 꽂아야 하는 깃발 수)-1
　=14-1=13(군데)
⇨ (깃발 사이의 간격)=124.8÷13=**9.6 (m)**

응용 **3**　(1) (전체 음료수의 양)=1.6×4=6.4 (L)

　　　(2) (컵 한 개에 담은 음료수의 양)
　　　　　=6.4÷10=**0.64 (L)**

예제 **3-1** 해법 순서

① 전체 소금의 양을 구합니다.
② 한 통에 담은 소금의 양을 구합니다.

(전체 소금의 양)=3.12×3=9.36 (kg)
⇨ (한 통에 담은 소금의 양)
　　=9.36÷12=**0.78 (kg)**

예제 **3-2** 해법 순서

① 섞은 물의 양을 구합니다.
② 물병 한 개에 담은 물의 양을 구합니다.

(섞은 물의 양)=5.8+4.96=10.76 (L)
⇨ (물병 한 개에 담은 물의 양)
　　=10.76÷4=**2.69 (L)**

예제 **3-3** 해법 순서

① 한 봉지에 담은 새우젓의 양을 구합니다.
② 판 새우젓의 양을 구합니다.
③ 팔고 남은 새우젓의 양을 구합니다.

(한 봉지에 담은 새우젓의 양)
　=76.32÷24=3.18 (kg)
(판 새우젓의 양)=3.18×5=15.9 (kg)
⇨ (팔고 남은 새우젓의 양)
　　=76.32-15.9
　　=**60.42 (kg)**

다른 풀이

(한 봉지에 담은 새우젓의 양)
=76.32÷24=3.18 (kg)
팔고 남은 봉지는 24-5=19(봉지)이므로
(팔고 남은 새우젓의 양)
=3.18×19=**60.42 (kg)**입니다.

응용 **4**　(1) (직사각형 모양 벽의 넓이)=4×2=8 (m²)

　　　(2) (1 m²의 벽을 칠하는 데 사용한 페인트의 양)
　　　　　=24.8÷8=**3.1 (L)**

예제 **4-1** 해법 순서
① 직사각형 모양 벽의 넓이를 구합니다.
② $1\,m^2$의 벽을 칠하는 데 사용한 페인트의 양을 구합니다.
(직사각형 모양 벽의 넓이)$=8\times7=56\,(m^2)$
⇨ (1\,m^2의 벽을 칠하는 데 사용한 페인트의 양)
$=159.6\div56=\mathbf{2.85\,(L)}$

예제 **4-2** 해법 순서
① 정사각형 모양 벽의 넓이를 구합니다.
② $1\,m^2$의 벽을 칠하는 데 사용한 페인트의 양을 구합니다.
(정사각형 모양 벽의 넓이)$=6\times6=36\,(m^2)$
⇨ (1\,m^2의 벽을 칠하는 데 사용한 페인트의 양)
$=87.84\div36=\mathbf{2.44\,(L)}$

예제 **4-3** 해법 순서
① 벽의 가로와 세로를 각각 구합니다.
② 직사각형 모양 벽의 넓이를 구합니다.
③ $1\,m^2$의 벽을 칠하는 데 사용한 페인트의 양을 구합니다.
(벽의 가로)$=5\times3=15\,(m)$
(벽의 세로)$=3\times2=6\,(m)$
(직사각형 모양 벽의 넓이)$=15\times6=90\,(m^2)$
⇨ (1\,m^2의 벽을 칠하는 데 사용한 페인트의 양)
$=169.2\div90=\mathbf{1.88\,(L)}$

응용 **5**
(1) (평행사변형 가의 넓이)
$=8\times6.18=49.44\,(cm^2)$
(2) (직사각형 나의 넓이)
$=$(평행사변형 가의 넓이)$=49.44\,cm^2$
⇨ (직사각형 나의 가로)$=49.44\div6$
$=\mathbf{8.24\,(cm)}$

예제 **5-1** 해법 순서
① 정사각형 가의 넓이를 구합니다.
② 평행사변형 나의 넓이를 구합니다.
③ 평행사변형 나의 높이를 구합니다.
(정사각형 가의 넓이)
$=7.8\times7.8=60.84\,(cm^2)$
(평행사변형 나의 넓이)
$=$(정사각형 가의 넓이)$=60.84\,cm^2$
⇨ (평행사변형 나의 높이)
$=60.84\div9=\mathbf{6.76\,(cm)}$

예제 **5-2** 해법 순서
① 삼각형 가의 넓이를 구합니다.
② 마름모 나의 넓이를 구합니다.
③ 마름모 나의 다른 대각선의 길이를 구합니다.
(삼각형 가의 넓이)
$=12.4\times5.6\div2=34.72\,(cm^2)$
(마름모 나의 넓이)
$=$(삼각형 가의 넓이)$=34.72\,cm^2$
⇨ (마름모 나의 다른 대각선의 길이)
$=34.72\times2\div14=\mathbf{4.96\,(cm)}$

응용 **6**
(1) 어떤 수를 □라 하면 잘못 계산한 식은
$\square\times6=52.2$입니다.
(2) $\square=52.2\div6=8.7$
(3) 바르게 계산하면 $8.7\div6=\mathbf{1.45}$입니다.

예제 **6-1** 어떤 수를 □라 하면 잘못 계산한 식은
$\square\times4=33.44$입니다.
⇨ $\square=33.44\div4=8.36$
따라서 바르게 계산하면 $8.36\div4=\mathbf{2.09}$입니다.

예제 **6-2** 어떤 수를 □라 하면 잘못 계산한 식은 $\square\div3=4$입니다.
⇨ $\square=4\times3=12$
따라서 바르게 계산하면 $12\div8=\mathbf{1.5}$입니다.

예제 **6-3** 어떤 수를 □라 하면 잘못 계산한 식은
$\square\div2=15.7$입니다.
⇨ $\square=15.7\times2=31.4$
따라서 바르게 계산하면 $31.4\div5=6.28$이므로 바르게 계산한 몫과 잘못 계산한 몫의 차는
$15.7-6.28=\mathbf{9.42}$입니다.

응용 **7**
(1) (1분 동안 갈 수 있는 거리)$=40.6\div7=5.8\,(m)$
(2) 1시간$=60$분
(3) (1시간 동안 갈 수 있는 거리)
$=5.8\times60=\mathbf{348\,(m)}$

예제 **7-1** 해법 순서
① 1분 동안 갈 수 있는 거리를 구합니다.
② 1시간은 몇 분인지 구합니다.
③ 1시간 동안 갈 수 있는 거리를 구합니다.
(1분 동안 갈 수 있는 거리)$=76\div8=9.5\,(m)$
(1시간 동안 갈 수 있는 거리)
$=9.5\times60=\mathbf{570\,(m)}$

예제 **7-2** 해법 순서
① 2시간 30분은 몇 분인지 구합니다.
② 1분 동안 달린 거리를 구합니다.
③ 10분 동안 달린 거리를 구합니다.

2시간 30분=120분+30분=150분
(1분 동안 달린 거리)=42.6÷150=0.284 (km)
⇨ (10분 동안 달린 거리)
   =0.284×10=**2.84 (km)**

다른 풀이
2시간 30분=150분이고 이것은 10분의 15배입니다.
⇨ (10분 동안 달린 거리)=42.6÷15=**2.84 (km)**

예제 **7-3** 해법 순서
① 자동차가 1분 동안 가는 거리를 구합니다.
② 기차가 1분 동안 가는 거리를 구합니다.
③ 1분 동안 어느 것이 얼마나 더 멀리 가는지 구합니다.
④ 25분 동안 어느 것이 얼마나 더 멀리 가는지 구합니다.

(자동차가 1분 동안 가는 거리)
=18.85÷13=1.45 (km)
(기차가 1분 동안 가는 거리)
=7.48÷4=1.87 (km)
⇨ 1분 동안 기차가 자동차보다
   1.87-1.45=0.42 (km) 더 멀리 가므로
   25분 후에는 기차가 자동차보다
   0.42×25=**10.5 (km)** 더 멀리 갑니다.

응용 **8** ⑴ 몫이 가장 크게 되려면 나누어지는 수는 크고 나누는 수는 작아야 하므로 나누어지는 수는 8.6, 나누는 수는 4이어야 합니다.
⑵ 8.6÷4=2.15

참고
■÷●에서 ■가 크고 ●가 작을수록 몫이 큽니다.
■가 작고 ●가 클수록 몫이 작습니다.

예제 **8-1** 몫이 가장 크게 되려면 나누어지는 수는 크고 나누는 수는 작아야 하므로 나누어지는 수는 9.7, 나누는 수는 5이어야 합니다.
⇨ 9.7÷5=**1.94**

예제 **8-2** • 가장 큰 몫:
(가장 큰 소수 두 자리 수)÷(가장 작은 자연수)
=**9.43÷2=4.715**
• 가장 작은 몫:
(가장 작은 소수 두 자리 수)÷(가장 큰 자연수)
=**2.34÷9=0.26**

STEP **3** 응용 유형 뛰어넘기
76 ～ 80쪽

01 2.5, 4.02, 3.51, 0.76
02 2.5분
03 6개
04 1.425 kg
05 예 10▲8=10÷8=1.25 ⇨ ㉠=1.25
5●4=4÷5=0.8 ⇨ ㉡=0.8
따라서 1.25>0.8이므로
㉠-㉡=1.25-0.8=0.45입니다.; 0.45
06 184.96 cm²
07 멋진 자동차
08 예 몫이 가장 크려면 나누어지는 수가 크고 나누는 수가 작아야 하므로 나누어지는 수는 97.6, 나누는 수는 4입니다.
⇨ 97.6÷4=24.4; 24.4
09 2.05 m
10 17.3 cm
11 예 (로봇 9개의 무게)=0.8×9=7.2 (kg)
(팽이 7개의 무게)=10.98-7.2=3.78 (kg)
⇨ (팽이 한 개의 무게)=3.78÷7=0.54 (kg)
; 0.54 kg
12 0.56 m
13 4
14 20분 3초

01 생각 열기 사다리를 타고 내려가다 만나는 곳이 있으면 그 길을 따라갑니다.

```
       0.7 6              3.5 1
   8)6.0 8           6)2 1.0 6
     5 6               1 8
       4 8               3 0
       4 8               3 0
         0                 6
                           6
                           0
```

```
       2.5                4.0 2
  15)3 7.5            5)2 0.1
     3 0                2 0
       7 5               1 0
       7 5               1 0
         0                 0
```

3. 소수의 나눗셈 **25**

02 생각 열기 대화역에서 원흥역까지는 8개 역을 가야 합니다.

(역과 역 사이를 지나는 데 걸리는 시간)

$=20 \div 8 = \mathbf{2.5(분)}$

03 해법 순서

① $26.4 \div 3$의 몫을 구합니다.

② $71.5 \div 5$의 몫을 구합니다.

③ □ 안에 들어갈 수 있는 자연수는 모두 몇 개인지 구합니다.

$26.4 \div 3 = 8.8$, $71.5 \div 5 = 14.3$

⇨ $8.8 < \square < 14.3$이므로 □ 안에 들어갈 수 있는 자연수는 9, 10, 11, 12, 13, 14로 모두 **6개**입니다.

04 해법 순서

① 할머니 댁에 보내고 남은 귤의 무게를 구합니다.

② 봉지 한 개에 담아야 하는 귤의 무게를 구합니다.

(할머니 댁에 보내고 남은 귤의 무게)

$= 57.75 - 15$

$= 42.75 \,(kg)$

⇨ (봉지 한 개에 담아야 하는 귤의 무게)

$= 42.75 \div 30$

$= \mathbf{1.425 \,(kg)}$

05 생각 열기 $10 ▲ 8$은 ㉮ 대신에 10, ㉯ 대신에 8을 넣고 $5 ● 4$는 ㉮ 대신에 5, ㉯ 대신에 4를 넣습니다.

해법 순서

① $10 ▲ 8$을 구합니다.

② $5 ● 4$를 구합니다.

③ ①과 ②의 차를 구합니다.

서술형 가이드 ㉠과 ㉡을 각각 구하여 ㉠과 ㉡의 차를 구하는 과정이 들어 있어야 합니다.

채점 기준	
상	㉠과 ㉡을 각각 구하여 ㉠과 ㉡의 차를 바르게 구함.
중	㉠과 ㉡은 각각 구했으나 ㉠과 ㉡의 차를 구하는 과정에서 실수하여 답이 틀림.
하	㉠과 ㉡을 각각 구하지 못해 ㉠과 ㉡의 차를 구하지 못함.

06 생각 열기 정사각형은 네 변의 길이가 모두 같습니다.

(국기의 한 변의 길이) $= 54.4 \div 4 = 13.6 \,(cm)$

⇨ (국기의 넓이) $= 13.6 \times 13.6 = \mathbf{184.96 \,(cm^2)}$

> 참고
>
> (정사각형의 둘레) $=$ (한 변의 길이) $\times 4$
>
> (정사각형의 넓이) $=$ (한 변의 길이) $\times$ (한 변의 길이)

07 생각 열기 각 자동차가 $1\,L$로 갈 수 있는 거리를 비교해 봅니다.

(천재 자동차가 $1\,L$로 갈 수 있는 거리)

$= 129.6 \div 6 = 21.6 \,(km)$

(반짝 자동차가 $1\,L$로 갈 수 있는 거리)

$= 187.2 \div 9 = 20.8 \,(km)$

(멋진 자동차가 $1\,L$로 갈 수 있는 거리)

$= 111.5 \div 5 = 22.3 \,(km)$

⇨ $22.3 > 21.6 > 20.8$이므로 $1\,L$로 갈 수 있는 거리가 가장 먼 자동차는 **멋진 자동차**입니다.

08 서술형 가이드 나누어지는 수와 나누는 수를 각각 구해 몫이 가장 큰 나눗셈식을 만들고 몫을 구해야 합니다.

채점 기준	
상	몫이 가장 큰 나눗셈식을 만들고 몫을 바르게 구함.
중	몫이 가장 큰 나눗셈식을 만들었으나 몫을 구하지 못함.
하	몫이 가장 큰 나눗셈식을 만들지 못해 몫을 구하지 못함.

09 생각 열기 이어 붙인 색 테이프 전체 길이는 색 테이프 5장의 길이에서 겹쳐진 4군데의 길이를 빼 줍니다.

해법 순서

① 이어 붙인 색 테이프 전체의 길이를 구합니다.

② 6도막으로 나눈 한 도막의 길이를 구합니다.

(이어 붙인 색 테이프 전체의 길이)

$= 2.7 \times 5 - 0.3 \times 4$

$= 13.5 - 1.2 = 12.3 \,(m)$

⇨ (똑같이 6도막으로 나눈 한 도막의 길이)

$= 12.3 \div 6 = \mathbf{2.05 \,(m)}$

10 해법 순서

① 1분 동안 탄 초의 길이를 구합니다.

② 14분 동안 탄 초의 길이를 구합니다.

③ 14분 후 남은 초의 길이를 구합니다.

(1분 동안 탄 초의 길이) $= 2.2 \div 4$

$= 0.55 \,(cm)$

(14분 동안 탄 초의 길이) $= 0.55 \times 14$

$= 7.7 \,(cm)$

⇨ (14분 후 남은 초의 길이) $= 25 - 7.7 = \mathbf{17.3 \,(cm)}$

> 다른 풀이
>
> 14분은 4분의 $14 \div 4 = 3.5$(배)이므로 14분 동안 탄 초의 길이는 $2.2 \times 3.5 = 7.7 \,(cm)$입니다.
>
> ⇨ (14분 후 남은 초의 길이) $= 25 - 7.7 = \mathbf{17.3 \,(cm)}$

11
해법 순서
① 로봇 9개의 무게를 구합니다.
② 팽이 7개의 무게를 구합니다.
③ 팽이 한 개의 무게를 구합니다.

서술형 가이드 팽이 7개의 무게를 구하여 팽이 한 개의 무게를 구하는 과정이 들어 있어야 합니다.

채점 기준

상	팽이 7개의 무게를 구하여 팽이 한 개의 무게를 바르게 구함.
중	팽이 7개의 무게는 구했으나 팽이 한 개의 무게를 구하지 못함.
하	팽이 7개의 무게를 구하지 못해 팽이 한 개의 무게를 구하지 못함.

12
생각 열기 정사각형 모양 잔디밭의 넓이와 직사각형 모양 잔디밭의 넓이는 같습니다.

(정사각형 모양 잔디밭의 넓이)
$= 8.4 \times 8.4 = 70.56 \ (m^2)$
(직사각형 모양 잔디밭의 세로)
$= 70.56 \div (8.4 + 0.6)$
$= 70.56 \div 9 = 7.84 \ (m)$
⇨ (줄여야 하는 세로) $= 8.4 - 7.84$
$= \mathbf{0.56 \ (m)}$

13 ◆♥는 두 자리 수이고 $9 \times ♥$의 몫입니다.
곱셈구구를 이용하여 $9 \times ♥$의 몫의 일의 자리 수가 ♥인 경우를 찾으면 $9 \times 5 = 45$입니다.
따라서 ♥$= 5$, ◆$= 4$입니다.

14
생각 열기 두 사람이 원 모양의 공원 둘레를 걷고 있으므로 처음 만나는 때는 두 사람이 걸은 거리의 합이 공원 둘레와 같아질 때입니다.

(1분 동안 은하가 걷는 거리)
$= 98.8 \div 8 = 12.35 \ (m)$
(1분 동안 성우가 걷는 거리)
$= 139.8 \div 12 = 11.65 \ (m)$
(두 사람이 1분 동안 걷는 거리)
$= 12.35 + 11.65 = 24 \ (m)$
따라서 두 사람은 출발한 지 $481.2 \div 24 = 20.05$(분)
⇨ $20 \frac{5}{100}$ 분 $= 20 \frac{1}{20}$ 분 $= 20 \frac{3}{60}$ 분 $= \mathbf{20분 \ 3초}$
후에 처음으로 만납니다.

실력평가

81 ~ 83쪽

01 $63.5 \div 5 = \frac{635}{10} \div 5 = \frac{635 \div 5}{10} = \frac{127}{10} = 12.7$

02 (1) 6.34 (2) 0.98

03 · · (선 연결)

04 6.48, 2.16

05 예 1이 3으로 나누어지지 않으므로 몫의 소수 첫째 자리에 0을 쓰고 수를 내려서 계산해야 합니다.

```
      3.0 5
   3)9.1 5
     9
     1 5
     1 5
         0
```

06 <

07 0.45 cm

08 (   ) (○) (○)

09 ㄹ, ㄴ, ㄱ, ㄷ

10 5.25 cm

11 12.05 cm

12 예 (2주일의 날수) $= 7 \times 2 = 14$(일)
⇨ (하루에 사용한 밀가루의 양)
$= 72.38 \div 14 = 5.17 \ (kg)$; 5.17 kg

13 1.325 kg

14 4.8 cm

15 (위부터) 2, 6; 9, 0, 4; 2, 8; 0; 4; 2

16 3.6 cm

17 4.08 m²

18 예 어떤 수를 □라 하면 잘못 계산한 식은
□$\times 4 = 195.2$입니다.
⇨ □$= 195.2 \div 4 = 48.8$
따라서 바르게 계산하면 $48.8 \div 4 = 12.2$입니다.
; 12.2

19 93.75 cm²

20 25200원

01 소수 한 자리 수는 분모가 10인 분수로 고쳐서 계산합니다.

02 (1)
```
      6.3 4
   4)2 5.3 6
     2 4
       1 3
       1 2
         1 6
         1 6
             0
```
(2)
```
      0.9 8
   8)7.8 4
     7 2
       6 4
       6 4
           0
```

03 $40.3 \div 13 = 3.1$, $53.9 \div 22 = 2.45$

04 $12.96 \div 2 = \mathbf{6.48}$, $6.48 \div 3 = \mathbf{2.16}$

05 서술형 가이드 몫을 바르게 구했는지, 소수점을 알맞게 찍었는지 확인합니다.

채점 기준	
상	잘못된 곳을 찾아 이유를 쓰고 옳게 계산함.
중	잘못된 곳을 찾아 이유를 썼으나 옳게 계산하는 과정에서 실수하여 답이 틀림.
하	잘못된 곳을 찾아 이유를 쓰지 못하고 옳게 계산하지도 못함.

06 $24.6 \div 12 = 2.05$, $21.6 \div 9 = 2.4$
$\Rightarrow 2.05 < 2.4$

07 (우드록 한 장의 두께)
$=$ (우드록을 쌓은 높이) $\div$ (우드록의 수)
$= 1.8 \div 4 = \mathbf{0.45}$ **(cm)**

08 • $4.43 \div 5 \Rightarrow 4 \div 5$는 약 0.8입니다.
• $3.21 \div 3 \Rightarrow 3 \div 3 = 1$
• $8.54 \div 7 \Rightarrow 8 \div 7$은 약 1입니다.

09 ㉠ $9.54 \div 6 = 1.59$, ㉡ $7 \div 4 = 1.75$
㉢ $10.72 \div 8 = 1.34$, ㉣ $4.62 \div 2 = 2.31$
$\Rightarrow ㉣ > ㉡ > ㉠ > ㉢$

10 (높이) $=$ (평행사변형의 넓이) $\div$ (밑변의 길이)
$\qquad = 31.5 \div 6 = \mathbf{5.25}$ **(cm)**

11 생각 열기 (잘린 도막의 수) $=$ (자른 횟수) $+1$입니다.
7번 잘랐으므로 잘린 도막의 수는 8도막입니다.
$\Rightarrow$ (잘린 한 도막의 길이) $= 96.4 \div 8 = \mathbf{12.05}$ **(cm)**

12 서술형 가이드 2주일의 날수를 구하여 하루에 사용한 밀가루의 양을 구하는 과정이 들어 있어야 합니다.

채점 기준	
상	2주일의 날수를 구하여 하루에 사용한 밀가루의 양을 바르게 구함.
중	2주일의 날수를 구했으나 하루에 사용한 밀가루의 양을 구하지 못함.
하	2주일의 날수를 구하지 못해 하루에 사용한 밀가루의 양을 구하지 못함.

13 해법 순서
① 책 8권의 무게를 구합니다.
② 책 한 권의 무게를 구합니다.
(책 8권의 무게) $= 11 - 0.4 = 10.6$ (kg)
$\Rightarrow$ (책 한 권의 무게) $= 10.6 \div 8 = \mathbf{1.325}$ **(kg)**

14 (정사각형의 둘레) $= 3.6 \times 4 = 14.4$ (cm)
(정삼각형의 둘레) $=$ (정사각형의 둘레) $= 14.4$ cm
$\Rightarrow$ (정삼각형의 한 변의 길이) $= 14.4 \div 3 = \mathbf{4.8}$ **(cm)**

15
$$\begin{array}{r} 4.㉠㉡ \\ 4\overline{)2\,㉢.㉣㉤} \\ \underline{㉥㉦} \\ 1\,◎ \\ \underline{8} \\ 2\,㉧ \\ \underline{㉨\,4} \\ 0 \end{array}$$
• $4 \times 7 = 28 \Rightarrow ㉥ = 2$, ㉦ $= 8$
• $2㉢ - 28 = 1 \Rightarrow ㉢ = 9$
• $4 \times ㉠ = 8 \Rightarrow ㉠ = 2$
• $1◎ - 8 = 2 \Rightarrow ◎ = 0$, ㉣ $= 0$
• $2㉧ - ㉨4 = 0$
$\Rightarrow ㉧ = 4$, ㉨ $= 2$, ㉤ $= 4$
• $4 \times ㉡ = 24 \Rightarrow ㉡ = 6$

16 생각 열기 삼각형 ㄱㄴㄷ은 밑변이 변 ㄴㄷ일 때 높이는 선분 ㄱㄹ, 밑변이 변 ㄱㄴ일 때 높이는 5 cm입니다.
(삼각형의 ㄱㄴㄷ의 넓이) $= 7.2 \times 2.5 \div 2 = 9$ (cm²)
삼각형 ㄱㄴㄷ의 밑변을 변 ㄱㄴ이라 하면 높이는 5 cm이므로 (변 ㄱㄴ) $= 9 \times 2 \div 5 = \mathbf{3.6}$ **(cm)**입니다.

17 (도화지의 넓이) $= 4 \times 4.59 = 18.36$ (m²)
(한 부분의 넓이) $= 18.36 \div 9 = 2.04$ (m²)
$\Rightarrow$ (색칠한 부분의 넓이) $= 2.04 \times 2 = \mathbf{4.08}$ **(m²)**

18 해법 순서
① 어떤 수를 □라 하여 잘못 계산한 식을 세웁니다.
② □를 구합니다.
③ 바르게 계산한 값을 구합니다.

서술형 가이드 어떤 수를 구하여 바르게 계산하는 과정이 들어 있어야 합니다.

채점 기준	
상	어떤 수를 구하여 바르게 계산함.
중	어떤 수를 구했으나 바르게 계산하는 과정에서 실수하여 답이 틀림.
하	어떤 수를 구하지 못해 바르게 계산하지 못함.

19 해법 순서
① 타일 한 개의 한 변의 길이를 구합니다.
② 타일 전체의 넓이를 구합니다.
전체 타일의 둘레는 타일 한 개의 한 변의 길이의 20배입니다.
(타일 한 개의 한 변의 길이) $= 50 \div 20 = 2.5$ (cm)
$\Rightarrow$ (타일 전체의 넓이) $= 2.5 \times 2.5 \times 15 = \mathbf{93.75}$ **(cm²)**

20 해법 순서
① 휘발유 1 L로 갈 수 있는 거리를 구합니다.
② 216 km를 가는 데 필요한 휘발유의 양을 구합니다.
③ 216 km를 가는 데 필요한 휘발유의 값을 구합니다.
(휘발유 1 L로 갈 수 있는 거리)
$= 135 \div 9 = 15$ (km)
(216 km를 가는 데 필요한 휘발유의 양)
$= 216 \div 15 = 14.4$ (L)
$\Rightarrow$ (216 km를 가는 데 필요한 휘발유의 값)
$= 1750 \times 14.4 = \mathbf{25200}$ **(원)**

4 비와 비율

1-1 (1) 9 (2) 2

1-2 (1)

모둠 수	1	2	3	4	5
남학생 수(명)	2	4	6	8	10
여학생 수(명)	1	2	3	4	5

(2) 2

2-1 (1) 2, 7 (2) 6, 5 (3) 8, 7 (4) 4, 9

2-2 5 : 8

2-3 (1) 15 : 7 (2) 7 : 15

2-4 11 : 17

2-5 6 : 12

3-1 (1) 비, 기 (2) 기, 비 (3) 비, 기

3-2 (   ) (○)

3-3 0.72

3-4 예 (남학생 수)=9-2=7(명)

따라서 서희네 모둠 전체 학생 수에 대한 남학생 수의

비율을 분수로 나타내면 $\frac{7}{9}$입니다. ; $\frac{7}{9}$

4-1 (1) 305 (2) 89 (3) 경상남도

4-2 $\frac{28}{200}\left(=\frac{7}{50}=0.14\right)$

4-3 $\frac{100}{50}(=2)$

5-1 (1) 40 % (2) 165 %

5-2 32 %

5-3 (위부터) 37 ; $\frac{9}{100}$, 9

5-4 9 %

6-1 19 %

6-2 예 진환: $\frac{12}{16}×100=75$ (%),

민철: $\frac{18}{25}×100=72$ (%)

따라서 성공률이 더 높은 사람은 진환입니다. ; 진환

6-3 송나라

1-1 생각 열기 두 수를 뺄셈이나 나눗셈으로 비교할 수 있습니다.

(1) 18-9=**9**(명)

(2) 18÷9=**2**(배)

1-2 (1) 모둠 수가 1씩 늘어날수록 남학생은 2명씩, 여학생은 1명씩 늘어납니다.

(2) 2÷1=**2**, 4÷2=**2**, 6÷3=**2**, 8÷4=**2**, 10÷5=**2**이므로 (남학생 수)÷(여학생 수)=**2**입니다.

2-1 (1) 2 대 7 ⇨ **2 : 7**

(2) 5에 대한 6의 비 ⇨ **6 : 5**

(3) 8의 7에 대한 비 ⇨ **8 : 7**

(4) 4와 9의 비 ⇨ **4 : 9**

참고

■ : ● ⇨ ┌ ■ 대 ●
   ├ ■와 ●의 비
   ├ ■의 ●에 대한 비
   └ ●에 대한 ■의 비

2-2 전체가 8칸, 색칠한 부분이 5칸이므로 **5 : 8**입니다.

참고

기준량: 전체, 비교하는 양: 색칠한 부분

2-3 (1) 오토바이 수에 대한 승용차 수의 비

⇨ (승용차 수) : (오토바이 수)=**15 : 7**

(2) 승용차 수에 대한 오토바이 수의 비

⇨ (오토바이 수) : (승용차 수)=**7 : 15**

주의

'~에 대한 ~의 비' 또는 '~의 ~에 대한 비'에서 '~에 대한'에 해당하는 양을 : 뒤에 쓰고, '~의'에 해당하는 양을 : 앞에 써야 합니다.

2-4 자음 수에 대한 모음 수의 비
   (기준량) (비교하는 양)

⇨ (모음 수) : (자음 수)=**11 : 17**

2-5 가야금 줄 수에 대한 거문고 줄 수의 비
  (기준량)   (비교하는 양)

⇨ (거문고 줄 수) : (가야금 줄 수)=**6 : 12**

3-1 ■에 대한 ⇨ ■는 기준량입니다.

●의 ⇨ ●는 비교하는 양입니다.

3-2 27 : 40의 비율 ⇨ $\frac{27}{40}=0.675$

18 : 24의 비율 ⇨ $\frac{18}{24}=0.75$

따라서 18 : 24의 비율이 더 큽니다.

3-3 (전체 문제 수에 대한 맞힌 문제 수의 비율)

기준량 ── 비교하는 양

= (맞힌 문제 수) ÷ (전체 문제 수)

= $18 ÷ 25 = 0.72$

3-4 서술형 가이드 남학생 수를 구하여 서희네 모둠 전체 학생 수에 대한 남학생 수의 비율을 분수로 나타냅니다.

채점 기준	
상	남학생 수를 구하여 답을 바르게 구함.
중	남학생 수는 구했으나 답을 바르게 구하지 못함.
하	남학생 수를 구하지 못해 답을 구하지 못함.

참고

$$(비율) = \frac{(비교하는 양)}{(기준량)}$$

$$= \frac{(남학생 수)}{(모둠 전체 학생 수)}$$

4-1 (1) 경상남도: $\frac{(인구)}{(넓이)} = \frac{3200000}{10500} (=304.7\cdots\cdots)$

⇨ 약 **305**

(2) 강원도: $\frac{(인구)}{(넓이)} = \frac{1500000}{16900} (=88.7\cdots\cdots)$

⇨ 약 **89**

(3) **경상남도**가 강원도에 비해 넓이에 대한 인구의 비율이 더 큽니다.

주의

넓이에 대한 인구의 비율이 클수록 인구가 더 밀집한 것입니다.

4-2 생각 열기 기준량은 흰색 물감 양, 비교하는 양은 검은색 물감 양입니다.

$$\frac{(검은색 물감 양)}{(흰색 물감 양)} = \frac{28}{200} (=\frac{7}{50}=0.14)$$

4-3 생각 열기 기준량은 걸린 시간, 비교하는 양은 간 거리입니다.

$$\frac{(간 거리)}{(걸린 시간)} = \frac{100}{50} (=2)$$

5-1 (1) $0.4 \times 100 = 40$ (%)

(2) $\frac{33}{20} \times 100 = 165$ (%)

5-2 생각 열기 기준량은 전체 칸 수, 비교하는 양은 색칠한 칸 수입니다.

전체 50칸 중 색칠한 부분은 16칸이므로

$\frac{16}{50} \times 100 = 32$ (%)입니다.

5-3 • 비율 $\frac{37}{100} = 0.37$을 백분율로 나타내면

$\frac{37}{100} \times 100 = 37$ (%) 또는 $0.37 \times 100 = 37$ (%)

입니다.

• 비율 0.09를 분수로 나타내면 $\frac{9}{100}$, 백분율로 나타내면 $\frac{9}{100} \times 100 = 9$ (%) 또는 $0.09 \times 100 = 9$ (%)

입니다.

5-4 생각 열기 기준량은 강당 넓이, 비교하는 양은 무대 넓이입니다.

$$\frac{(무대 넓이)}{(강당 넓이)} \times 100 = \frac{36}{400} \times 100 = 9 (\%)$$

6-1 생각 열기 기준량은 소금물 양, 비교하는 양은 소금 양입니다.

$$\frac{(소금 양)}{(소금물 양)} \times 100 = \frac{76}{400} \times 100 = 19 (\%)$$

6-2 서술형 가이드 진환이와 민철이의 성공률을 각각 구하여 성공률이 더 높은 사람을 찾습니다.

채점 기준	
상	두 사람의 성공률을 각각 구하여 답을 바르게 구함.
중	두 사람의 성공률은 각각 구하였으나 답을 구하지 못함.
하	두 사람의 성공률을 구하지 못해 답을 구하지 못함.

참고

성공률은 전체 공을 던진 횟수에 대한 성공한 횟수의 비율로 구합니다.

6-3 생각 열기 할인율은 원래 가격에 대한 할인 금액의 비율입니다.

해법 순서

① 송나라와 일본의 할인율을 각각 구합니다.

② 두 나라의 할인율을 비교합니다.

송나라: $\frac{(25000-20000)}{25000} \times 100 = 20 (\%)$

일본: $\frac{(20000-17000)}{20000} \times 100 = 15 (\%)$

⇨ $20 > 15$이므로 **송나라**의 할인율이 더 높습니다.

참고

$$(할인율) = \frac{(할인 금액)}{(원래 가격)} \times 100(\%)$$

STEP 2 응용 유형 익히기   94 ~ 101쪽

응용 1 16 : 21

예제 1-1 18 : 23   **예제 1-2** 15 : 34

응용 2 $\dfrac{30}{40}\left(=\dfrac{3}{4}=0.75\right)$,

$\dfrac{12}{16}\left(=\dfrac{3}{4}=0.75\right)$, 같습니다에 ○표

예제 2-1 $\dfrac{20}{30}\left(=\dfrac{2}{3}\right)$, $\dfrac{12}{18}\left(=\dfrac{2}{3}\right)$, 같습니다

예제 2-2 2.5

응용 3 $\dfrac{248}{2}(=124)$, $\dfrac{396}{3}(=132)$, 지수

예제 3-1 $\dfrac{180}{90}(=2)$, $\dfrac{350}{125}(=2.8)$, 기차

예제 3-2 가

응용 4 B 도시

예제 4-1 여학생   **예제 4-2** B 회사

응용 5 나 선수

예제 5-1 나 팀   **예제 5-2** 105개

응용 6 8 %

예제 6-1 25 %   **예제 6-2** 아이스크림

응용 7 든든 은행

예제 7-1 소망 은행   **예제 7-2** ㉮ 은행

응용 8 20 %

예제 8-1 10 %   **예제 8-2** 24 %

응용 1 (1) (남학생 수)=37−16=21(명)
(2) 여학생 수의 남학생 수에 대한 비
  ⇨ (여학생 수) : (남학생 수)
  =16 : 21

예제 1-1 **해법 순서**
① 안경을 끼지 않은 학생 수를 구합니다.
② 안경을 낀 학생 수의 안경을 끼지 않은 학생 수에 대한 비를 구합니다.
(안경을 끼지 않은 학생 수)=41−18=23(명)
  ⇨ (안경을 낀 학생 수) : (안경을 끼지 않은 학생 수)
  =18 : 23

예제 1-2 (은지네 반 학생 수)=19+15=34(명)
  ⇨ (여학생 수) : (은지네 반 학생 수)
  =15 : 34

응용 2 (1) $\dfrac{(세로)}{(가로)}=\dfrac{30}{40}=\dfrac{3}{4}=0.75$
(2) $\dfrac{(세로)}{(가로)}=\dfrac{12}{16}=\dfrac{3}{4}=0.75$
(3) 두 직사각형의 가로에 대한 세로의 비율은 **같습니다**.

예제 2-1 용화와 준희가 그린 태극기의 가로에 대한 세로의 비율을 각각 구하면
$\dfrac{20}{30}=\dfrac{2}{3}$, $\dfrac{12}{18}=\dfrac{2}{3}$로 같습니다.

주의
두 사람이 그린 태극기의 크기는 다르지만 가로에 대한 세로의 비율은 같습니다.

예제 2-2 **해법 순서**
① 직사각형의 넓이와 가로를 이용하여 직사각형의 세로를 구합니다.
② 세로에 대한 가로의 비율을 구합니다.
(세로)=90÷15=6 (cm)
⇨ (세로에 대한 가로의 비율)
  =(가로)÷(세로)=15÷6=**2.5**

응용 3 (1) 미소가 탄 기차가 간 거리는 248 km이고 걸린 시간은 2시간이므로 걸린 시간에 대한 간 거리의 비율은 $\dfrac{248}{2}=124$입니다.
(2) 지수가 탄 기차가 간 거리는 396 km이고 걸린 시간은 3시간이므로 걸린 시간에 대한 간 거리의 비율은 $\dfrac{396}{3}=132$입니다.
(3) 더 빠른 기차는 **지수**가 탄 기차입니다.

주의
걸린 시간에 대한 간 거리의 비율이 큰 쪽이 더 빠른 것입니다.

예제 3-1 버스가 간 거리는 180 km이고 걸린 시간은 90분이므로 걸린 시간에 대한 간 거리의 비율은 $\dfrac{180}{90}=2$ 입니다.
기차가 간 거리는 350 km이고 걸린 시간은 125분이므로 걸린 시간에 대한 간 거리의 비율은 $\dfrac{350}{125}=2.8$입니다.
⇨ 비율이 더 큰 것은 기차이므로 **기차가 더 빠릅니다.**

예제 3-2 해법 순서

① 가와 나의 단위가 다르므로 단위를 같게 맞춥니다.
② 가와 나의 걸린 시간에 대한 간 거리의 비율을 각각 구합니다.
③ 비율이 더 큰 것은 어느 것인지 찾습니다.

60 km=60000 m이므로 걸린 시간에 대한 간 거리의 비율은

가: $\dfrac{(간\ 거리)}{(걸린\ 시간)}=\dfrac{60000}{50}=1200$

나: $\dfrac{(간\ 거리)}{(걸린\ 시간)}=\dfrac{1500}{3}=500$

⇨ 비율이 더 큰 것은 가이므로 **가**가 더 빠릅니다.

주의

단위가 다르므로 단위를 같게 맞춘 후 걸린 시간에 대한 간 거리의 비율을 구하여 비교합니다.

응용 4 (1) A 도시

⇨ $\dfrac{(완주한\ 사람\ 수)}{(참가한\ 사람\ 수)}=\dfrac{2450}{3500}\left(=\dfrac{7}{10}=0.7\right)$

(2) B 도시

⇨ $\dfrac{(완주한\ 사람\ 수)}{(참가한\ 사람\ 수)}=\dfrac{1500}{2000}\left(=\dfrac{3}{4}=0.75\right)$

(3) 0.7<0.75이므로 **B 도시**의 비율이 더 높습니다.

예제 4-1 해법 순서

① 예선을 통과한 남학생의 비율을 구합니다.
② 예선을 통과한 여학생의 비율을 구합니다.
③ ①과 ②를 비교하여 비율이 더 높은 쪽을 찾습니다.

$(예선을\ 통과한\ 남학생의\ 비율)=\dfrac{100}{140}\left(=\dfrac{5}{7}\right)$

$(예선을\ 통과한\ 여학생의\ 비율)=\dfrac{90}{120}\left(=\dfrac{3}{4}\right)$

⇨ $\dfrac{5}{7}<\dfrac{3}{4}$이므로 **여학생**의 비율이 더 높습니다.

참고

$(비율)=(비교하는\ 양)\div(기준량)$

$=\dfrac{(비교하는\ 양)}{(기준량)}$

예제 4-2 해법 순서

① H 회사 자동차의 연비를 구합니다.
② B 회사 자동차의 연비를 구합니다.
③ 연비가 더 높은 자동차 회사를 찾습니다.

H 회사 자동차의 연비: $\dfrac{680}{40}=17$

B 회사 자동차의 연비: $\dfrac{270}{15}=18$

⇨ 17<18이므로 **B 회사** 자동차의 연비가 더 높습니다.

참고

$(연비)=\dfrac{(주행\ 거리)}{(단위\ 연료)}$

응용 5 생각 열기 $(타율)=\dfrac{(안타\ 수)}{(전체\ 타수)}$

(1) $(가\ 선수의\ 타율)=\dfrac{45}{250}\left(=\dfrac{9}{50}=0.18\right)$

(2) $(나\ 선수의\ 타율)=\dfrac{60}{300}\left(=\dfrac{1}{5}=0.2\right)$

(3) 0.18<0.2이므로 **나 선수**의 타율이 더 높습니다.

예제 5-1 가 팀: $\dfrac{138}{300}=0.46$

나 팀: $\dfrac{204}{400}=0.51$

⇨ 0.46<0.51이므로 **나 팀**의 타율이 더 높습니다.

참고

$(타율)=\dfrac{(안타\ 수)}{(전체\ 타수)}$

예제 5-2 해법 순서

① 타율을 먼저 구합니다.
② 타율에 타수를 곱하여 안타 수를 구합니다.

$(타율)=\dfrac{(안타\ 수)}{(전체\ 타수)}=\dfrac{(안타\ 수)}{300}=0.35$이므로

$(안타\ 수)=0.35\times300=\mathbf{105}(개)$입니다.

응용 6 (1) $(올해의\ 공책\ 1권의\ 가격)=3240\div5=648(원)$

(2) $(작년과\ 올해의\ 공책\ 1권의\ 가격\ 차)$
$=648-600=48(원)$

(3) $\dfrac{(오른\ 금액)}{(오르기\ 전\ 가격)}=\dfrac{48}{600}\times100=\mathbf{8}\ (\%)$

예제 6-1 해법 순서

① 올해의 밀가루 1 kg의 가격을 구합니다.

② 작년과 올해의 밀가루 1 kg의 가격 차를 구합니다.

③ 오르기 전 가격에 대한 오른 금액의 비율을 구합니다.

(올해 밀가루 1 kg의 가격)

$= 9000 \div 2 \div 3 = 4500 \div 3 = 1500$(원)

(작년과 올해의 가격 차) $= 1500 - 1200$

$= 300$(원)

$\Rightarrow \dfrac{(\text{오른 금액})}{(\text{오르기 전 가격})} = \dfrac{300}{1200} \times 100 = \mathbf{25} \ (\%)$

예제 6-2 해법 순서

① 초콜릿의 할인율을 구합니다.

② 아이스크림의 할인율을 구합니다.

③ 과자의 할인율을 구합니다.

④ 세 할인율을 비교하여 할인율이 가장 높은 물건을 찾습니다.

$(\text{초콜릿의 할인율}) = \dfrac{(5000 - 3750)}{5000} \times 100$

$= \dfrac{1250}{5000} \times 100 = 25 \ (\%)$

$(\text{아이스크림의 할인율}) = \dfrac{(1200 - 840)}{1200} \times 100$

$= \dfrac{360}{1200} \times 100 = 30 \ (\%)$

$(\text{과자의 할인율}) = \dfrac{(1000 - 800)}{1000} \times 100$

$= \dfrac{200}{1000} \times 100 = 20 \ (\%)$

$\Rightarrow$ **아이스크림**의 할인율이 가장 높습니다.

응용 7 (1) 희망 은행: 30000원을 1개월 동안 예금했을 때의 이자는 $810 \div 3 = 270$(원)입니다.

$\Rightarrow (\text{이자율}) = \dfrac{270}{30000} \times 100 = 0.9 \ (\%)$

(2) 든든 은행: 100000원을 1개월 동안 예금했을 때의 이자는 $11000 \div 10 = 1100$(원)입니다.

$\Rightarrow (\text{이자율}) = \dfrac{1100}{100000} \times 100 = 1.1 \ (\%)$

(3) $0.9 < 1.1$이므로 1개월의 이자율이 더 높은 은행은 **든든** 은행입니다.

예제 7-1 생각 열기 믿음 은행과 소망 은행의 1개월의 이자를 구하여 각 은행의 1개월의 이자율을 비교합니다.

믿음 은행의 1개월의 이자는 $5760 \div 12 = 480$(원)이므로

$(\text{믿음 은행의 1개월의 이자율}) = \dfrac{480}{80000} \times 100$

$= 0.6 \ (\%)$

소망 은행의 1개월의 이자는 $2000 \div 5 = 400$(원)이므로

$(\text{소망 은행의 1개월의 이자율}) = \dfrac{400}{50000} \times 100$

$= 0.8 \ (\%)$

$\Rightarrow$ 1개월의 이자율이 더 높은 은행은 소망 은행입니다.

참고

$(\text{이자율}) = \dfrac{(\text{이자})}{(\text{예금한 돈})} \times 100(\%)$

예제 7-2 생각 열기 이자율은 예금한 돈에 대한 이자의 비율입니다.

해법 순서

① ㉮ 은행의 1개월의 이자를 구하여 1개월의 이자율을 구합니다.

② ㉯ 은행의 1개월의 이자를 구하여 1개월의 이자율을 구합니다.

③ 1개월의 이자율이 더 낮은 은행을 찾습니다.

㉮ 은행의 1개월의 이자는 $6480 \div 8 = 810$(원)이므로

$(㉮ \text{ 은행의 1개월의 이자율}) = \dfrac{810}{60000} \times 100$

$= 1.35 \ (\%)$

㉯ 은행의 1개월의 이자는 $6000 \div 6 = 1000$(원)이므로

$(㉯ \text{ 은행의 1개월의 이자율}) = \dfrac{1000}{40000} \times 100$

$= 2.5 \ (\%)$

$\Rightarrow$ 1개월의 이자율이 더 낮은 은행은 ㉮ 은행입니다.

참고

이 문제에서의 이자율은 빌린 돈에 대한 이자로 은행에서 받는 것이 아니라 은행에 내야 하는 것입니다. 이렇게 빌린 돈을 낼 때에는 이자율이 낮을수록 돈을 적게 내는 것이므로 이자율이 더 낮은 은행을 찾아야 합니다.

응용 8 (1) 처음 소금의 양을 $\square$ g이라 하면

$$\frac{\square}{400}=\frac{10}{100}$$이므로 $\square=\frac{10}{100}\times400=40$입니다.

(2) 새로 만든 소금물에서 소금의 양은
$40+50=90$ (g)이고,
소금물 양은 $400+50=450$ (g)입니다.

(3) 새로 만든 소금물의 진하기는

$$\frac{90}{450}\times100=\mathbf{20}\ (\mathbf{\%})$$입니다.

참고

$$(\text{소금물의 진하기})=\frac{(\text{소금 양})}{(\text{소금물 양})}\times100\ (\%)$$

예제 8-1 **생각 열기** 먼저 설탕의 양을 구한 다음 새로 만든 설탕물의 진하기를 구합니다.

처음 설탕의 양을 $\square$ g이라 하면

$$\frac{\square}{250}=\frac{12}{100}$$이므로 $\square=\frac{12}{100}\times250=30$입니다.

따라서 새로 만든 설탕물의 설탕의 양은 30 g이고 설탕물의 양은 $250+50=300$ (g)이므로 이 설탕물의 진하기는 $\frac{30}{300}\times100=10\ (\%)$입니다.

예제 8-2 **해법 순서**

① 진하기가 18 %인 소금물 250 g에 들어 있는 소금 양을 구합니다.

② 진하기가 21 %인 소금물 500 g에 들어 있는 소금 양을 구합니다.

③ 섞은 소금물에 들어 있는 소금 양과 소금물 양을 구합니다.

④ 섞은 소금물의 진하기를 구합니다.

진하기가 18 %인 소금물 250 g에 들어 있는 소금 양
➡ 처음 소금 양을 $\square$ g이라 하면

$$\frac{\square}{250}=\frac{18}{100}$$이므로

$$\square=\frac{18}{100}\times250=45$$입니다.

진하기가 21 %인 소금물 500 g에 들어 있는 소금 양
➡ 처음 소금 양을 $\square$ g이라 하면

$$\frac{\square}{500}=\frac{21}{100}$$이므로

$$\square=\frac{21}{100}\times500=105$$입니다.

섞은 소금물에 들어 있는 소금 양은
$105-45=60$ (g),
섞은 소금물 양은 $500-250=250$ (g)이므로

$$(\text{섞은 소금물의 진하기})=\frac{60}{250}\times100=\mathbf{24}\ (\mathbf{\%})$$입니다.

STEP 3 응용 유형 뛰어넘기
102 ~ 106쪽

01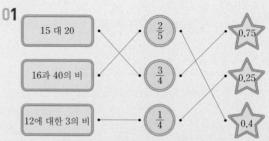

02 예 여학생 수는 $32-14=18$(명)입니다. 따라서 여학생 수의 반 전체 학생 수에 대한 비는 (여학생 수) : (전체 학생 수)$=18:32$입니다.

; $18:32$

03 $\dfrac{1}{500000}$

04 504 cm²

05 2등급

06 0.625

07 예 정가가 14000원인 소설책을 25 % 할인하여 판매할 때 판매 가격은 정가의 $100-25=75$ ➡ 75 %입니다.

(소설책의 판매 가격)$=14000\times0.75=10500$(원)

; 10500원

08 60 %

09 수학

10 예 (작년 귤 한 개의 가격)$=3200\div8=400$(원),

(올해 귤 한 개의 가격)$=5500\div10=550$(원)

귤의 가격이 오른 비율은

$$\frac{(\text{오른 금액})}{(\text{오르기 전 가격})}=\frac{(550-400)}{400}=\frac{150}{400}$$이므로

백분율로 나타내면 $\dfrac{150}{400}\times100=37.5\ (\%)$입니다.

; 37.5 %

11 20인승 버스

12 600 g

13

14 0.625

---

01   15 대 20

➡ $15:20$ ➡ $\dfrac{15}{20}=\dfrac{3}{4}=0.75$

16과 40의 비

➡ $16:40$ ➡ $\dfrac{16}{40}=\dfrac{2}{5}=0.4$

12에 대한 3의 비

➡ $3:12$ ➡ $\dfrac{3}{12}=\dfrac{1}{4}=0.25$

02 서술형 가이드 여학생 수를 먼저 구한 뒤 여학생 수의 반 전체 학생 수에 대한 비를 구합니다.

채점 기준

상	여학생 수를 먼저 구하여 답을 바르게 구함.
중	여학생 수는 구했으나 답을 바르게 구하지 못함.
하	여학생 수를 구하지 못해 답을 구하지 못함.

03 지도 상의 거리 1 cm는 실제 거리 5 km를 나타낸 것이고 5 km=500000 cm이므로 실제 거리에 대한 지도에서의 거리의 비율은

$$\frac{(지도상의\ 거리)}{(실제\ 거리)}=\frac{1}{500000}$$입니다.

참고

1 km=1000 m=100000 cm

04 $\frac{(세로)}{(가로)}=\frac{(세로)}{24}=0.875$이므로

(세로)=0.875×24=21 (cm)입니다.

⇨ (직사각형의 넓이)=(가로)×(세로)
$$=24×21$$
$$=\mathbf{504\ (cm^2)}$$

05 민국이네 자동차의 연비는 $\frac{493}{34}=14.5$입니다.

14.5는 13.8 이상 16.0 미만에 속하므로 에너지 소비효율 등급은 **2등급**입니다.

06 생각 열기 (삼각형의 높이)=(넓이)×2÷(밑변의 길이)

(삼각형의 넓이)=(밑변의 길이)×(높이)÷2이므로
(삼각형의 높이)=180×2÷24=15 (cm)입니다.
밑변의 길이에 대한 높이의 비율

⇨ $\frac{(높이)}{(밑변의\ 길이)}=\frac{15}{24}=\mathbf{0.625}$

참고

기준량은 밑변의 길이, 비교하는 양은 높이입니다.

07 서술형 가이드 할인된 판매 가격은 원래 가격의 몇 %인지 먼저 구한 뒤 소설책의 할인된 판매 가격을 구합니다.

채점 기준

상	할인된 판매 가격은 원래 가격의 몇 %인지 구하여 답을 바르게 구함.
중	할인된 판매 가격은 원래 가격의 몇 %인지 구하였으나 답을 바르게 구하지 못함.
하	할인된 판매 가격은 원래 가격의 몇 %인지 구하지 못해 답을 구하지 못함.

08 해법 순서

① 줄어든 인구를 구합니다.
② 임진왜란 전 인구에 대한 병자호란 후 줄어든 인구를 백분율로 나타냅니다.

(줄어든 인구)=415만−166만
$$=249만 (명)$$

⇨ 임진왜란 전 인구에 대한 줄어든 인구를 백분율로 나타내면 $\frac{249만}{415만}×100=\mathbf{60\ (\%)}$입니다.

09 수학의 정답률

⇨ $\frac{(맞은\ 문제\ 수)}{(전체\ 문제\ 수)}=\frac{17}{20}×100$
$$=85\ (\%)$$

영어의 정답률

⇨ $\frac{(맞은\ 문제\ 수)}{(전체\ 문제\ 수)}=\frac{21}{25}×100$
$$=84\ (\%)$$

⇨ 85>84이므로 **수학**의 정답률이 더 높습니다.

10 서술형 가이드 작년 귤 한 개의 가격과 올해 귤 한 개의 가격을 구해 귤의 가격이 오른 비율을 구하는 풀이 과정이 들어 있어야 합니다.

채점 기준

상	작년과 올해 귤 한 개의 가격을 각각 구하여 답을 바르게 구함.
중	작년과 올해 귤 한 개의 가격은 각각 구하였으나 답을 구하지 못함.
하	작년과 올해 귤 한 개의 가격을 구하지 못해 답을 구하지 못함.

11 생각 열기 탈 수 있는 인원에 대한 탑승자 수의 비율을 구합니다.

20인승 버스

⇨ $\frac{(탑승자\ 수)}{(탈\ 수\ 있는\ 인원)}=\frac{17}{20}=0.85$

25인승 버스

⇨ $\frac{(탑승자\ 수)}{(탈\ 수\ 있는\ 인원)}=\frac{22}{25}=0.88$

0.85<0.88이므로 비율이 작은 **20인승** 버스에 탄 사람들이 더 넓게 느낍니다.

참고

탈 수 있는 인원에 대한 탑승자 수의 비율이 작을수록 더 넓게 느껴집니다.

12 해법 순서

① 소금물 양을 구합니다.

② ①에서 소금 양을 빼어 필요한 물 양을 구합니다.

소금물 양을 □ g이라 하면 $\dfrac{200}{\square}=\dfrac{25}{100}$입니다.

$\dfrac{25\times8}{100\times8}=\dfrac{200}{800}$이므로 □=800입니다.

따라서 필요한 물 양은 800−200=**600 (g)** 입니다.

참고

$(\text{소금물의 진하기})=\dfrac{(\text{소금 양})}{(\text{소금물 양})}\times100\,(\%)$

13 생각 열기 각 설탕물의 진하기를 알아봅니다.

㉠ $\dfrac{(\text{설탕 양})}{(\text{설탕물 양})}=\dfrac{30}{(70+30)}\times100$

　　　$=\dfrac{30}{100}\times100=30\,(\%)$

㉡ $\dfrac{(\text{설탕 양})}{(\text{설탕물 양})}=\dfrac{25}{(100+25)}\times100$

　　　$=\dfrac{25}{125}\times100=20\,(\%)$

㉢ $\dfrac{(\text{설탕 양})}{(\text{설탕물 양})}=\dfrac{30}{(90+30)}\times100$

　　　$=\dfrac{30}{120}\times100=25\,(\%)$

⇨ 30>2>20이므로 진하기가 가장 큰 ㉠ 용액이 맨 아래에 위치하고 진하기가 가장 작은 ㉡ 용액이 맨 위에 위치합니다.

참고

$(\text{설탕물의 진하기})=\dfrac{(\text{설탕 양})}{(\text{설탕물 양})}\times100\,(\%)$

14 해법 순서

① 가의 넓이를 식으로 나타내어 봅니다.

② 나의 넓이를 식으로 나타내어 봅니다.

③ ①과 ②가 같음을 이용하여 가의 가로에 대한 나의 밑변의 길이의 비율을 구합니다.

$(\text{직사각형 가의 넓이})=((\text{가의 가로})\times5)\,\text{cm}^2$

$(\text{평행사변형 나의 넓이})=((\text{나의 밑변의 길이})\times8)\,\text{cm}^2$

가와 나의 넓이가 같으므로

$(\text{가의 가로})\times5=(\text{나의 밑변의 길이})\times8$입니다.

⇨ $\dfrac{(\text{나의 밑변의 길이})}{(\text{가의 가로})}=\dfrac{5}{8}=\mathbf{0.625}$

참고

$(\text{직사각형의 넓이})=(\text{가로})\times(\text{세로})$

$(\text{평행사변형의 넓이})=(\text{밑변의 길이})\times(\text{높이})$

실력평가

01 ⑴ 9, 5　⑵ 5, 9

02 4, 6, 8

03 2

04 $\dfrac{1}{4}$, 0.25, 25

05 예 5 : 3은 기준량이 3이고, 3 : 5는 기준량이 5입니다. 비율을 구해 보면 5 : 3은 $\dfrac{5}{3}$가 되고 3 : 5는 $\dfrac{3}{5}$이 되므로 두 비는 다릅니다.

06 예

07 2 : 20

08 ㉠, ㉢

09 $\dfrac{220}{5}(=44)$

10 24 : 40

11 $\dfrac{18}{72}(=\dfrac{1}{4})$

12 5 %

13 $\dfrac{3}{90000}(=\dfrac{1}{30000})$

14 73.5 %　　　　　　　　**15** 7 %

16 예 승수의 타율을 백분율로 나타내면

$\dfrac{9}{15}\times100=60\,(\%)$,

현준이의 타율을 백분율로 나타내면

$\dfrac{11}{20}\times100=55\,(\%)$이므로 승수의 타율이 더 높습니다. ; 승수

17 중국　　　　　　　　**18** B, A, C

19 을

20 예 물체의 길이와 그림자 길이의 비율을 구해 보면

그네: $\dfrac{150}{200}=\dfrac{3}{4}$, 미끄럼틀: $\dfrac{240}{320}=\dfrac{3}{4}$으로 일정합니다.

철봉의 그림자 길이를 □ cm라 하면 철봉의 길이와 철봉의 그림자 길이의 비율은 $\dfrac{180}{\square}=\dfrac{3}{4}$입니다.

$\dfrac{3\times60}{4\times60}=\dfrac{180}{240}$이므로 철봉의 그림자 길이는 240 cm입니다. ; 240 cm

01 (1) ㉯에 대한 ㉮의 비

⇨ ㉮ : ㉯=**9 : 5**

(2) ㉯의 ㉮에 대한 비

⇨ ㉯ : ㉮=**5 : 9**

> **참고**
>
>

02 모둠 수가 1씩 늘어날수록 남학생은 4명씩, 여학생은 2명씩 늘어납니다.

03 $4÷2=2$, $8÷4=2$, $12÷6=2$, $16÷8=2$

⇨ 남학생 수는 여학생 수의 **2**배입니다.

04 $1:4 ⇨ \dfrac{1}{4}=0.25$

(백분율)$=0.25×100=$**25** $(\%)$

05 서술형 가이드 비에서 비교하는 양과 기준량을 알아내어 두 비가 다른 이유를 설명합니다.

채점 기준

상	두 비가 다른 이유를 바르게 설명함.
중	두 비가 다른 이유를 설명하였으나 미흡함.
하	두 비가 다른 이유를 설명하지 못함.

> **참고**
>
>

06 75%는 $\dfrac{75}{100}=\dfrac{3}{4}$이므로 16칸의 $\dfrac{3}{4}$인 12칸에 색칠합니다.

07 (갓을 쓴 사람 수) : (갓을 쓰지 않은 사람 수)

⇨ **2 : 20**

08 생각 열기 기준량이 비교하는 양보다 작으면 비율은 1보다 큽니다.

㉠ $1.6>1$

㉡ $85\% ⇨ \dfrac{85}{100}<1$

㉢ $\dfrac{6}{7}<1$

㉣ $0.75<1$

㉤ $150\% ⇨ \dfrac{150}{100}>1$

㉥ $\dfrac{3}{8}<1$

> **참고**
>
> • (기준량)<(비교하는 양)
>
> ⇨ (비율)$=\dfrac{(비교하는\ 양)}{(기준량)}>1$
>
> • (기준량)>(비교하는 양)
>
> ⇨ (비율)$=\dfrac{(비교하는\ 양)}{(기준량)}<1$
>
> • (기준량)=(비교하는 양)
>
> ⇨ (비율)$=\dfrac{(비교하는\ 양)}{(기준량)}=1$
>
> 따라서 문제에서 주어진 비율 중 기준량이 비교하는 양보다 작은 비율은 ㉠, ㉤입니다.

09 생각 열기 기준량은 걸린 시간이고 비교하는 양은 간 거리입니다.

⇨ $\dfrac{(간\ 거리)}{(걸린\ 시간)}=\dfrac{220}{5}=$**44**

10 해법 순서

① 반 전체 학생 수를 구합니다.

② 여학생 수의 반 전체 학생 수에 대한 비를 구합니다.

(반 전체 학생 수)$=24+16=40$(명)

여학생 수의 반 전체 학생 수에 대한 비

⇨ (여학생 수) : (반 전체 학생 수)=**24 : 40**

> **참고**
>
> 기준량은 반 전체 학생 수, 비교하는 양은 여학생 수입니다.

11 해법 순서

① 전체 심은 꽃의 수를 구합니다.

② 전체 심은 꽃의 수에 대한 봉선화 수의 비율을 구합니다.

전체 심은 꽃의 수는 $18+24+30=72$(포기)입니다.

전체 심은 꽃의 수에 대한 봉선화 수의 비는

⇨ (봉선화 수) : (전체 꽃의 수)=$18 : 72$

⇨ $\dfrac{18}{72}=\dfrac{1}{4}$

12 할인율: $\dfrac{250}{5000}×100=$**5** $(\%)$

> **참고**
>
> 할인율은 원래 가격에 대한 할인 금액의 비율입니다.

13 생각 열기 $900\,\text{m}=90000\,\text{cm}$

$\dfrac{(지도에서의\ 거리)}{(실제\ 거리)}=\dfrac{3}{90000}=\dfrac{1}{30000}$입니다.

> **참고**
>
> 실제 거리에 대한 지도에서의 거리의 비율을 축척이라고 합니다.

14 $\dfrac{(\text{결승점에 도착한 사람 수})}{(\text{참가한 사람 수})} \times 100$

$= \dfrac{5880}{8000} \times 100 = \mathbf{73.5\,(\%)}$

15 [해법 순서]

① 1년 동안의 이자를 구합니다.

② 1년 동안의 이자율을 구합니다.

③ 1년 동안의 이자율을 백분율로 나타냅니다.

(1년 동안의 이자) $= 428000 - 400000$

$\qquad\qquad\qquad\quad\; = 28000(\text{원})$

(1년 동안의 이자율) $= \dfrac{28000}{400000} \times 100 = \mathbf{7(\%)}$

16 [서술형 가이드] 승수와 현준이의 타율을 각각 백분율로 나타낸 뒤 누구의 타율이 더 높은지 구하는 풀이 과정이 들어 있어야 합니다.

[채점 기준]

상	승수와 현준이의 타율을 각각 백분율로 나타내어 답을 바르게 구함.
중	승수와 현준이의 타율은 각각 백분율로 나타내었으나 답을 구하지 못함.
하	승수와 현준이의 타율을 각각 백분율로 나타내지 못해 답을 구하지 못함.

[참고]

전체 타수에 대한 안타 수의 비율을 타율이라고 합니다.

17 [해법 순서]

① 한국, 중국, 인도의 넓이에 대한 인구의 비율을 각각 구합니다.

② 넓이에 대한 인구의 비율을 비교하여 비율이 가장 작은 나라를 찾습니다.

한국: $\dfrac{(\text{인구})}{(\text{넓이})} = \dfrac{50000000}{100000} = 500$

중국: $\dfrac{(\text{인구})}{(\text{넓이})} = \dfrac{1355000000}{9598000} = 141.1\cdots\cdots$

인도: $\dfrac{(\text{인구})}{(\text{넓이})} = \dfrac{1169000000}{3287000} = 355.6\cdots\cdots$

⇨ 넓이에 대한 인구의 비율이 가장 작은 나라는 중국입니다.

[참고]

넓이에 대한 인구의 비율을 인구 밀도라고 합니다.

18 A: $\dfrac{(\text{불량품의 수})}{(\text{전체 전구 수})} = \dfrac{1}{200}$ ⇨ $0.5\,\%$

B: $\dfrac{(\text{불량품의 수})}{(\text{전체 전구 수})} = \dfrac{3}{1000}$ ⇨ $0.3\,\%$

C: $\dfrac{(\text{불량품의 수})}{(\text{전체 전구 수})} = \dfrac{12}{1500}$ ⇨ $0.8\,\%$

⇨ **B < A < C**

[참고]

A: $\dfrac{1}{200} \times 100 = 0.5\,(\%)$

B: $\dfrac{3}{1000} \times 100 = 0.3\,(\%)$

C: $\dfrac{12}{1500} \times 100 = 0.8\,(\%)$

19 [생각 열기] (엥겔지수) $= \dfrac{(\text{식료품비})}{(\text{전체 소비지출액})}$

갑: $\dfrac{50\text{만}}{150\text{만}} = \dfrac{1}{3}$

을: $\dfrac{20\text{만}}{100\text{만}} = \dfrac{1}{5}$

병: $\dfrac{30\text{만}}{120\text{만}} = \dfrac{1}{4}$

⇨ $\dfrac{1}{5} < \dfrac{1}{4} < \dfrac{1}{3}$ 이므로 엥겔지수가 가장 낮은 사람은 을입니다.

[참고]

분자가 1인 분수는 분모가 작을수록 큰 분수입니다.

20 [해법 순서]

① 물체의 길이와 그림자 길이의 비율을 각각 구해 봅니다.

② ①을 이용하여 철봉의 그림자 길이의 비율을 나타내어 봅니다.

③ 철봉의 그림자의 길이를 구합니다.

[서술형 가이드] 물체의 길이와 그림자의 길이의 비율을 각각 구해 철봉의 그림자의 길이를 구하는 풀이 과정이 들어 있어야 합니다.

[채점 기준]

상	물체의 길이와 그림자 길이의 비율을 각각 구하여 답을 바르게 구함.
중	물체의 길이와 그림자 길이의 비율은 각각 구했으나 답을 바르게 구하지 못함.
하	물체의 길이와 그림자 길이의 비율을 각각 구하지 못해 답을 구하지 못함.

5 여러 가지 그래프

STEP 1 기본 유형 익히기 `116 ~ 119쪽`

1-1 570만 t

1-2 경상 권역

1-3 460만 t

2-1 띠그래프

2-2 5 %

2-3 35 %

2-4 산

3-1

악기	꽹과리	장구	북	징	합계
학생 수(명)	56	40	32	32	160
백분율(%)	35	25	20	20	100

3-2 예

```
0  10 20 30 40 50 60 70 80 90 100(%)
```
| 꽹과리 (35 %) | 장구 (25 %) | 북 (20 %) | 징 (20 %) |

4-1 5 %

4-2 35 %

4-3 사회

4-4 예 비율이 클수록 좋아하는 학생 수가 많습니다.

5-1 800그루

5-2

종류	은행 나무	플라타 너스	단풍나 무	벚 나무	합계
가로수(그루)	368	200	128	104	800
백분율(%)	46	25	16	13	100

5-3 예

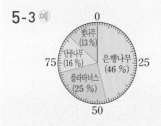

6-1 1.6배

6-2 예 (김밥)=$180 \times \dfrac{25}{100}$=45(인분) ; 45인분

6-3 예 우리나라에 있는 유적지는 석굴암과 경복궁입니다. 석굴암에 가 보고 싶은 학생의 비율은 25 %, 경복궁에 가 보고 싶은 학생의 비율은 15 %이므로 25+15=40 (%)입니다. ; 40 %

6-4 12명

6-5 3명

7-1

꽃	무궁화	진달래	개나리	장미	합계
학생 수(명)	72	48	32	48	200
백분율(%)	36	24	16	24	100

7-2 예

```
0  10 20 30 40 50 60 70 80 90 100(%)
```
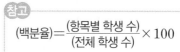

| 무궁화 (36 %) | 진달래 (24 %) | 개나리 (16 %) | 장미 (24 %) |

1-1 생각 열기 큰 단위 그림 표시는 100만 t, 작은 단위 그림 표시는 10만 t을 나타냅니다.

큰 단위 그림 표시가 5개이므로 500만 t, 작은 단위 그림 표시가 7개이므로 70만 t입니다.

⇨ 500만+70만=**570만 (t)**

1-2 큰 단위 그림 표시가 가장 많은 **경상 권역**이 고구마 생산량이 가장 많습니다.

1-3 고구마 생산량이 가장 많은 권역은 경상이고 570만 t, 가장 적은 권역은 제주이고 110만 t입니다.

⇨ 570만-110만=**460만 (t)**

2-1 전체에 대한 각 부분의 비율을 띠 모양에 나타낸 그래프를 **띠그래프**라고 합니다.

2-2 띠그래프에서 작은 눈금 한 칸은 **5 %**를 나타냅니다.

> 다른 풀이
>
> 100 %를 20칸으로 나누어 나타냈으므로
> 100÷20=5 (%)입니다.

2-3 바닷가는 작은 눈금 7칸입니다.

⇨ 5×7=**35 (%)**

2-4 계곡의 비율은 25 %이므로 비율이 같은 곳을 찾으면 **산**입니다.

3-1 해법 순서

① 징을 좋아하는 학생 수를 구합니다.

② 좋아하는 악기별 백분율을 구합니다.

$$(징)=160-(56+40+32)$$
$$=160-128=32(명)$$

$$(꽹과리)=\frac{56}{160}\times100=35 \,(\%)$$

$$(장구)=\frac{40}{160}\times100=25 \,(\%)$$

$$(북)=\frac{32}{160}\times100=20 \,(\%)$$

$$(징)=\frac{32}{160}\times100=20 \,(\%)$$

> 참고
>
> $$(백분율)=\frac{(항목별 학생 수)}{(전체 학생 수)}\times100$$

3-2 꽹과리부터 차례대로 백분율에 맞게 띠를 나누고 항목과 백분율의 크기를 씁니다.

4-1 원그래프에서 작은 눈금 한 칸은 **5 %**를 나타냅니다.

> 다른 풀이
>
> 100 %를 20칸으로 나누어 나타냈으므로
> 100÷20=5 (%)입니다.

4-2 수학은 눈금 7칸입니다.
⇨ $5 \times 7 = $ **35** (%)

4-3 전체의 20 %를 차지하는 과목은 **사회**입니다.

4-4 [서술형 가이드] 좋아하는 과목별 비율을 확인하고 비율의 크기와 학생 수 사이의 관계를 설명합니다.

채점 기준	
상	비율과 학생 수 사이의 관계를 바르게 설명함.
중	비율과 학생 수 사이의 관계를 설명하였으나 미흡함.
하	비율과 학생 수 사이의 관계를 설명하지 못함.

5-1 (전체 가로수 수)$= 368 + 200 + 128 + 104$
$= $ **800**(그루)

5-2 [생각 열기] (백분율)$= \dfrac{(종류별 \ 가로수 \ 수)}{(전체 \ 가로수 \ 수)} \times 100$

은행나무: $\dfrac{368}{800} \times 100 = $ **46** (%)

플라타너스: $\dfrac{200}{800} \times 100 = $ **25** (%)

단풍나무: $\dfrac{128}{800} \times 100 = $ **16** (%)

벚나무: $\dfrac{104}{800} \times 100 = $ **13** (%)

⇨ $46 + 25 + 16 + 13 = $ **100** (%)

5-3 은행나무부터 차례대로 백분율에 맞게 원을 나누고 항목과 백분율의 크기를 씁니다.

6-1 떡볶이: 40 %, 김밥: 25 %
⇨ $40 \div 25 = $ **1.6**(배)

6-2 [서술형 가이드] (항목별 자료의 수)
$=$ (전체 자료의 수) $\times$ (항목별 비율)임을 이용하여 김밥의 팔린 수량을 구해야 합니다.

채점 기준	
상	김밥이 팔린 수량을 구하는 풀이 과정을 쓰고 답을 바르게 구함.
중	김밥이 팔린 수량은 바르게 구했으나 풀이 과정이 미흡함.
하	김밥이 팔린 수량을 구하지 못함.

6-3 [서술형 가이드] 먼저 가 보고 싶은 유적지 중에 우리나라에 있는 유적지가 무엇인지 찾은 뒤에 가 보고 싶은 학생의 비율을 구해야 합니다.

채점 기준	
상	우리나라에 있는 유적지를 바르게 찾고 가 보고 싶은 학생의 비율을 바르게 구함.
중	우리나라에 있는 유적지는 바르게 찾았으나 답을 바르게 구하지 못함.
하	우리나라에 있는 유적지를 찾지 못하여 답을 구하지 못함.

6-4 만리장성에 가 보고 싶은 학생의 비율은 30 %이므로
$40 \times \dfrac{30}{100} = $ **12**(명)입니다.

6-5 (기타라고 답한 학생 수)$= 40 \times \dfrac{10}{100} = 4$(명)
(앙코르와트에 가 보고 싶은 학생 수)
$= 4 \times \dfrac{75}{100} = $ **3**(명)

7-1 (무궁화)$= \dfrac{72}{200} \times 100 = $ **36** (%)

(진달래)$= \dfrac{48}{200} \times 100 = $ **24** (%)

(개나리)$= \dfrac{32}{200} \times 100 = $ **16** (%)

(장미)$= \dfrac{48}{200} \times 100 = $ **24** (%)

(백분율의 합계)$= 36 + 24 + 16 + 24 = $ **100** (%)

7-2 무궁화부터 차례대로 백분율에 맞게 띠를 나누고 이름과 백분율의 크기를 씁니다.

STEP 2 응용 유형 익히기   120 ~ 125쪽

[응용 1]

[예제 1-1]

응용 2

(예)
| 돼지고기 (40 %) | 닭고기 (30 %) | 쇠고기 (25 %) |
기타 (5 %)

예제 2-1

(예)
| 고등어 (32 %) | 갈치 (26 %) | 동태 (22 %) | 꽁치 (14 %) | 기타 (6 %) |

예제 2-2

(예)
| A 회사 (25 %) | B 회사 (30 %) | C 회사 (35 %) | D 회사 (10 %) |

응용 3 240명

예제 3-1 210 mm   **예제 3-2** 600명

응용 4 500명

예제 4-1 200마리   **예제 4-2** 600 kg

응용 5 TV   **예제 5-1** 학용품

응용 6 54명

예제 6-1 4.56 km²   **예제 6-2** 31.92 km²

응용 1
(1) 다 지역의 인구가 25000명이므로 라 지역의 인구
   는 25000−8000=17000(명)입니다.
(2) 가 지역의 인구는 17000×2=34000(명)입니다.
(3) 큰 그림은 10000명, 작은 그림은 1000명으로 그
   림그래프를 완성합니다.

예제 1-1 해법 순서
① 가, 나, 라, 마 가마의 도자기 수를 구합니다.
② 전체 구운 도자기 수를 이용하여 다 가마의 도자기
   수를 구합니다.
③ 그림그래프를 완성합니다.

가: 4500개, 나: 2000개, 라: 5000개, 마: 3600개
⇨ 다: 18000−(4500+2000+5000+3600)
      =18000−15100
      =2900(개)

따라서 큰 단위 그림 2개, 작은 단위 그림 9개를 그
려넣습니다.

응용 2
(쇠고기)=100−(40+30+5)
         =25 ⇨ 25 %

예제 2-1 (꽁치)=100−(32+26+22+6)
              =100−86=14 ⇨ 14 %

예제 2-2 해법 순서
① D 회사의 판매량을 구합니다.
② 판매량을 이용하여 각 항목별 백분율을 구합니다.
③ 각 항목의 백분율만큼 띠를 나누어 띠그래프를 완
   성합니다.

회사	A	B	C	D	합계
판매량(대)	40	48	56	16	160
백분율(%)	25	30	35	10	100

각 항목의 백분율만큼 띠를 나누어 띠그래프를 완성
합니다.

응용 3
$$(한글)=1200×\frac{38}{100}=456(명)$$
$$(불국사)=1200×\frac{18}{100}=216(명)$$
⇨ 456−216=**240(명)**

예제 3-1
$$(여름의 강수량)=600×\frac{50}{100}$$
$$=300\,(mm)$$
$$(겨울의 강수량)=600×\frac{15}{100}$$
$$=90\,(mm)$$
⇨ 300−90=**210 (mm)**

예제 3-2 해법 순서
① 이순신을 존경하는 학생 수를 구합니다.
② 에디슨을 존경하는 학생 수를 구합니다.
③ ①과 ②의 학생 수의 합을 구합니다.

$$(이순신)=1500×\frac{25}{100}=375(명)$$
$$(에디슨)=1500×\frac{15}{100}=225(명)$$
⇨ 375+225=**600(명)**

다른 풀이
이순신과 에디슨을 좋아하는 학생은 전체의
$25+15=40(\%)$이므로 $1500×\frac{40}{100}=600$(명)
입니다.

응용 4
(1) (프랑스)=100−(36+20+14+12)
         =100−82=18 ⇨ 18 %
(2) (이집트)+(프랑스)=20+18=38 (%)
(3) 전체 학생 수를 □명이라 하면
$$\frac{190}{□}=\frac{38}{100}$$입니다.
$$\frac{38×5}{100×5}=\frac{190}{500}$$이므로 □=**500**입니다.

예제 4-1 해법 순서

① 오리의 비율을 구합니다.

② 가장 많은 동물과 두 번째로 많은 동물의 비율의 합을 구합니다.

③ 찬우네 농장에서 기르는 동물은 모두 몇 마리인지 구합니다.

$$(오리)=100-(34+16+14+12)$$
$$=100-76=24\,(\%)$$

$34>24>16>14>12$이므로 가장 많은 동물은 두 번째로 많은 동물은 오리입니다.

$$(양)+(오리)=34+24=58\,(\%)$$

전체 동물 수를 □마리라 하면 $\dfrac{116}{□}=\dfrac{58}{100}$입니다.

$\dfrac{58\times2}{100\times2}=\dfrac{116}{200}$이므로 □=200입니다

따라서 찬우네 농장에서 기르는 동물은 모두 **200마리**입니다.

예제 4-2 해법 순서

① 조의 비율을 □ %, 보리의 비율을 (□×2) %로 놓고 식을 세워 조와 보리의 비율을 각각 구합니다.

② 보리의 비율을 이용하여 수확한 곡물의 무게를 구합니다.

조의 비율을 □ %라 하면 보리의 비율은 (□×2) % 입니다.

$56+□\times2+12+□+8=□\times3+76=100$,
$□\times3=24$, $□=8$, $(보리)=8\times2=16\,(\%)$

수확한 곡물의 무게를 △ kg이라 하면

$\dfrac{96}{△}=\dfrac{16}{100}$입니다. $\dfrac{16\times6}{100\times6}=\dfrac{96}{600}$이므로 △=**600**입니다.

응용 5 생각 열기 (항목별 팔린 가전제품 수)
=(전체 팔린 가전제품 수)×(항목별 비율)

(1) 가 쇼핑몰: 1000×(항목별 비율)

제품	TV	냉장고	세탁기	에어컨
백분율(%)	40	20	15	15
대수(대)	400	200	150	150

(2) 쇼핑몰: 1600×(항목별 비율)

제품	TV	냉장고	세탁기	에어컨
백분율(%)	25	30	10	30
대수(대)	400	480	460	480

③ 팔린 대수가 같은 항목은 **TV**입니다.

참고

· 가 쇼핑몰

$$(TV)=1000\times\dfrac{40}{100}=400(대)$$

$$(냉장고)=1000\times\dfrac{20}{100}=200(대)$$

$$(세탁기)=1000\times\dfrac{15}{100}=150(대)$$

$$(에어컨)=1000\times\dfrac{15}{100}=150(대)$$

· 나 쇼핑몰

$$(TV)=1600\times\dfrac{25}{100}=400(대)$$

$$(냉장고)=1600\times\dfrac{30}{100}=480(대)$$

$$(세탁기)=1600\times\dfrac{10}{100}=160(대)$$

$$(에어컨)=1600\times\dfrac{30}{100}=480(대)$$

예제 5-1 생각 열기 (항목별 사용 금액)=(한 달 용돈)×(항목별 비율)

해법 순서

① 미라의 한 달 용돈의 항목별 사용 금액을 구합니다.

② 재신이의 한 달 용돈의 항목별 사용 금액을 구합니다.

③ 항목별 금액을 비교하여 금액의 차가 가장 적은 항목이 무엇인지 구합니다.

미라: 20000×(항목별 비율)

쓰임	학용품	교통비	간식비	저축
백분율(%)	30	25	20	10
금액(원)	6000	5000	4000	2000

재신: 30000×(항목별 비율)

쓰임	학용품	교통비	간식비	저축
백분율(%)	15	10	20	30
금액(원)	4500	3000	6000	9000

항목별 금액의 차를 구해 보면

$$(학용품)=6000-4500$$
$$=1500(원)$$

$$(교통비)=5000-3000$$
$$=2000(원)$$

$$(간식비)=6000-4000$$
$$=2000(원)$$

$$(저축)=9000-2000$$
$$=7000(원)$$

금액의 차가 가장 적은 항목은 학용품이므로 두 사람이 사용한 금액이 가장 비슷한 항목은 **학용품**입니다.

참고

• 미라의 항목별 사용 금액

(학용품)$=20000 \times \dfrac{30}{100}=6000$(원)

(교통비)$=20000 \times \dfrac{25}{100}=5000$(원)

(간식비)$=20000 \times \dfrac{20}{100}=4000$(원)

(저축)$=20000 \times \dfrac{10}{100}=2000$(원)

• 재신이의 항목별 사용 금액

(학용품)$=30000 \times \dfrac{15}{100}=4500$(원)

(교통비)$=30000 \times \dfrac{10}{100}=3000$(원)

(간식비)$=30000 \times \dfrac{20}{100}=6000$(원)

(저축)$=30000 \times \dfrac{30}{100}=9000$(원)

응용 6 (수인이의 득표율)$=100-$(수인이를 제외한 나머지 학생들의 득표율의 합)

$=100-(28+22+18+8)$

$=100-76=24 \Rightarrow 24\,\%$

(수인이에게 투표한 학생 수)

$=$(투표에 참여한 학생 수)$\times$(수인이의 득표율)

$=500 \times \dfrac{24}{100}=120$(명)

(수인이에게 투표한 남학생 수)

$=$(수인이에게 투표한 학생 수)$\times$(남자의 비율)

$=120 \times \dfrac{45}{100}=\mathbf{54(명)}$

주의

수인이에게 투표한 학생 수를 구할 때는 띠그래프에서 수인이의 비율을 이용하고, 수인이에게 투표한 남학생 수를 구할 때는 원그래프에서 남자의 비율을 이용합니다.

예제 6-1 **해법 순서**

① 주거지의 비율을 구합니다.

② 주거지로 이용되는 토지의 넓이를 구합니다.

③ 아파트와 단독 주택으로 이용되는 토지의 비율의 차를 구합니다.

④ 아파트와 단독 주택으로 이용되는 토지의 넓이의 차를 구합니다.

(주거지)$=100-(20+18+14+10)$

$\qquad\quad =100-62=38 \Rightarrow 38\,\%$

(주거지의 넓이)$=100 \times \dfrac{24}{100}=38\,(km^2)$

(아파트)$-$(단독 주택)$=30-18=12 \Rightarrow 12\,\%$

$\Rightarrow 38 \times \dfrac{12}{100}=\mathbf{4.56\,(km^2)}$

예제 6-2 (주거지용 토지의 넓이)$=200 \times \dfrac{38}{100}$

$\qquad\qquad\qquad\qquad\qquad =76\,(km^2)$

(다세대 주택)$+$(연립 주택)$=24+18$

$\qquad\qquad\qquad\qquad\qquad =42\,(\%)$

$\Rightarrow 76 \times \dfrac{42}{100}=\mathbf{31.92\,(km^2)}$

STEP 3 응용 유형 뛰어넘기 126 ～ 130쪽

01 89000원

02 예 (동화책의 백분율)$=\dfrac{48}{160} \times 100=30\,(\%)$,

(위인전의 백분율)$=\dfrac{40}{160} \times 100=25\,(\%)$

$\Rightarrow$ (참고서의 백분율)$=100-(30+25+30)$

$\qquad\qquad\qquad\qquad\qquad =15 \Rightarrow 15\,\%$

; 15 %

03 예

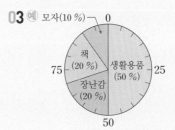

04 예

05 24년 **06** ㉠, ㉡

07 예 $16<20<24<40$이므로 가장 적게 팔린 음료수는 주스입니다.

$\Rightarrow$ (팔린 주스의 양)$=200 \times \dfrac{16}{100}=32\,(L)$; 32 L

08 730명

09 18.75 %

10 1800명

11 1.5배

12 196000명 **13** 50 %

14 예 중국의 비율이 30 %이므로 기타의 비율은

$100-(40+30+12.5+10)=7.5 \Rightarrow 7.5\,\%$입니다.

따라서 (기타)$=400 \times \dfrac{75}{1000}=30$(척),

(영국)$=30 \times \dfrac{40}{100}=12$(척)입니다. ; 12척

01 (수도 사용료)$=34000+23000+17000+15000$
$=$**89000(원)**

02 서술형 가이드 동화책과 위인전의 백분율을 각각 구한 뒤 참고서의 백분율을 구하는 풀이 과정이 들어 있어야 합니다.

채점 기준	
상	동화책과 위인전의 백분율을 각각 구한 뒤 참고서의 백분율을 바르게 구함.
중	동화책과 위인전의 백분율은 각각 구하였으나 참고서의 백분율을 구하지 못함.
하	동화책과 위인전의 백분율을 구하지 못해 참고서의 백분율을 구하지 못함.

03 생각 열기 (백분율)$=\dfrac{(항목별 물건 수)}{(전체 물건 수)}\times100$

(전체 물건 수)$=15+6+6+3=30$(개)

물건	생활용품	장난감	책	모자	합계
개수(개)	15	6	6	3	30
백분율(%)	50	20	20	10	100

(생활용품)$=\dfrac{15}{30}\times100=50$ (%)

(장난감)$=\dfrac{6}{30}\times100=20$ (%)

(책)$=\dfrac{6}{30}\times100=20$ (%)

(모자)$=\dfrac{3}{30}\times100=10$ (%)

$\Rightarrow 50+20+20+10=100$ (%)

$\Rightarrow$ 각 항목들이 차지하는 백분율에 맞게 선을 그어 원을 나누고 항목과 백분율의 크기를 써넣습니다.

04 각 항목들이 차지하는 백분율만큼 띠를 나누어 그래프를 그립니다.

(잠)$=5\times6=30$ (%)

(여가생활)$=5\times5=25$ (%)

(일)$=5\times4=20$ (%)

(공부)$=5\times2=10$ (%)

(기타)$=5\times3=15$ (%)

05 (일)$+$(공부)$=20+10=30$ (%)

$\Rightarrow$ (일과 공부를 하는 데 사용한 시간)

$=80\times\dfrac{30}{100}=$**24(년)**

06 ㉠ 막대그래프, 그림그래프, 띠그래프, 원그래프

㉡ 막대그래프, 띠그래프, 원그래프

㉢ 꺾은선그래프

㉣ 막대그래프

07 서술형 가이드 가장 적게 팔린 음료수를 찾아 그 양을 구하는 풀이 과정이 들어 있어야 합니다.

채점 기준	
상	가장 적게 팔린 음료수를 찾아 그 양을 바르게 구함.
중	가장 적게 팔린 음료수는 찾았으나 그 양을 구하지 못함.
하	가장 적게 팔린 음료수를 찾지 못해 답을 구하지 못함.

참고
띠그래프에서 차지하는 부분이 가장 짧은 항목을 찾으면 가장 적게 팔린 음료수를 찾을 수 있습니다.

08 (찬성하는 주민 수)$=5000\times\dfrac{70}{100}$
$=3500$(명)
(반대하는 주민 수)$=5000-3500$
$=1500$(명)
가장 많은 사람들이 찬성한 이유: 일자리가 생기므로
가장 많은 사람들이 반대한 이유: 공사 중 공해 발생

(일자리가 생기므로)$=3500\times\dfrac{35}{100}=1225$(명),

(공사 중 공해 발생)$=1500\times\dfrac{33}{100}=495$(명)

$\Rightarrow 1225-495=$**730(명)**

09 (처음 찬성 중 기타)$=3500\times\dfrac{9}{100}$
$=315$(명)

(교통 체증)$=1500\times\dfrac{28}{100}$
$=420$(명)

(돌아선 후 찬성)$=3500+420$
$=3920$(명)

(돌아선 후 찬성 중 기타)$=315+420$
$=735$(명)

$\Rightarrow \dfrac{735}{3920}\times100=$**18.75 (%)**

10 (2시간 미만)$=$(1시간 미만)$+$(1시간 이상 2시간 미만)
$=22+38=60$ (%)

$\Rightarrow 3000\times\dfrac{60}{100}=$**1800(명)**

11 TV를 시청하는 시간이 1시간 미만인 학생의 비율은 2015년에 22 %, 2017년에 33 %입니다.

$\Rightarrow 33\div22=$**1.5(배)**

12 (전문직 남자)$=50$만$\times\dfrac{12}{100}=6$만 (명)

전문직에 종사하는 남자가 자영업을 하는 여자보다 6000명 더 많으므로

(자영업 여자)$=60000-6000=54000$(명)

전체 여자를 □명이라 하면 $\dfrac{54000}{□}\times\dfrac{18}{100}$입니다.

$\dfrac{18\times3000}{100\times3000}=\dfrac{54000}{300000}$이므로 □$=300000$입니다.

(남학생)$=50$만$\times\dfrac{20}{100}=10$만 (명),

(여학생)$=30$만$\times\dfrac{32}{100}=96000$(명)

➡ (남학생)$+$(여학생)$=100000+96000$

$=\mathbf{196000(명)}$

13 생각 열기 B형에게 수혈을 할 수 있는 혈액형은 O형과 B형입니다.

O형이 전체의 $25\,\%$이고 B형이 전체의 $25\,\%$이므로 B형에게 수혈을 할 수 있는 학생은 전체 학생의 $25+25=\mathbf{50\,(\%)}$입니다.

14 서술형 가이드 중국과 기타의 비율을 알고 기타 항복의 배의 수를 구한 뒤 영국 배의 수를 구하는 풀이 과정이 들어 있어야 합니다.

채점 기준	
상	기타 항목의 배의 수를 구하여 영국 배의 수를 바르게 구함.
중	기타 항목의 배의 수는 구하였으나 답을 구하지 못함.
하	기타 항목의 배의 수를 구하지 못해 답을 구하지 못함.

실력평가

131 ～ 133쪽

01 15000, 24000

연도(년)	자동차 수
2014	
2015	
2016	
2017	

02 예 그림그래프는 표에 비하여 자동차 이용자 수를 한눈에 쉽게 비교할 수 있습니다.

03 ㉠   **04** 2배

05 10명

06 예

동물	강아지	고양이	햄스터	토끼	합계
학생 수(명)	120	75	60	45	300
백분율(%)	40	25	20	15	100

07 예

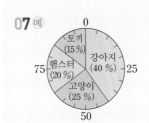

08

과목	체육	국어	영어	수학	기타	합계
학생 수(명)	12	8	6	4	10	40
백분율(%)	30	20	15	10	25	100

09 예 0 10 20 30 40 50 60 70 80 90 100(%)

체육 (30 %)	국어 (20 %)	영어 (15 %)	수학 (10 %)	기타 (25 %)

10 2배   **11** 15표

12 간식비

13 예 0 10 20 30 40 50 60 70 80 90 100(%)

학용품 (38 %)	간식비 (15 %)	저축 (22 %)	교통비 (16 %)	기타 (9 %)

14 예 (한 달에 저축한 금액)$=60000\times\dfrac{22}{100}$

$=13200$(원)

(1년 동안 저축한 금액)$=13200\times12$

$=158400$(원) ; 158400원

15 $22\,\%$, $11\,\%$ **16** 660 L

17 1506 L

18 예 (150 cm 이상)$=25.5+8.5=34\,(\%)$이므로 키가 150 cm 이상인 학생은 $800\times\dfrac{34}{100}=272$(명)입니다.

; 272명

19 12명   **20** 800명

01 그림그래프를 보면 2014년은 15000명, 2016년은 24000명입니다.

큰 그림은 10000명, 작은 그림은 1000명을 나타내도록 그림그래프를 완성합니다.

02 서술형 가이드 그림그래프를 표와 비교하여 더 좋은 점을 설명해야 합니다.

채점 기준	
상	표와 비교하여 그림그래프의 장점을 바르게 설명함.
중	표와 비교하여 그림그래프의 장점을 설명하였으나 미흡함.
하	표와 비교하여 그림그래프의 장점을 설명하지 못함.

03 띠그래프나 원그래프는 각 항목이 차지하는 비율을 한눈에 알 수 있지만 항목별 수량은 알기 어렵습니다.

> 참고
> 자료를 띠그래프나 원그래프로 나타내면 좋은 점
> ① 전체에 대한 각 부분의 비율을 한눈에 알아보기 쉽습니다.
> ② 각 항목끼리의 비율도 쉽게 비교할 수 있습니다.

04 O형: 40 %, B형: 20 %
⇨ 40÷20=**2(배)**

05 (A형인 학생 수)=(전체 학생 수)×(A형의 비율)
$$=40 \times \frac{25}{100} = \textbf{10(명)}$$

06 (전체 학생 수)=120+75+60+45
$$=\textbf{300(명)}$$
$$(강아지)=\frac{120}{300} \times 100 = \textbf{40}\,(\%)$$
$$(고양이)=\frac{75}{300} \times 100 = \textbf{25}\,(\%)$$
$$(햄스터)=\frac{60}{300} \times 100 = \textbf{20}\,(\%)$$
$$(토끼)=\frac{45}{300} \times 100 = \textbf{15}\,(\%)$$
(백분율의 합계)=40+25+20+15
$$=\textbf{100}\,(\%)$$

07 강아지부터 차례대로 백분율에 맞게 원을 나누고 각 항목의 내용과 백분율의 크기를 씁니다.

> 참고
> 원그래프로 나타내기
> ① 항목별 백분율 구하기
> ② 백분율의 합계가 100 %인지 확인하기
> ③ 백분율에 맞게 원 나누기
> ④ 나눈 원 위에 각 항목의 내용과 백분율 쓰기

08 생각 열기 (백분율)=$\dfrac{(항목별 \ 학생 \ 수)}{(전체 \ 학생 \ 수)} \times 100$

(국어)=40-(12+6+4+10)=8(명)
과목별 백분율 구하기
$$(체육)=\frac{12}{40} \times 100 = \textbf{30}\,(\%)$$
$$(국어)=\frac{8}{40} \times 100 = \textbf{20}\,(\%)$$
$$(영어)=\frac{6}{40} \times 100 = \textbf{15}\,(\%)$$
$$(수학)=\frac{4}{40} \times 100 = \textbf{10}\,(\%)$$
$$(기타)=\frac{10}{40} \times 100 = \textbf{25}\,(\%)$$
(백분율의 합계)=30+20+15+10+25
$$=\textbf{100}\,(\%)$$

09 각 항목들이 차지하는 백분율만큼 띠를 나누어 그래프를 그립니다.

> 참고
> 띠그래프로 나타내기
> ① 항목별 백분율 구하기
> ② 백분율의 합계가 100 %인지 확인하기
> ③ 백분율에 맞게 띠 나누기
> ④ 나눈 띠 위에 각 항목의 내용과 백분율 쓰기

10 해법 순서
① 민아의 득표율을 구합니다.
② 경수의 득표율을 민아의 득표율로 나누어 계산합니다.
(민아)=5×3=15 (%)
⇨ 30÷15=**2(배)**

> 다른 풀이
> (민아)=100-(30+25+20+10)=15 ⇨ 15 %
> ⇨ 30÷15=2(배)

11 (희선)=$300 \times \dfrac{25}{100} = 75$(표)

(은영)=$300 \times \dfrac{20}{100} = 60$(표)

⇨ 75-60=**15(표)**

12 (간식비)=100-(38+22+16+9)
$$=100-85=15 \Rightarrow 15\,\%)$$
⇨ 15<16<22<38 이므로 **간식비<교통비<저축<학용품**입니다.

13 학용품부터 차례대로 백분율에 맞게 띠를 나누고 항목의 내용과 백분율의 크기를 씁니다.

14 생각 열기 한 달에 한 번씩 1년 동안 저축하면 모두 12번 저축하게 됩니다.

서술형 가이드 한 달에 저축한 금액을 구하고 이를 이용하여 1년 동안 저축한 금액을 구하는 풀이 과정이 들어 있어야 합니다.

채점 기준	
상	한 달에 저축한 금액을 구하여 1년 동안 저축한 금액을 바르게 구함.
중	한 달에 저축한 금액은 구하였으나 답을 구하지 못함.
하	한 달에 저축한 금액을 구하지 못하여 답을 구하지 못함.

15 생각 열기 기타의 비율을 □ %로 놓고 백분율의 합계가 100 %임을 이용하여 계산합니다.

기타의 비율을 □ %라 하면 공장폐수의 비율은 (□×2) %입니다.

$42+\square\times2+25+\square=\square\times3+67=100$,
$\square\times3=33$, $\square=11$,

따라서 기타는 전체의 **11 %**이고
(공장폐수)$=11\times2=$**22 (%)**입니다.

16 (기타)$=6000\times\dfrac{11}{100}=$**660 (L)**

17 해법 순서
① 공장폐수의 양을 구합니다.
② ①을 이용하여 천재 하수처리장에서 정화되는 공장폐수의 양을 구합니다.
③ 축산폐수의 양을 구합니다.
④ ③을 이용하여 천재 하수처리장에서 정화되는 축산폐수의 양을 구합니다.
⑤ ②와 ④의 값을 더합니다.

(공장폐수의 양)$=6000\times\dfrac{22}{100}=1320$ (L)

(천재 하수처리장에서 정화되는 공장폐수의 양)
$=1320\times\dfrac{80}{100}=1056$ (L)

(축산폐수의 양)$=6000\times\dfrac{25}{100}=1500$ (L)

(천재 하수처리장에서 정화되는 축산폐수의 양)
$=1500\times\dfrac{30}{100}=450$ (L)

$\Rightarrow 1056+450=$**1506 (L)**

18 서술형 가이드 2012년의 키가 150 cm 이상인 학생의 전체 비율을 구하여 학생 수는 몇 명인지 구하는 풀이 과정이 들어 있어야 합니다.

채점 기준	
상	2012년의 키가 150 cm 이상인 학생의 전체 비율을 구하여 학생 수를 바르게 구함.
중	2012년의 키가 150 cm 이상인 학생의 비율은 구하였으나 학생 수를 구하지 못함.
하	2012년의 키가 150 cm 이상인 학생의 비율을 구하지 못해 답을 구하지 못함.

다른 풀이

(150 cm 이상 160 cm 미만)
$=800\times\dfrac{255}{10000}=204$(명)

(160 cm 이상)$=800\times\dfrac{85}{1000}=68$(명)

$\Rightarrow$ (150 cm 이상)$=204+68=272$(명)

19 해법 순서
① 2007년의 키가 160 cm 이상인 학생 수를 구합니다.
② 2012년의 키가 160 cm 이상인 학생 수를 구합니다.
③ ①과 ②의 차를 구합니다.

(2007년의 키가 160 cm 이상인 학생 수)
$=1000\times\dfrac{56}{1000}=56$(명)

(2012년의 키가 160 cm 이상인 학생 수)
$=800\times\dfrac{85}{1000}=68$(명)

$\Rightarrow 68-56=$**12(명)**

20 해법 순서
① 2017년의 키가 140 cm 이상 160 cm 미만인 학생 수의 비율을 구합니다.
② ①을 이용하여 2017년에 조사한 전체 학생 수를 구합니다.

(140 cm 이상 160 cm 미만)
$=$(140 cm 이상 150 cm 미만)
$+$(150 cm 이상 160 cm 미만)
$=40+26.5=66.5$ (%)

2017년에 조사한 전체 학생 수를 □명이라 하면
$\dfrac{532}{\square}=\dfrac{665}{1000}$입니다.

$\dfrac{665\times0.8}{1000\times0.8}=\dfrac{532}{800}$이므로 □=**800**입니다.

꼼꼼 풀이집

6 직육면체의 부피와 겉넓이

STEP 1 기본 유형 익히기

140 ~ 143쪽

1-1 24개, 20개 **1-2** 가

1-3 예 가로, 세로, 높이가 각각 다르므로 부피를 직접 비교할 수 없습니다.

1-4 >

2-1 가, 6 cm³

2-2 (위에서부터) 2×2, $2 \times 2 \times 2$, $2 \times 2 \times 3$; 4, 8, 12

2-3 예 직육면체의 높이가 2배가 되면 부피도 2배가 되고, 직육면체의 높이가 3배가 되면 부피도 3배가 됩니다.

2-4 36 cm³ **2-5** 343 cm³

2-6 216 cm³ **2-7** 나, 489 cm³

3-1 (1) 3000000 (2) 0.5 **3-2** 440 m³

3-3 800 m³

4-1 8, 5, 8, 5 ; 184

4-2 4, 4 ; 32, 20, 40 ; 184

4-3 126 cm² **4-4** 96 cm²

4-5 162 cm² **4-6** 1720 cm²

4-7 예 정육면체는 여섯 면이 모두 합동이므로 겉넓이는 $8 \times 8 \times 6 = 384$ (cm²)입니다. ; 384 cm²

4-8 88 cm²

4-9 예

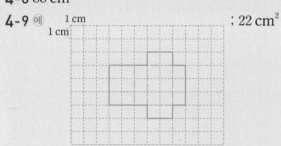

; 22 cm²

1-1 가: 가로 3개, 세로 4개, 높이 2층
⇨ **24개**
나: 가로 2개, 세로 2개, 높이 5층
⇨ **20개**

1-2 생각 열기 크기가 같은 작은 상자를 단위로 담았을 때 더 많이 들어가는 쪽의 부피가 더 큽니다.
$\underset{가}{24} > \underset{나}{20}$ 이므로 **가**의 부피가 더 큽니다.

1-3 서술형 가이드 두 지우개의 가로, 세로, 높이가 어떤지 파악해서 부피를 직접 비교할 수 없는 이유를 설명하는 내용이 들어 있어야 합니다.

채점 기준	
상	부피를 직접 비교할 수 없는 이유를 바르게 설명함.
중	부피를 직접 비교할 수 없는 이유는 설명하였으나 미흡함.
하	부피를 직접 비교할 수 없는 이유를 설명하지 못함.

1-4 가의 쌓기나무의 수는 18개, 나의 쌓기나무의 수는 16개로 가의 쌓기나무의 수가 더 많으므로 가의 부피가 더 큽니다.

2-1 생각 열기 쌓기나무의 수를 세어 어느 것의 부피가 더 큰지 알 수 있습니다.
가의 쌓기나무의 수: 한 층에 8개씩 3층 ⇨ 24 cm³
나의 쌓기나무의 수: 한 층에 9개씩 2층 ⇨ 18 cm³
따라서 **가**의 부피가 나의 부피보다 $24 - 18 = \mathbf{6}$ **(cm³)** 더 큽니다.

2-2 부피가 1 cm³인 쌓기나무의 수를 세어 부피를 구합니다.

2-3 직육면체의 높이가 2배, 3배가 되면 부피도 2배, 3배가 됩니다.
서술형 가이드 직육면체의 높이가 2배, 3배가 되면 부피가 각각 어떻게 변하는지 설명하는 내용이 들어 있어야 합니다.

채점 기준	
상	직육면체의 높이와 부피 사이의 관계를 바르게 설명함.
중	직육면체의 높이와 부피 사이의 관계를 설명했으나 미흡함.
하	직육면체의 높이와 부피 사이의 관계를 설명하지 못함.

2-4 (직육면체의 부피) = (가로) × (세로) × (높이)
$= 6 \times 2 \times 3 = \mathbf{36}$ **(cm³)**

2-5 (정육면체의 부피) $= 7 \times 7 \times 7 = \mathbf{343}$ **(cm³)**

2-6 전개도를 접으면 다음과 같이 한 모서리의 길이가 6 cm인 정육면체가 됩니다.

 6 cm ⇨ 부피는 $6 \times 6 \times 6 = \mathbf{216}$ **(cm³)**입니다.

2-7 (가의 부피) $= 8 \times 6 \times 5 = 240$ (cm³)
(나의 부피) $= 9 \times 9 \times 9 = 729$ (cm³)
⇨ $729 - 240 = \mathbf{489}$ **(cm³)**

3-1 (1) $3 \text{ m}^3 = \mathbf{3000000}$ **cm³**
(2) $500000 \text{ cm}^3 = \mathbf{0.5}$ **m³**

참고
$1 \text{ m}^3 = 1000000 \text{ cm}^3$

3-2 100 cm=1 m이므로

$$(직육면체의 \ 부피)=(가로)×(세로)×(높이)$$
$$=11×8×5$$
$$=\textbf{440 (m}^3\textbf{)}$$

3-3 $(얼음 \ 1개의 \ 부피)=(가로)×(세로)×(높이)$
$$=80×100×10$$
$$=80000 \ (cm^3)$$

⇨ 얼음 10000개의 부피는 $800000000 \ cm^3 = \textbf{800 m}^3$
입니다.

4-1 생각 열기 직육면체의 겉넓이는 여섯 면의 넓이의 합으로 구할 수 있습니다.

$(직육면체의 \ 겉넓이)$
$=(여섯 \ 면의 \ 넓이의 \ 합)$
$=8×4+8×4+5×4+5×4+8×5+8×5$
$=32+32+20+20+40+40$
$=\textbf{184 (cm}^2\textbf{)}$

> 참고
>
> $(직육면체의 \ 겉넓이)$
> $=(여섯 \ 면의 \ 넓이의 \ 합)$
> $=(한 \ 꼭짓점에서 \ 만나는 \ 세 \ 면의 \ 넓이의 \ 합)×2$
> $=(옆면의 \ 넓이)+(한 \ 밑면의 \ 넓이)×2$

4-2 $(직육면체의 \ 겉넓이)$
$=(한 \ 꼭짓점에서 \ 만나는 \ 세 \ 면의 \ 넓이의 \ 합)×2$
$=(8×4+5×4+8×5)×2$
$=(32+20+40)×2$
$=92×2=\textbf{184} \ (cm^2)$

4-3 $(직육면체의 \ 겉넓이)$
$=(한 \ 꼭짓점에서 \ 만나는 \ 세 \ 면의 \ 넓이의 \ 합)×2$
$=(3×5+6×5+3×6)×2$
$=(15+30+18)×2$
$=63×2$
$=\textbf{126 (cm}^2\textbf{)}$

> 참고
>
> 밑면의 넓이와 옆면의 넓이의 합을 이용하여 직육면체의 겉넓이를 구할 때에는 다음과 같이 직육면체를 돌려서 가로가 5 cm, 세로가 3 cm인 면을 밑면으로 해도 계산 결과는 같습니다.
>
>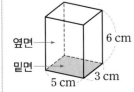
>
> $(5×3)×2$
> $+(5+3+5+3)×6$
> $=30+96$
> $=126 \ (cm^2)$

다른 풀이

$(직육면체의 \ 겉넓이)$
$=(여섯 \ 면의 \ 넓이의 \ 합)$
$=3×5+3×5+6×5+6×5+3×6+3×6$
$=126 \ (cm^2)$

4-4 $(정육면체의 \ 겉넓이)$
$=(한 \ 면의 \ 넓이)×6=4×4×6$
$=\textbf{96 (cm}^2\textbf{)}$

4-5 $(직육면체의 \ 겉넓이)$
$=(한 \ 꼭짓점에서 \ 만나는 \ 세 \ 면의 \ 넓이의 \ 합)×2$
$=(7×3+6×3+7×6)×2$
$=(21+18+42)×2$
$=81×2$
$=\textbf{162 (cm}^2\textbf{)}$

4-6 $(직육면체의 \ 겉넓이)$
$=(한 \ 꼭짓점에서 \ 만나는 \ 세 \ 면의 \ 넓이의 \ 합)×2$
$=(10×14+30×14+10×30)×2$
$=(140+420+300)×2$
$=860×2$
$=\textbf{1720 (cm}^2\textbf{)}$

4-7 서술형 가이드 정육면체는 여섯 면이 모두 합동이므로
$(정육면체의 \ 겉넓이)=(한 \ 면의 \ 넓이)×6$으로 계산하는 풀이 과정이 들어 있어야 합니다.

채점 기준	
상	한 면의 넓이를 6배 하여 정육면체의 겉넓이를 구하는 풀이 과정을 쓰고 답을 구함.
중	한 면의 넓이를 6배 하여 정육면체의 겉넓이는 구하였으나 풀이 과정이 미흡함.
하	정육면체의 겉넓이를 구하지 못함.

> 참고
>
> $(정육면체의 \ 겉넓이)=(한 \ 면의 \ 넓이)×6$

4-8

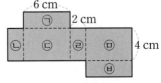

$(직육면체의 \ 겉넓이)$
$=(㉠의 \ 넓이)×2+(㉡, ㉢, ㉣, ㉤의 \ 넓이의 \ 합)$
$=6×2×2+(6+2+6+2)×4$
$=24+64=\textbf{88 (cm}^2\textbf{)}$

4-9 모눈 한 칸의 크기가 $1\,cm^2$이므로 모눈의 수를 세어 겉 넓이를 구할 수도 있습니다.

⇨ 넓이가 $1\,cm^2$인 모눈이 22칸이므로 **$22\,cm^2$**입니다.

참고

전개도의 모양은 달라도 겉넓이는 같습니다.

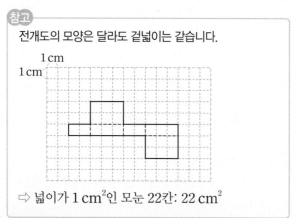

⇨ 넓이가 $1\,cm^2$인 모눈 22칸: $22\,cm^2$

다른 풀이

$$(겉넓이)=2\times1\times2+(2+1+2+1)\times3$$
$$=22\,(cm^2)$$

STEP **2** 응용 유형 **익히기** | 144 ~ 151쪽

응용 **1** $1331\,cm^3$

예제 **1-1** $512\,cm^3$　　예제 **1-2** 3

응용 **2** 10

예제 **2-1** 11　　예제 **2-2** 14 cm

응용 **3** 2

예제 **3-1** 250 cm　　예제 **3-2** 4

응용 **4** $190\,cm^2$

예제 **4-1** $2540\,cm^2$　　예제 **4-2** $1331\,cm^3$

응용 **5** $1290\,cm^3$

예제 **5-1** $860\,cm^3$　　예제 **5-2** $540\,m^3$

응용 **6** $194\,cm^2$

예제 **6-1** $40\,cm^2$　　예제 **6-2** $400\,cm^2$

응용 **7** $192\,cm^3$

예제 **7-1** $360\,cm^3$　　예제 **7-2** 12 cm

응용 **8** $24\,cm^2$

예제 **8-1** $30\,cm^2$　　예제 **8-2** $64\,cm^3$

응용 **1** 정육면체는 가로, 세로, 높이가 모두 같으므로 직육 면체의 가장 짧은 모서리인 11 cm를 정육면체의 한 모서리의 길이로 해야 합니다.

⇨ (정육면체의 부피)$=11\times11\times11$
$$=\mathbf{1331\,(cm^3)}$$

예제 **1-1** 해법 순서

① 가장 큰 정육면체를 만들려면 정육면체의 한 모서 리의 길이를 몇 cm로 해야 하는지 구합니다.

② 만들 수 있는 가장 큰 정육면체의 부피를 구합니다.

상자에 들어갈 수 있는 가장 큰 정육면체의 한 모서 리의 길이는 상자의 모서리의 길이 중 가장 짧은 8 cm입니다.

⇨ (정육면체의 부피)$=8\times8\times8=\mathbf{512\,(cm^3)}$

참고

(정육면체의 부피)$=$(한 모서리의 길이)
　　　　　　　　$\times$(한 모서리의 길이)
　　　　　　　　$\times$(한 모서리의 길이)

예제 **1-2** 해법 순서

① 만들 수 있는 가장 큰 정육면체의 한 모서리의 길 이를 구합니다.

② □ 안에 알맞은 수가 만들 수 있는 가장 큰 정육면 체의 한 모서리의 길이와 같음을 알고 답을 구합니다.

만들 수 있는 가장 큰 정육면체의 한 모서리의 길이는 $3\times3\times3=27\,(cm^3)$에서 3 cm이므로 □=**3**입니다.

응용 **2** (직육면체의 겉넓이)
$\quad=$(옆면의 넓이)$+$(한 밑면의 넓이)$\times2$
$\quad=$(옆면의 넓이)$+10\times4\times2=360$,
(옆면의 넓이)$=360-80=280$,
(옆면의 넓이)$=(4+10+4+10)\times\square=280$,
$28\times\square=280$, □=**10**

예제 **2-1** (옆면의 넓이)$+7\times9\times2=478$,
(옆면의 넓이)$=478-126=352$,
(옆면의 넓이)$=(9+7+9+7)\times\square=352$,
$32\times\square=352$, □=**11**

예제 **2-2** 해법 순서

① 직육면체의 겉넓이를 구합니다.

② 직육면체와 겉넓이가 같은 정육면체의 한 면의 넓 이를 구합니다.

③ 정육면체의 한 모서리의 길이를 구합니다.

(직육면체의 겉넓이)
$\quad=(18\times6+6\times20+18\times20)\times2$
$\quad=(108+120+360)\times2$
$\quad=588\times2=1176\,(cm^2)$,
겉넓이가 $1176\,cm^2$인 정육면체의 한 면의 넓이는 $1176\div6=196\,(cm^2)$입니다.

⇨ $14\times14=196$에서 정육면체의 한 모서리의 길이 는 **14 cm**입니다.

응용 3 $1000000 \text{ cm}^3 = 1 \text{ m}^3$이므로

$9000000 \text{ cm}^3 = 9 \text{ m}^3$입니다.

$100 \text{ cm} = 1 \text{ m}$이므로 $150 \text{ cm} = 1.5 \text{ m}$입니다.

$3 \times \square \times 1.5 = 9$, $\square = \mathbf{2}$

예제 3-1 $4 \text{ m} = 400 \text{ cm}$, $35 \text{ m}^3 = 35000000 \text{ cm}^3$

⇨ $\square \times 350 \times 400 = 35000000$, $\square = 250$

따라서 가로는 **250 cm**입니다.

참고

$1 \text{ m} = 100 \text{ cm}$

$1 \text{ m}^3 = 1000000 \text{ cm}^3$

예제 3-2 **해법 순서**

① cm 단위를 m 단위로 바꾸어 단위를 같게 만듭니다.

② 가의 부피를 구합니다.

③ 가의 부피를 이용하여 나의 한 모서리의 길이를 구합니다.

$640 \text{ cm} = 6.4 \text{ m}$, $250 \text{ cm} = 2.5 \text{ m}$이므로

(가의 부피) $= 6.4 \times 2.5 \times 4$

$\qquad = 64 \text{ (m}^3)$

(나의 부피) $= \square \times \square \times \square$

$\qquad = 64 \text{ (m}^3)$

⇨ $4 \times 4 \times 4 = 64$이므로 $\square = \mathbf{4}$입니다.

응용 4 (직육면체의 부피) = (가로) × (세로) × (높이)에서

$10 \times 5 \times (높이) = 150$이므로

$50 \times (높이) = 150$, $(높이) = 150 \div 50$,

$(높이) = 3 \text{ cm}$입니다.

⇨ (직육면체의 겉넓이)

$\qquad = (10 \times 3 + 5 \times 3 + 10 \times 5) \times 2$

$\qquad = (30 + 15 + 50) \times 2$

$\qquad = 95 \times 2$

$\qquad = \mathbf{190} \text{ (cm}^2)$

예제 4-1 (직육면체의 부피) = (가로) × (세로) × (높이)에서

$15 \times 8 \times (높이) = 6000$이므로

$120 \times (높이) = 6000$, $(높이) = 6000 \div 120$,

$(높이) = 50 \text{ cm}$입니다.

⇨ (직육면체의 겉넓이)

$\qquad = (15 \times 8 + 8 \times 50 + 15 \times 50) \times 2$

$\qquad = (120 + 400 + 750) \times 2$

$\qquad = 1270 \times 2$

$\qquad = \mathbf{2540} \text{ (cm}^2)$

예제 4-2 **해법 순서**

① 상자의 한 면의 넓이를 구합니다.

② 상자의 한 모서리의 길이를 구합니다.

③ 상자의 부피를 구합니다.

(한 면의 넓이) $= 726 \div 6 = 121 \text{ (cm}^2)$이고

$11 \times 11 = 121$이므로 한 모서리의 길이는 11 cm입니다.

⇨ (상자의 부피) $= 11 \times 11 \times 11$

$\qquad = \mathbf{1331} \text{ (cm}^3)$

응용 5

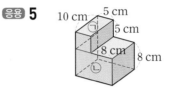

(㉠의 부피) $= 5 \times 10 \times 5 = 250 \text{ (cm}^3)$

(㉡의 부피) $= 13 \times 10 \times 8 = 1040 \text{ (cm}^3)$

⇨ (㉠의 부피 + ㉡의 부피) $= 250 + 1040$

$\qquad = \mathbf{1290} \text{ (cm}^3)$

예제 5-1 **생각 열기** 위쪽 직육면체의 부피와 아래쪽 직육면체의 부피를 구하여 더합니다.

(위쪽 직육면체의 부피) + (아래쪽 직육면체의 부피)

$= 4 \times 5 \times 8 + 10 \times 14 \times 5$

$= 160 + 700$

$= \mathbf{860} \text{ (cm}^3)$

예제 5-2 **해법 순서**

① 도형을 3부분으로 나눕니다.

② 나눈 3부분의 부피를 각각 구하여 더합니다.

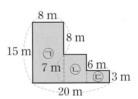

(건물의 부피)

$= (㉠의 부피) + (㉡의 부피) + (㉢의 부피)$

$= 8 \times 15 \times 3 + 6 \times 7 \times 3 + 6 \times 3 \times 3$

$= 360 + 126 + 54$

$= \mathbf{540} \text{ (m}^3)$

다른 풀이

큰 직육면체의 부피에서 비어 있는 직육면체의 부피를 뺍니다.

⇨ (건물의 부피)

$\qquad = 20 \times 15 \times 3 - 6 \times 8 \times 3 - 6 \times 12 \times 3$

$\qquad = 900 - 144 - 216 = 540 \text{ (m}^3)$

응용 6

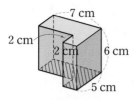

(빗금친 면의 넓이)$=7\times5-5\times2$
$\qquad\qquad\qquad\quad=35-10=25\,(cm^2)$
(빗금친 면에 수직인 모든 면의 넓이의 합)
$=(7+5+2+2+5+3)\times6$
$=24\times6=144\,(cm^2)$
⇨ (입체도형의 겉넓이)
$\quad=$(빗금친 면의 넓이)$\times2+$(빗금친 면에 수직인
모든 면의 넓이의 합)
$\quad=25\times2+144=\mathbf{194\,(cm^2)}$

예제 6-1 〔생각 열기〕 다음 면이 밑면이 되도록 입체도형을 생각합니다.

(밑면의 넓이)$=3\times2-1\times1=5\,(cm^2)$
(옆면의 넓이의 합)$=(2+1+1+1+3+2)\times3$
$\qquad\qquad\qquad\qquad=10\times3=30\,(cm^2)$
⇨ (입체도형의 겉넓이)$=5\times2+30=\mathbf{40\,(cm^2)}$

예제 6-2 〔해법 순서〕
① 한 밑면의 넓이를 구합니다.
② 옆면의 넓이의 합을 구합니다.
③ 입체도형의 겉넓이를 구합니다.

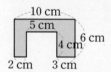

(밑면의 넓이)$=10\times6-5\times4=40\,(cm^2)$
(옆면의 넓이의 합)
$=(10+6+3+4+5+4+2+6)\times8$
$=40\times8=320\,(cm^2)$
⇨ (입체도형의 겉넓이)$=40\times2+320$
$\qquad\qquad\qquad\qquad\qquad=\mathbf{400\,(cm^2)}$

응용 7 (높아진 물의 높이)$=9-7=2\,(cm)$
(높아진 물의 부피)$=12\times8\times2=192\,(cm^3)$
돌의 부피는 높아진 물의 부피와 같으므로 **192 cm³**입니다.

예제 7-1 (높아진 물의 높이)$=9-6=3\,(cm)$
(주먹도끼의 부피)$=15\times8\times3$
$\qquad\qquad\qquad\qquad=\mathbf{360\,(cm^3)}$

예제 7-2 〔생각 열기〕 돌의 부피는 높아진 물의 부피와 같습니다.

〔해법 순서〕
① 높아진 물의 높이를 □ cm로 놓고 돌의 부피를 구하는 식을 세웁니다.
② □의 값을 구해 높아진 물의 높이는 몇 cm인지 구합니다.

돌의 부피는 높아진 물의 부피와 같습니다.
높아진 물의 높이를 □ cm라 하면
$45\times20\times\square=1800,\ 900\times\square=1800,\ \square=2$
⇨ $10+2=\mathbf{12\,(cm)}$

〔다른 풀이〕
돌을 넣었을 때의 물의 높이를 □ cm라 하면
$45\times20\times10+1800=45\times20\times\square$,
$9000+1800=900\times\square,\ 10800=900\times\square$,
□$=12$입니다.

응용 8 다음과 같이 눕히거나 세우면 모두 같은 모양이므로 겉넓이는 같습니다.

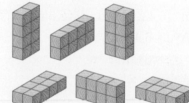

따라서 만들 수 있는 직육면체는 (가로, 세로, 높이)
가 각각 $\underset{①}{(1,1,8)}$, $\underset{②}{(1,2,4)}$, $\underset{③}{(2,2,2)}$인 경우로 모두
3가지입니다.
① (직육면체의 겉넓이)
$=(1\times8+1\times8+1\times1)\times2$
$=17\times2=34\,(cm^2)$
② (직육면체의 겉넓이)
$=(1\times4+2\times4+1\times2)\times2$
$=14\times2=28\,(cm^2)$
③ (직육면체의 겉넓이)$=2\times2\times6=24\,(cm^2)$
이때 겉넓이가 가장 작은 경우의 겉넓이는 **24 cm²**입니다.

예제 8-1 ・가로 1 cm, 세로 1 cm, 높이 9 cm일 때의 겉넓이
⇨ $(1\times9+1\times9+1\times1)\times2$
$=19\times2=38\,(cm^2)$
・가로 1 cm, 세로 3 cm, 높이 3 cm일 때의 겉넓이
⇨ $(1\times3+3\times3+1\times3)\times2$
$=15\times2=30\,(cm^2)$
따라서 포장지를 가장 적게 사용할 수 있는 직육면체의 겉넓이는 **30 cm²**입니다.

예제 8-2 해법 순서

① 가로, 세로, 높이의 합이 12 cm가 되는 직육면체의 경우를 모두 찾아 부피를 구합니다.

② 그중 부피가 가장 큰 경우를 찾습니다.

가로(cm)	1	1	1	1	1
세로(cm)	1	2	3	4	5
높이(cm)	10	9	8	7	6
부피(cm³)	10	18	24	28	30

가로(cm)	2	2	2	2	3	3	4
세로(cm)	2	3	4	5	3	4	4
높이(cm)	8	7	6	5	6	5	4
부피(cm³)	32	42	48	50	54	60	64

⇨ 가로 4 cm, 세로 4 cm, 높이 4 cm일 때의 부피가 **64 cm³**로 가장 큽니다.

 응용 유형 뛰어넘기   152 ～ 156쪽

01 9 cm

02 32 cm³

03 예 주사위의 한 면의 둘레가 16 cm이므로 한 모서리의 길이는 16÷4=4 (cm)입니다.

⇨ (주사위의 겉넓이)=4×4×6=96 (cm²)

; 96 cm²

04 28388 cm², 170016 cm³

05 72 cm³

06 1.728배

07 1150 cm³

08 2

09 예 (나의 부피)=15×14.4×8=1728 (cm³)

(가의 부피)=(한 모서리의 길이)×(한 모서리의 길이)

×(한 모서리의 길이)

=1728=12×12×12이므로

(한 모서리의 길이)=12 cm입니다.

⇨ (가의 겉넓이)=12×12×6=864 (cm²)

; 864 cm²

10 이현

11 750 cm³

12 예 바깥 부분 직육면체의 부피에서 뚫린 직육면체의 부피를 뺍니다.

300 cm=3 m, 500 cm=5 m,

420 cm=4.2 m, 150 cm=1.5 m,

200 cm=2 m이므로

(입체도형의 부피)=3×5×4.2−1.5×2×4.2

=63−12.6

=50.4 (m³) ; 50.4 m³

13 353 cm³

14 136 cm²

01 (직육면체의 부피)=(가로)×(세로)×(높이)에서

높이를 □ cm라 하면 6×4×□=216, 24×□=216, □=9이므로 직육면체의 높이는 **9 cm**입니다.

02 생각 열기 쌓기나무의 수를 세어 입체도형의 부피를 구합니다.

쌓기나무 1개의 부피는 8 cm³이고, 입체도형은 쌓기나무 4개로 만들었으므로 부피는 8×4=**32 (cm³)**입니다.

03 서술형 가이드 주사위의 한 모서리의 길이를 이용하여 겉넓이를 구하는 풀이 과정이 들어 있어야 합니다.

채점 기준

상	주사위의 한 모서리의 길이를 구하여 답을 바르게 구함.
중	주사위의 한 모서리의 길이는 구했으나 답을 구하지 못함.
하	주사위의 한 모서리의 길이를 구하지 못해 답을 구하지 못함.

참고

정육면체의 한 면은 모두 정사각형이므로 네 변의 길이가 같습니다.

04 (직육면체의 겉넓이)

=(69×154+16×154+69×16)×2

=(10626+2464+1104)×2

=**28388 (cm²)**

(직육면체의 부피)

=69×16×154=**170016 (cm³)**

05 생각 열기 직육면체의 가로, 세로, 높이가 각각 몇 cm인지 생각해 봅니다.

가로 6 cm, 세로 4 cm, 높이 3 cm인 직육면체입니다.

 ⇨ (직육면체의 부피)=6×4×3 =**72 (cm³)**

06 생각 열기 직육면체에서 가로가 ●배가 되면 부피도 ●배, 세로가 ▲배가 되면 부피도 ▲배, 높이가 ■배가 되면 부피도 ■배가 됩니다.

정육면체의 각 모서리의 길이를 1.2배로 늘리면 가로, 세로, 높이가 각각 1.2배가 되므로 부피는 1.2×1.2×1.2=**1.728(배)**가 됩니다.

주의

가로, 세로, 높이가 각각 ■배, ▲배, ●배가 되면 부피는 (■×▲×●)배가 됩니다.

07 생각 열기 (직육면체의 부피)=(가로)×(세로)×(높이)

(어깨뼈 상자의 부피)=$5×5×8=200$ (cm^3)

(위팔뼈 상자의 부피)=$5×5×18=450$ (cm^3)

(아래팔뼈 상자의 부피)=$5×5×20=500$ (cm^3)

⇨ $200+450+500=$ **1150 (cm^3)**

08 생각 열기 직육면체의 겉넓이를 여섯 면의 넓이의 합으로 나타내어 봅니다.

직육면체의 겉넓이는 여섯 면의 넓이의 합입니다.

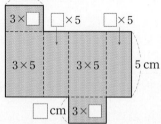

(직육면체의 겉넓이)

$=3×□+3×□+3×5+3×5+□×5+□×5$

$=62$,

$16×□+30=62$, $16×□=32$, $□=$ **2**

09 해법 순서

① 직육면체 나의 부피를 구합니다.

② 정육면체 가의 한 모서리의 길이를 구합니다

③ 정육면체 가의 겉넓이를 구합니다.

서술형 가이드 직육면체 나의 부피를 구하여 정육면체 가의 한 모서리의 길이를 구하고, 이를 이용하여 정육면체 가의 겉넓이를 구하는 풀이 과정이 들어 있어야 합니다.

채점 기준	
상	정육면체 가의 한 모서리의 길이를 구하여 답을 바르게 구함.
중	정육면체 가의 한 모서리의 길이는 구했으나 답을 구하지 못함.
하	정육면체 가의 한 모서리의 길이를 구하지 못해 답을 구하지 못함.

10 생각 열기 각설탕이 공기와 닿는 부분을 적게 하려면 겉넓이가 좁게 되도록 쌓아야 합니다.

(이현이가 쌓은 각설탕의 겉넓이)

$=(3×2+2×2+3×2)×2=32$ (cm^2)

(백찬이가 쌓은 각설탕의 겉넓이)

$=(3×4+1×4+3×1)×2=38$ (cm^2)

⇨ **이현**이가 쌓은 각설탕의 공기와 닿는 부분이 더 적습니다.

11 생각 열기 고구마 4개의 부피는 낮아진 물의 부피와 같습니다.

(고구마 4개의 부피)=(낮아진 물의 부피)

$=20×50×3=3000$ (cm^3)

⇨ (고구마 1개의 부피)=$3000÷4$

$=$ **750 (cm^3)**

12 서술형 가이드 바깥 부분 직육면체의 부피에서 뚫린 직육면체의 부피를 빼어 구하는 풀이 과정이 들어 있어야 합니다.

채점 기준	
상	바깥 부분 직육면체의 부피와 뚫린 직육면체의 부피를 각각 구하여 답을 바르게 구함.
중	바깥 부분 직육면체의 부피와 뚫린 직육면체의 부피를 각각 구하였으나 답을 구하지 못함.
하	바깥 부분 직육면체의 부피와 뚫린 직육면체의 부피를 구하지 못해 답을 구하지 못함.

13 (입체도형의 부피)

$=$(가로 10 cm, 세로 10 cm, 높이 5 cm인 직육면체의 부피)

$-$(가로 6 cm, 세로 4 cm, 높이 5 cm인 직육면체의 부피)

$-$(한 모서리의 길이가 3 cm인 정육면체의 부피)

$=10×10×5-6×4×5-3×3×3$

$=500-120-27=$ **353 (cm^3)**

14 해법 순서

① 쌓기나무를 쌓은 모양을 알아봅니다.

② 위와 아래에서 본 모양의 넓이를 구합니다.

③ 앞, 뒤, 왼쪽 옆, 오른쪽 옆에서 본 모양의 넓이를 구합니다.

④ 겉넓이를 구합니다.

쌓기나무로 만든 입체도형은 다음과 같습니다.

위와 아래에서 보면 한 변의 길이가 2 cm인 정사각형이 9개씩이므로

위, 아래에서 본 모양의 넓이의 합:

$\underline{2×2}×9×2=72$ (cm^2)

└─ 쌓기나무 한 면의 넓이

앞, 뒤, 왼쪽 옆, 오른쪽 옆에서 보면 정사각형이 4개씩이므로

앞, 뒤, 왼쪽 옆, 오른쪽 옆에서 본 모양의 넓이의 합:

$2×2×4×4=64$ (cm^2)

⇨ (입체도형의 겉넓이)=$72+64=$ **136 (cm^2)**

실력평가

157 ~ 159쪽

01 4, 48　　　　　　　**02** ④

03 864 cm²　　　　　**04** 3500 cm²

05 118 cm²

06 예 (직육면체의 부피)=(가로)×(세로)×(높이)
　　　　　　　　＝7×4×6＝168 (cm³)
　; 168 cm³

07 400000000 cm³　　**08** 240 cm³

09 나　　　　　　　　**10** 20

11 예 가로가 2배가 되면 부피도 2배, 세로가 2배가 되면
　부피도 2배, 높이가 2배가 되면 부피도 2배가 됩니다.
　⇨ 2×2×2＝8(배) ; 8배

12 2.76 m³　　　　　　**13** 252 cm³

14 800 cm³

15 예 정육면체의 한 모서리의 길이를 □ cm라 하면
　□×□×□＝8이므로 □＝2입니다.
　따라서 정육면체의 겉넓이는 2×2×6＝24 (cm²)입
　니다. ; 24 cm²

16 3 cm　　　　　　　**17** 4 m

18 512 cm³　　　　　　**19** 10 cm

20 88 cm²

---

01 [생각 열기] 가로, 세로, 높이에 있는 쌓기나무의 수를 곱합
　니다.
　쌓기나무는 가로 4개, 세로 3개, 높이 4층으로 쌓여 있
　습니다.
　4×3×4＝48(개) ⇨ **48 cm³**

02 [생각 열기] 1 m³=1000000 cm³임을 이용합니다.
　④ 1800000 cm³=1.8 m³

03 (정육면체의 겉넓이)=(한 면의 넓이)×6
　　　　　　　　＝(한 모서리의 길이)
　　　　　　　　　×(한 모서리의 길이)×6
　　　　　　　　＝12×12×6
　　　　　　　　＝**864 (cm²)**

04 [생각 열기] (직육면체의 겉넓이)
　＝(한 꼭짓점에서 만나는 세 면의 넓이의 합)×2
　(수박의 겉넓이)
　＝(20×23+30×23+20×30)×2
　＝(460+690+600)×2
　＝1750×2
　＝**3500 (cm²)**

05 전개도를 접으면 다음 그림과 같은 직육면체가 됩니다.

　⇨ (직육면체의 겉넓이)
　＝(7×5+2×5+7×2)×2
　＝(35+10+14)×2
　＝59×2＝**118 (cm²)**

06 [서술형 가이드] 가로, 세로, 높이를 이용하여 직육면체의 부
　피 구하는 풀이 과정이 들어 있어야 합니다.

[채점 기준]

상	직육면체의 부피 구하는 풀이 과정을 쓰고 답을 구함.
중	직육면체의 부피 구하는 풀이 과정은 썼으나 답을 구하지 못함.
하	직육면체의 부피를 구하지 못함.

07 (직육면체의 부피)=(가로)×(세로)×(높이)
　　　　　　　＝10×8×5＝400 (m³)
　⇨ 400 m³=**400000000 cm³**

08 [생각 열기] (직육면체의 부피)
　　　　　＝(가로)×(세로)×(높이)
　(두부의 부피)=6×10×4=**240 (cm³)**

09 (가의 부피)=20×14×5=1400 (cm³)
　(나의 부피)=6×15×22=1980 (cm³)
　따라서 **나**의 부피가 더 큽니다.

10 (직육면체의 부피)=(가로)×(세로)×(높이)이므로
　□×5×8=800, □×40=800, □=**20**입니다.

11 [서술형 가이드] 정육면체의 가로, 세로, 높이와 부피 사이의
　관계를 이용하여 나 정육면체의 부피는 가 정육면체의 부피
　의 몇 배인지 구하는 풀이 과정이 들어 있어야 합니다.

[채점 기준]

상	정육면체의 가로, 세로, 높이와 부피 사이의 관계를 이용하여 답을 바르게 구함.
중	정육면체의 가로, 세로, 높이와 부피 사이의 관계를 이용하여 답을 구했으나 미흡함.
하	정육면체의 가로, 세로, 높이와 부피 사이의 관계를 알지 못해 답을 구하지 못함.

[참고]

직육면체에서 가로가 ●배가 되면 부피도 ●배, 세로가
▲배가 되면 부피도 ▲배, 높이가 ■배가 되면 부피도 ■
배가 됩니다.

12 생각 열기 cm 단위를 m 단위로 바꾸어 계산합니다.

120 cm=1.2 m, 4 m 60 cm=4.6 m,
50 cm=0.5 m
⇨ (직육면체의 부피)=1.2×4.6×0.5
$$=2.76 \text{ (m}^3)$$

다른 풀이

4 m 60 cm=460 cm이므로
(직육면체의 부피)=120×460×50
$$=2760000 \text{ (cm}^3)$$
⇨ 2760000 cm³=2.76 m³

13 생각 열기 나무 블록 1개의 부피를 먼저 구한 뒤 직육면체의 부피를 구합니다.

해법 순서
① 나무 블록 1개의 부피를 구합니다.
② 쌓은 나무 블록 수를 구합니다.
③ 직육면체의 부피를 구합니다.

(나무 블록 1개의 부피)=(가로)×(세로)×(높이)
$$=2×6×1$$
$$=12 \text{ (cm}^3)$$
부피가 12 cm³인 나무 블록을 3×7=21(개) 쌓았으므로 직육면체의 부피는 12×21=**252 (cm³)**입니다.

14 생각 열기 돌의 부피는 높아진 물의 부피와 같습니다.

(돌의 부피)=(높아진 물의 부피)
$$=20×8×5$$
$$=800 \text{ (cm}^3)$$

15 생각 열기 정육면체의 한 모서리의 길이를 먼저 알아봅니다.

서술형 가이드 정육면체의 한 모서리의 길이를 구한 뒤 정육면체의 겉넓이를 구하는 풀이 과정이 들어 있어야 합니다.

채점 기준

상	정육면체의 한 모서리의 길이를 구하여 답을 바르게 구함.
중	정육면체의 한 모서리의 길이는 구했으나 답을 구하지 못함.
하	정육면체의 한 모서리의 길이를 구하지 못해 답을 구하지 못함.

참고

(정육면체의 겉넓이)
=(한 면의 넓이)×6
=(한 모서리의 길이)×(한 모서리의 길이)×6

16 작은 정육면체의 수는 3×3×3=27(개)입니다.
쌓은 정육면체 모양의 부피가 729 cm³이므로
작은 정육면체 한 개의 부피는 729÷27=27 (cm³)입니다.
3×3×3=27이므로 작은 정육면체 한 개의 한 모서리의 길이는 **3 cm**입니다.

17 생각 열기 1 m³=1000000 cm³임을 이용합니다.

64000000 cm³=64 m³
64=4×4×4이므로 한 모서리의 길이는 **4 m**입니다.

18 생각 열기 (정육면체의 겉넓이)=(한 면의 넓이)×6

해법 순서
① 정육면체의 한 면의 넓이를 구합니다.
② ①을 이용하여 정육면체의 한 모서리의 길이를 구합니다.
③ ②를 이용하여 정육면체의 부피를 구합니다.

한 면의 넓이를 □ cm²라 하면
□×6=384, □=64입니다.
8×8=64에서 한 모서리의 길이는 8 cm이므로
정육면체의 부피는 8×8×8=**512 (cm³)**입니다.

19 생각 열기 높이를 □ cm라 하여 겉넓이 구하는 식을 세웁니다.

높이를 □ cm라 하면
(4×□+4×□+4×4)×2=192,
8×□+16=96, 8×□=80, □=10입니다.
따라서 직육면체의 높이는 **10 cm**입니다.

20 눕히거나 세웠을 때 같은 모양인 것이 있으므로 만들 수 있는 직육면체는 다음 2종류입니다.

① 쌓기나무를 한 층에 6개, 1층으로 쌓은 경우

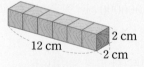

② 쌓기나무를 한 층에 2개씩 3층으로 쌓은 경우

① (가로 12 cm, 세로 2 cm, 높이 2 cm일 때의 겉넓이)
$$=(12×2+2×2+12×2)×2$$
$$=(24+4+24)×2=52×2=104 \text{ (cm}^2)$$
② (가로 2 cm, 세로 4 cm, 높이 6 cm일 때의 겉넓이)
$$=(2×6+4×6+2×4)×2$$
$$=(12+24+8)×2=44×2=88 \text{ (cm}^2)$$
⇨ 가장 좁은 겉넓이는 **88 cm²**입니다.

수학의 해법이 풀리다!

해결의 법칙
시리즈

단계별 맞춤 학습

개념, 유형, 응용의 단계별 교재로
교과서 차시에 맞춘 쉬운 개념부터
응용·심화까지 수학 완전 정복

혼자서도 OK!

이미지로 구성된 핵심 개념과 셀프 체크,
모바일 코칭 시스템과 동영상 강의로
자기주도 학습 및 홈 스쿨링에 최적화

300여 명의 검증

수학의 메카 천재교육 집필진과
300여 명의 교사·학부모의
검증을 거쳐 탄생한 친절한 교재

흔들리지 않는 탄탄한 수학의 완성! (초등 1~6학년 / 학기별)

#홈스쿨링

쉽고 편한 학습 스케줄링

온라인 성적 피드백

풍부한 동영상 강의

어떤
교과서를
쓰더라도
언제나
우등생

수학 오답노트 앱

우등생 전과목 시리즈

수학 3·2   국어 3·2   사회 3·2   과학 3·2

본책
국어/수학: 초 1~6학년(학기별)
사회/과학: 초 3~6학년(학기별)
가을·겨울: 초 1~2학년(학기별)

특별(세트)부록
1학년: 연산력 문제집 / 과목별 단원평가 문제집
2학년: 연산력 문제집 / 과목별 단원평가 문제집 / 헷갈리는 낱말 수첩
3~5학년: 검정교과서 단원평가 자료집 / 초등 창의노트
6학년: 반편성 배치고사 / 초등 창의노트